陕西省社科基金支持项目
乡村振兴人才培养用书

数智赋能乡村振兴
科技助力高质量发展

数字技术赋能乡村振兴

主编　王　刚

西安电子科技大学出版社

内 容 简 介

本书是作者在多年来教学、科研实践和社会服务的基础上，学习、吸纳前辈经验，归纳、提炼、创新而形成的具有自己特色的著作。书中较为系统地讨论了数字技术赋能乡村振兴发展的相关问题。本书共 9 章，主要内容包括概述、乡村振兴典型数字技术、乡村数字经济、乡村数字治理、智慧绿色乡村建设、乡村数字文化、数字乡村信息惠民便捷服务、农产品质量安全体系和数字乡村保障体系。本书强调数字技术对乡村振兴的提质增效作用，介绍典型数字技术原理、特征及其典型应用场景，使广大读者了解数字技术重塑乡村振兴的背景、原理、方法和应用思路，拓宽科学视野，培养创新精神。

本书可作为高等院校和职业院校经济类、管理类专业本科生、专科生的教学用书，也可作为经管类专业研究生的参考用书，还可作为政府、企业相关人员学习的参考用书，亦可供对数字技术推动乡村振兴有兴趣的读者阅读。

图书在版编目(CIP)数据

数字技术赋能乡村振兴 / 王刚主编. --西安：西安电子科技大学出版社，2023.6
ISBN 978–7–5606–6852–9

Ⅰ. ①数…　　Ⅱ. ①王…　　Ⅲ. ①数字技术—应用—农村—社会主义建设—研究—中国
Ⅳ.①F320.3-39

中国国家版本馆 CIP 数据核字(2023)第 109836 号

策　　划　李惠萍
责任编辑　李惠萍
出版发行　西安电子科技大学出版社(西安市太白南路 2 号)
电　　话　(029) 88202421　88201467　　　　邮　　编　710071
网　　址　www.xduph.com　　　　　　　　电子邮箱　xdupfxb001@163.com
经　　销　新华书店
印刷单位　陕西天意印务有限责任公司
版　　次　2023 年 6 月第 1 版　　2023 年 6 月第 1 次印刷
开　　本　787 毫米×1092 毫米　1/16　印张 17.25
字　　数　402 千字
印　　数　1～2000 册
定　　价　44.00 元
ISBN　978–7–5606–6852–9 / F

XDUP 7154001–1
如有印装问题可调换

作　者　简　介

　　王刚，教授，民盟盟员，毕业于西安交通大学计算机科学与技术专业，工学博士，美国德克萨斯州立大学圣安东尼奥分校(UTSA)访问学者，西安财经大学信息学院院长、硕士生导师，民盟陕西省科技委员会副主委，陕西省计算机教育学会理事，陕西省第四届侨商联合会理事，陕西省商洛市数字经济发展专家顾问，中国计算机学会高级会员。

　　主要研究方向：大数据、云计算、物联网、信任管理、电子商务、数字经济。获陕西省第十五次哲学社会科学优秀成果奖二等奖，出版专著1部，发表论文30多篇，主持并参与多项国家级和省部级项目。

前　言

　　翻开数千年中华文明发展的历史长卷，可以发现中国农民数量庞大，农业始终是国民经济的基础和保障。因此，优先发展农业、建设社会主义新农村、全面推进乡村振兴成为当前的热门话题。纵观中国历史，农村在中国具有极高的历史地位，历代王朝的轮流更替绝大部分直接或间接源自农民起义，其中最主要的问题就是国家在处理农业农村农民问题上出现了严重差错。在这样的历史传统和基本国情下，农村的改革和发展、"三农"问题的解决，不仅仅是经济发展问题，更是重要的政治问题。如果农民的核心权益得不到保障，无论干部与群众的关系多么牢固，都难以维系。这就要求国家在相当长的一段时期内把涉及农业农村农民的有关问题作为各项工作的重中之重。

　　中国的改革开放始于农村，是历史上的一次大胆创新和突破。然而，从整体现代化角度看，虽然经过四十多年的改革开放，我国仍然面临农业现代化水平较低、现代农业发展乏力、城乡二元经济结构转化滞后、农村环境问题突出、农村劳动力人口老龄化、农村空心化日益严重、农业劳动力人力资本水平低、农民增收难度大等现实困境，农村多项事业发展还比较落后，农民的多项权益还没有得到有效保障，"三农"事业的发展面临着巨大的挑战。

　　新时代开启新征程。党的二十大报告中提出了要全面推进乡村振兴，明确了新时代下全面建设社会主义现代化国家最艰巨、最繁重的任务仍然在农村，并指出要坚持农业农村优先发展，坚持城乡融合发展，畅通城乡要素流动，加快建设农业强国，扎实推动乡村产业、人才、文化、生态、组织振兴，通过走中国特色社会主义乡村振兴道路最终实现"产业兴旺、生态宜居、乡风文明、治理有效、生活富裕"。伴随着大数据、云计算、人工智能、物联网等新兴前沿技术的应用与普及，利用数字技术推动乡村数字化转型、建设美丽乡村成为推动乡村全面振兴发展的重要抓手。可见，实施乡村振兴战略是决胜全面建成小康社会、全面建设社会主义现代化国家的全局性、历史性任务。

　　乡村振兴，人才是关键。培养具有现代化信息技术和管理素质的新时代农村人才，高校责无旁贷。作为信息技术类专业的高校教师，有责任在讲授信息技术、传授科技知识的同时把先进的信息技术在乡村振兴中的作用也阐述给读者，启发他们利用信息技术推动乡村振兴发展。因此，本书对于高校应用创新型人才培养、新时代农民学习提高以及落实国家乡村振兴战略和实现中华民族伟大复兴具有重要的现实意义。

　　我们通过将新一代信息技术应用于乡村生产生活，实施数字赋农战略以促进乡村数字经济发展，统筹数字化监管以促进乡村生态保护，加强数字化治理以推动现代化治理体系变革，提升惠民服务以实现乡村现代化生活，并以数字化改革为抓手破解当前乡村发展困境，提供动力方向和具体实施路径，促进农业全面升级、农村全面进步、农民全面发展，赋能乡村全面振兴。

因此，本书从数字技术对乡村振兴的影响出发，探讨了数字技术对农业经济的促进、数字乡村治理、绿色乡村建设、数字乡村文化的繁荣、数字乡村惠民服务、农产品质量安全体系构建和应急保障等相关内容。本书读者应对数字技术在当前社会中的重要作用有基本的了解和认识。

本书共 9 章。第 1 章为概述，着重介绍了乡村振兴战略，乡村振兴的基本内容和目标，乡村振兴和数字技术的关系，数字乡村的概念、内涵和特征，数字技术赋能乡村振兴。第 2 章介绍乡村振兴典型数字技术，旨在让读者了解相关数字技术的主要概念、原理和技术特征。第 3 章介绍乡村数字经济，从智慧农业、农村电子商务和数字普惠金融等方面让读者掌握相关知识和内容。第 4 章介绍乡村数字治理，包括乡村智慧党建、乡村电子政务和乡村智慧应急管理等方面。第 5 章介绍智慧绿色乡村建设，包括智慧绿色乡村的概念及特征、智慧绿色农业生产、智慧绿色农村生活和乡村生态保护数字化几个方面。第 6 章介绍乡村数字文化，包括乡村数字文化的概念及资源，乡村文化数字化建设，乡村数字文化展示、传播与保护，乡村数字文化发展趋势。第 7 章介绍数字乡村信息惠民便捷服务，包括乡村智慧养老、医疗与教育等内容。第 8 章介绍农产品质量安全体系。第 9 章介绍数字乡村保障体系，包括数字乡村应急管理体系、数字化基础设施保障建设、数字乡村公共支撑平台、数字乡村运营保障管理体系等内容。

本书主要有以下几个特色：

(1) 选题新颖，紧扣时代主题。本书着眼于国家大政方针，紧跟新时代新征程，将数字技术与国家发展战略和数字乡村建设相结合。

(2) 内容先进，注重实际应用。当前，数字技术正处于不断发展的时期，内容丰富。本书精选了一些数字技术，通过实际的应用场景引导读者理解和掌握数字技术对乡村振兴发展的重要作用。

(3) 精心选编，便于学生学习。本书每章开始都设置了"学习目标"，可以让学生明确知道本章重点和本章讨论的主题；同时以立德树人为方向，设置了"思政目标"。

(4) 各章相对独立，方便按需选学。本书前后逻辑层次清晰，各章前后既衔接又相对独立，方便教师根据实际情况选择教学内容，也方便学生选择性学习和了解相关知识。

(5) 教学资源丰富，利于知识拓展。本书配套相关的教学大纲、思考与练习题、教学课件等资源，便于教师教学和学生学习。

本书由西安财经大学信息学院数字乡村教学研究团队的王刚教授、邢苗条教授、许文丽副教授、赵蕾博士、李芳博士和王毅博士共同编写完成。研究生张子龙、马征和宋思睿三位同学也为本书的出版做了大量工作，在此表示感谢。同时还要感谢西安电子科技大学出版社的李惠萍老师，没有她的支持和帮助，也难有本书的成型。最后要感谢我们各自的家人，没有他们的支持和理解就没有本书。

在本书的编写过程中，作者虽然尽最大努力追求完美，但限于水平，书中内容难免挂一漏万，恳请各位专家和读者批评指正。

王　刚

2023 年 2 月

目　　录

第1章 概 述

【学习目标】

◇ 了解乡村振兴战略的缘起;
◇ 掌握乡村振兴战略的五大目标;
◇ 理解乡村振兴与数字技术的关系;
◇ 理解数字技术对乡村振兴的促进作用;
◇ 掌握数字乡村的概念、内涵和特征;
◇ 掌握数字乡村建设的基本内容;
◇ 理解数字技术赋能乡村振兴发展的意义。

【思政目标】

◇ 培养学生到农村广阔天地战天斗地的精神;
◇ 培养学生热爱故土家园的热情和建设现代化农村的情怀;
◇ 培养学生树立民族自豪感和自信心。

案例引入

数字化技术赋能乡村生产发展

随着新技术的不断涌现,数字化成为各行各业的新范式,由机械转向数字化成为畜牧业3.0到畜牧业4.0新的转型增长点。数字化转型将流程数字化,通过数据管理整个流程,是颠覆性的技术革命。目前,我国已经具有一定的数字化养殖能力,主要体现在猪牛羊和鸡鸭鹅等的饲养方面。

北京窦店恒升畜牧养殖中心通过给每头牛佩戴电子耳标及反刍运动记录项圈实现对牛档案信息的记录,并建立数字信息化系统对新生牛犊及繁殖母牛信息进行记录,从而能够快速查询繁殖母牛的产犊、胎次、配种、妊娠、孕检记录,以及犊牛健康状况、初乳饲喂等信息。通过数字信息化系统记录的饲喂信息,还可以了解每头牛的发病时间、症状、用药等情况，从而提高养殖场的工作效率，控制养殖成本。

绿舍神农(张家口)数字科技有限公司等单位建成的智慧养牛管理系统服务平台包含牛舍数字化模块、牛舍机器人清扫模块、自动投料模块、自动防疫消毒模块、生长环境监测模块、养殖视频监控模块，配合相应的数据库和生长模型，可以实现对牛舍的全流程自动化监控和管理。该技术在山东、内蒙古自治区等地区的养殖场进行了试点运行，实现了一定的规模化推广。

内蒙古基硕科技有限公司的牛胃胶囊研发技术通过牛体内的数字化传感器对牛的体温、胃部 pH 值、体位、步数、胃部压力等信息进行自动感知和获取，通过数据平台实时进行分析和预警。该公司采用的 LoRa 物联网技术可以覆盖较大的牧区，功耗小，可以满足大型牧场对放养牲畜的长期监测需求。

人工智能、云计算、物联网和大数据等数字技术为数字化畜牧养殖提供了技术动力，为乡村产业现代化高质量发展提供了保障，也为乡村振兴发展奠定了基础。

党的二十大报告提出了全面推进乡村振兴，这是以习近平同志为核心的党中央从党和国家事业全局出发、着眼于实现"两个一百年"奋斗目标、顺应亿万农民对美好生活的向往作出的重大决策。中国作为一个传统农业大国，农业农村农民问题是关系国计民生的根本性问题，必须始终把解决好"三农"问题作为全党工作的重中之重，实施乡村振兴战略。党的乡村振兴战略决策为新时代农业农村改革发展指明了方向，明确了重点。

本章主要从乡村振兴战略入手，介绍乡村振兴的缘起和重要意义、数字乡村的概念、数字乡村的内涵和特征、数字技术与乡村振兴的关系、数字乡村建设的基本内容和框架以及利用数字技术重塑乡村振兴发展。

1.1　乡村振兴战略

1.1.1　乡村振兴战略的缘起

乡村是民族文化的发祥地，是民族的根脉，也是国家发展的根基。乡村作为时空聚合的产物，兼具生产、生活、生态、文化等多重功能，是具有自然、社会、经济特征的地域综合体，也是一个多元共生、协同共进的经济社会生态系统。长期以来，我国奉行的是优先发展城市和工业的策略，差异性政策导向使广大农村地区成为城市发展的"蓄水池"，尽管中央连续十九年发布的中央一号文件均聚焦"三农"问题(指农业、农村、农民问题)，但我国依然面临现代农业发展乏力、城乡二元经济结构转化滞后、农村环境问题突出、农村劳动力人口老龄化、农村空心化日益严重、农业劳动力人力资本水平低和农民增收难度大等现实困境。在创新、协调、绿色、开放、共享的新发展理念下，"十四五"规划开启了全面建设社会主义现代化国家新征程，提出走中国特色社会主义乡村振兴道路，坚持农业农村优先发展，全面实施乡村振兴战略，强化以工补农、以城带乡，推动形成工农互促、城乡互补、协调发展、共同繁荣的新型工农城乡关系，加快农业农村现代化。党的二十大报告中也再次强调了要全面推进乡村振兴，对新发展阶段优先发展农业农村作出总体部署，通过走中国特色社会主义乡村振兴道路最终实现"产业兴旺、生态宜居、乡风文明、治理有效、生活富裕"。

从当前发展现状来看，我国最大的发展不平衡是城乡发展不平衡，最大的发展不充分是农村发展不充分。农业农村农民问题是关系国计民生的根本性问题，没有农业农村的现代化，就没有国家的现代化。因此，要从根本上破解人民日益增长的美好生活需要和不平衡不充分的发展之间的矛盾，必须坚持农业农村优先发展，大力推进乡村振兴，将乡村振兴作为新时代"三农"工作的总方针贯彻到"十四五"规划和实施中。

解决好"三农"问题，需要将乡村振兴战略定位于"立足新发展阶段，贯彻新发展理念，构建新发展格局，推动农村高质量发展"，不断促进共同富裕，"扎实有序做好乡村发展、乡村建设、乡村治理等重点工作，推动乡村振兴取得新进展、农业农村现代化迈出新步伐"。伴随着大数据、云计算、人工智能、物联网等前沿技术的应用与普及，利用数字技术推动乡村数字化转型、建设美丽乡村成为推动乡村全面振兴发展的重要抓手。

近年来，国家不断出台相关政策文件，加大数字化改革赋能乡村振兴建设的步伐和力度，有效推动乡村振兴发展(如图 1-1 所示)。2018 年，《中共中央　国务院关于实施乡村振兴战略的意见》《乡村振兴战略规划(2018—2022 年)》明确了乡村振兴阶段的任务和重大意义。2018 年 6 月 27 日，国务院常务会议聚焦"互联网+农业"，持续推进农业信息化发展。2019 年中央一号文件强调"加强国家数字农业农村系统建设"。2019 年 5 月，中共中央办公厅、国务院办公厅印发了《数字乡村发展战略纲要》，明确了进一步解放和发展数字化生产力，注重构建以知识更新、技术创新、数据驱动为一体的乡村经济发展政策体系，注重建立层级更高、结构更优、可持续性更好的乡村现代化经济体系，注重建立灵敏高效的现代乡村社会治理体系，开启城乡融合发展和现代化建设新局面。2020

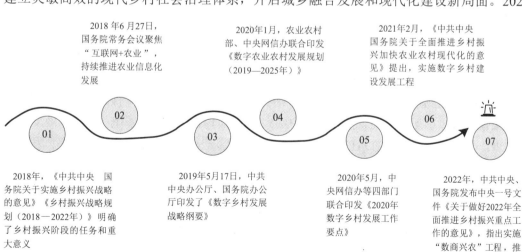

图 1-1　乡村振兴发展的相关政策

年 1 月，农业农村部、中央网信办联合印发《数字农业农村发展规划(2019—2025 年)》，提出要加快推动农业农村生产经营精准化、管理服务智能化、乡村治理数字化。2021 年 2 月，《中共中央　国务院关于全面推进乡村振兴加快农业农村现代化的意见》提出，实施数字乡村建设发展工程。2022 年，中共中央、国务院发布中央一号文件《关于做好 2022 年全面推进乡村振兴重点工作的意见》指出：要持续推进农村第一、二、三产业融合发展，重点发展农产品加工、乡村休闲旅游、农村电商等产业；实施"数商兴农"工程，推进电子商务进乡村；促进农副产品直播带货规范健康发展；开展农业品种培优、品质提升、品牌打造和标准化生产提升行动，推进食用农产品承诺达标合格证制度，完善全产业链质量安全追溯体系。

可以看出，在推动乡村振兴的进程中，数字乡村既是乡村振兴的战略方向，也是建设数字中国的重要内容，旨在通过将新一代信息技术应用于乡村生产生活，实施数字赋农战略，促进乡村数字经济发展，统筹数字化监管，促进乡村生态保护，加强数字化治理，推动现代化治理体系变革，提升惠民服务，实现乡村现代化生活，以数字化改革为抓手破解当前乡村发展困境，提供发力方向和具体实施路径，促进农业全面升级、农村全面进步、农民全面发展，赋能乡村全面振兴。

1.1.2　乡村振兴战略的目标、要求和内涵

实现农业农村现代化是中国乡村振兴战略的总目标。中国要强，农业必须强；中国要美，农村必须美；中国要富，农民必须富。然而，当前农村是我国发展不平衡不充分最严重的地方，"三农"问题是关系到国计民生的根本性问题。因此，乡村振兴战略正是党中央着眼"两个一百年"奋斗目标导向和农业农村短腿短板问题导向作出的战略安排。乡村振兴战略就是要坚持农业农村优先发展，进一步调整理顺工农城乡关系，在要素配置上优先满足，在资源条件上优先保障，在公共服务上优先安排，加快农业农村经济发展，加快补齐农村公共服务、基础设施和信息流通等方面的短板，显著缩小城乡差距。

实现农业农村现代化需要深入推进农村各项改革：巩固和完善农村基本经营制度，深化农村土地制度改革，完善承包地"三权"分置制度，保持土地承包关系稳定并长久不变，第二轮土地承包到期后再延长三十年；深化农村集体产权制度改革，保障农民财产权益，壮大集体经济；确保国家粮食安全，把中国人的饭碗牢牢端在自己手中；完善农业支持保护制度，在增加农业支持总量的同时，着力优化支持结构，提高支农政策的效率；发展多种形式的适度规模经营，培育新型农业经营主体，健全农业社会化服务体系，实现小农户和现代农业发展有机衔接；促进农村第一、二、三产业融合发展，支持和鼓励农民就业创业，拓宽增收渠道；加快农业转移人口市民化，促进农民工在城镇落户。

实现农业农村现代化既需要经济的振兴，也需要生态的振兴、社会的振兴，还需要文化、教育、科技、生活的振兴，以及农民素质的全面提升。因此，乡村振兴战略的总要求就是实现"产业兴旺、生态宜居、乡风文明、治理有效、生活富裕"。实施乡村振兴战略的 20 字总要求是"五位一体"总体布局在农村的具体体现，也是乡村内涵式发展的根本

要求。其内涵概括来说，产业兴旺就是要推进农业供给侧结构性改革，延伸农业产业链、价值链，提高农业综合效益和竞争力；生态宜居就是要适应生态文明建设要求，因地制宜发展绿色农业，促进农村生产、生活、生态协调发展；乡风文明就是要大力弘扬社会主义核心价值观，树立文明新风，全面提升农民素质，打造农民的精神家园；治理有效就是要健全自治、法治、德治相结合的乡村治理体系，确保广大农民安居乐业、农村社会安定有序；生活富裕就是要努力保持农民收入较快增长的势头，让广大农民群众和全国人民全面迈入小康社会。

可以看到，乡村振兴不仅仅是农业的全面升级，也是农村的全面进步和农民的全面发展。乡村的振兴不仅涉及农村经济发展，也涉及农村的政治、文化、社会、生态文明和党的建设等方方面面。在乡村振兴中，产业振兴是重点，人才振兴是硬支撑，文化振兴是软实力，生态振兴是赢绿色，组织振兴是促善治。

1.1.3　乡村振兴战略的必要性

理解和把握实施乡村振兴战略的必要性，是深入学习贯彻习近平新时代中国特色社会主义思想、全面科学实施乡村振兴战略的前提。因此，只有准确把握乡村振兴的必要性才能有效做好乡村建设发展。

乡村振兴战略的必要性可以从以下几个方面来把握：

(1) 实施乡村振兴战略是解决发展不平衡不充分的需要。

长期以来，为支持国家工业化和城市优先发展，我国农业农村农民作出了巨大贡献，付出了巨大牺牲，造成了长期的城乡二元分隔，"三农"问题成为我国当前不平衡不充分发展最为突出的一部分。通过乡村振兴战略解决中国城乡发展不平衡和农村发展不充分的矛盾，并非意味着中国城市化战略将放缓，更不是要用乡村振兴战略来替代城市化战略。恰恰相反，乡村振兴战略必须置于城乡融合、城乡一体的架构中推进，并且应以新型城市化战略来引领，建成"以城带乡""以城兴乡""以工哺农""以智助农""城乡互促共进"融合发展的美丽乡村，实现乡村振兴。

(2) 实施乡村振兴战略是满足人民对日益增长的美好生活需要的现实要求。

社会主要矛盾的变化对农业农村发展提出了新要求。从城镇居民的角度来看，对农产品量的需求已得到较好满足，但对农产品质的需求尚未得到很好满足；不仅要求农村提供充足、安全的农产品，而且要求农村提供清洁的空气、洁净的水源、恬静的田园风光等生态产品，以及农耕文化、乡愁寄托等精神产品。从农村居民的角度来看，不仅要求农业得到发展，而且要求农村经济全面繁荣；不仅要求在农村有稳定的就业和收入，而且要有完善的基础设施、便捷的公共服务、可靠的社会保障、丰富的文化活动，过上现代化的生活；不仅要求物质生活上的富足，而且要求生活在好山、好水、好风光之中。无论是从城镇居民还是农村居民的角度，都要求全面振兴乡村。

(3) 实施乡村振兴战略是实现百年奋斗目标和中华民族伟大复兴的需要。

乡村振兴战略是新时代"三农"工作的总抓手，服务于和服从于建成社会主义现代化强国目标。实施乡村振兴战略是与第二个百年奋斗目标(即在中华人民共和国成立 100 年时基本实现现代化，建成富强民主文明和谐美丽的社会主义现代化强国)相一致的，乡村振兴战略的最终目标是到 2050 年实现乡村全面振兴,即农业强、农村美、农民富。没有乡村振兴最终目标的实现,全面建成社会主义现代化强国的第二个百年奋斗目标就不可能实现,中华民族伟大复兴梦就无法实现。

1.1.4　乡村振兴与数字技术的关系

数字技术赋能乡村振兴发展是加快推进农业农村现代化进程的重要抓手,也是落实我国农村经济高质量发展的必然要求。农业农村的数字化转型是农业高质量发展的前提。农业数字化转型指农业各要素的数字化和以数字化的手段管理农业各要素,通过农业各要素、各环节的数字化,实现农业经营方式由粗放型转向集约型,农业经济活动由封闭型转向开放型,农业生产过程由资源过度依赖型转向资源节约、环境友好型,农村生活由污染严重、乡风粗陋、文化缺失转向生态宜居、乡风文明、生活丰富、文化繁荣、民风淳朴,最终达到乡村全面振兴,全面实现农业强、农村美、农民富的目标。

2005 年中央一号文件首次提出"加强农业信息化建设",标志着国家对农业信息化的重视上升至顶层设计层面的高度。此后,中国积极开展农业农村信息化的探索,覆盖农业信息技术研发、农业综合信息服务平台建设、农业信息收集与发布、信息进村入户工程、农村电子商务、农民手机培训等方面。

乡村振兴是一项系统性工程,而数字技术能够渗透到乡村经济社会的方方面面,发挥对资源配置的集成与优化作用,带来颠覆性创新和创造性破坏,助力挖掘不同类型农村地区的特色和优势,拓宽乡村振兴的通道。数字技术赋能乡村振兴建设是乡村振兴的新阶段、新形态、新引擎、新基座,它以数字技术创新作为乡村振兴的核心驱动力,通过数字化赋能加速重构乡村经济社会发展模式,最终促进乡村经济社会完成转型升级。同时,数字技术不仅可以打通城乡之间的商品流通与服务贸易,促进城乡之间资金、人才、技术等要素的双向流动,还能使农村居民的思想观念、能力素养、组织形态和生活方式发生显著改善,使农村居民更好地共享国民经济发展红利和现代技术进步成果。通过建设数字乡村,有助于促进全面重塑城乡关系,推动形成城乡生命共同体。

由此可以看出,乡村振兴战略与数字乡村建设的关系是相互促进,共同发展。

1.2　数　字　乡　村

1.2.1　数字乡村的概念

数字乡村是指伴随网络化、信息化和数字化在农业农村经济社会发展中的应用,以及农民现代信息技能的提高而内生的农业农村现代化发展和转型进程。数字乡村既是乡村振兴的战略方向,也是建设数字中国的重要内容。因此,数字乡村本质上是利用现代新型数字化技术来构建现代化乡村的一种新模式,即依托互联网等现代信息技术,实现乡村生产、生活、治理等各方面的数字化发展。可见,数字乡村的核心是现代化乡村建设,其关键是互联网等现代数字化技术的应用。

1.2.2　数字乡村的内涵和特征

1. 数字乡村的内涵

数字乡村的内涵可概括为"提质、增效、赋能"，具体表现在：乡村产业数字化与智能化发展促使农村数字经济高质量发展；乡村治理网络化与数字化促使乡村治理效率提升；乡村居民生活信息化与智能化激发农村发展内生动力，赋能乡村振兴。所以，数字乡村的内涵可以从三个方面来理解。

(1) 数字化对乡村的振兴具有引领驱动作用，能促进农业全面升级、农村全面进步、农民全面发展。以数字技术创新为乡村振兴的核心驱动力，将实现乡村生产科学化、治理可视化、生活智能化和消费便捷化，利用数字乡村拓宽传统产业的经营边界，加速培育和壮大农村新产业、新模式和新业态，包括"为人赋能""促进产业共生"和"为农服务"，加快推进农业经济高质量发展。

(2) 数字技术作为工具其最大价值在于提高效率。数字乡村需要以数字化技术为手段和支撑，以数字产业化和产业数字化为动力源，将云计算、大数据、人工智能等数字技术应用于传统农业，实现乡村农业数据化、治理数据化、生活数据化，推动传统农村经济模式和乡村治理模式的转变，重构经济发展与农村治理模式的新型经济形态，深化农业供给侧结构性改革，调优品质、调高质量、调出效益；同时，提高农村居民现代信息素养与技能，增强乡村内生发展动力，加快农业农村现代化发展进程，为农业经济增效。

(3) 数字乡村建设过程就是农业信息化程度进一步增强、农村智慧化水平进一步提升和农民数字化素养进一步养成的过程，是数字技术赋能农民主体、开启乡村治理新模式、重构乡村生活空间、重塑乡村文化形态、重建乡村经济体系的实践过程。数字乡村建设通过数字技术为农业、农村和农民赋予相应的能力，使其能够分享"数字红利"，推动乡村高质量发展，赋能乡村全面振兴。

2. 数字乡村的特征

伴随新一代数字信息技术蓬勃发展，数字化转型成为全球农业发展的重要趋势。数字乡村作为一种乡村发展新模式，代表了乡村未来的发展方向和先进形态。其特征主要有以下六个方面：

(1) 数字乡村以乡村信息基础设施建设为前提，搭建"乡村信息高速公路"，有力支撑农业生产和农村生活，促进农业农村现代化发展。

(2) 数字技术贯穿农业农村整个产业链和供应链，通过数字化技术提高农产品质量和销量，借助数字技术实现农产品标准化、品牌化和价值化，以数字经济推动乡村农业经济快速发展，促进乡村振兴发展。

(3) 利用数字技术重塑绿色环保的乡村生态环境，通过新型数字技术让绿水青山长存，让一抹乡愁永记，推动美丽乡村新家园的建设。

(4) 用数字技术来传承和留存传统优秀乡村文化，繁荣创造乡村数字文化资源，宣传优秀中华传统文化。

(5) 数字技术促进乡村治理高质量发展，村务、镇务管理水平不断增效，农民自治能力显著提高，推动乡村治理能力不断提升。

(6) 数字技术显著提高乡村普惠公共服务水平和能力，普惠金融、保险、医疗和教育水平通过数字技术不断得到提高。

1.2.3　数字乡村建设的基本内容

数字乡村建设的基本内容包括以下七个方面：

(1) 推进乡村新型基础设施建设：包括农村宽带及 4G/5G 网络覆盖、乡村教育(学校)网络覆盖、涉农信息综合管理平台(保障涉农信息进村入户)、涉农智慧电力服务系统(保障农户生活生产智慧用电)、涉农智慧用水服务系统(保障农户生活生产智慧用水)以及涉农物流三级节点网络建设。

(2) 推动乡村数字经济发展：搭建涉农大数据平台、涉农人工智能和涉农电商平台。

(3) 促进农业农村科技创新：利用涉农遥感技术服务农业经济，利用智能农机促进农业提质增效，利用数字技术提升农民信息科学素养，推动涉农创业孵化与农业科技社会化服务体系结合。

(4) 推进乡村治理能力现代化：基于"互联网+村级公共服务"实现数字化的乡村治理；搭建涉农民生保障服务平台；依托全国农村"三留守"人员信息管理系统、残疾人两项补贴信息系统，搭建涉农关爱服务平台，开展精准帮扶、发放补贴等关爱工作。

(5) 建设绿色智慧乡村：搭建涉农产品追溯服务平台及土壤墒情监测服务平台等。

(6) 激发乡村振兴内生动力：搭建涉农扶贫信贷服务平台、乡村网络文化服务平台、数字乡村博物馆系统、数字乡村非遗展示平台等。

(7) 加强数字乡村发展的统筹协调：保持"数字乡村"集约化建设的基本原则，整合涉农信息大数据服务平台，促进数字乡村统筹与协调发展。

1.3　数字技术赋能乡村振兴发展

1.3.1　数字技术赋能乡村振兴的阶段目标和重要作用

乡村振兴战略提出后，《中共中央、国务院关于实施乡村振兴战略的意见》明确提出实施乡村振兴战略，做好整体规划设计。数字乡村建设规划分为四个阶段目标：到 2020年数字乡村建设取得初步进展，农村互联网普及率明显提升；到 2025 年数字乡村建设取得重要进展，城乡"数字鸿沟"明显缩小；到 2035 年数字乡村建设取得长足进展，农民数字化素养显著提升；到 21 世纪中叶全面建成数字乡村，助力乡村全面振兴。由此从战略规划、建设目标两方面可以看出，乡村振兴战略与数字乡村建设并非先后发展的，而是同生共存、相辅相成的。

在当前乡村振兴战略背景下，数字化改革成为破解乡村建设现存问题、推动农业农村融合发展的催化剂与加速器。数字乡村正通过数字技术赋能，成为推动乡村产业兴旺、生态宜居、乡风文明、治理有效、生活富裕的重要动力。新发展阶段，贯彻创新、协调、绿色、开放、共享的新发展理念，系统推进乡村振兴战略，必然需要构建乡村数字化改革新格局。构建数字乡村建设系统框架(如图 1-2 所示)时，应依托科学顶层设计，夯实乡村设施硬件基础；强化数字技术应用，汇聚三产融合发展动能；注重试点总结，促进数字乡村提质增效。

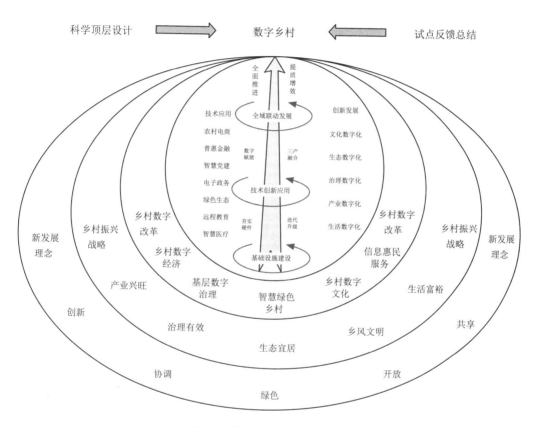

图 1-2　数字乡村建设系统框架

数字技术赋能乡村振兴主要表现在以下五个方面：

(1) 壮大乡村数字经济赋能产业兴旺。产业兴旺是激活乡村生产动力的基础，更是实现乡村振兴的基石。针对乡村建设发展过程中生产服务指导不足、供给体系适应性差、产销环节信息不对称等问题，可通过数字赋能带动智慧农业、农村电子商务、数字普惠金融以及乡村新业态创新发展，以壮大乡村数字经济为抓手，赋能乡村产业兴旺。

(2) 打造智慧绿色乡村赋能生态宜居。生态宜居是满足乡村居民生活的必要需求，更是提升乡村发展质量的重要保证。改善农村人居环境是乡村建设的重要内容，但由于农村基础设施建设有待完善，生产与生活垃圾标准化处理水平有待提高，导致乡村生态与环境冲突。通过数字赋能建设智慧绿色乡村，可实现农业生产方式绿色化、生态监管数字化、生态保护智慧化，赋能乡村生态宜居。

(3) 拓展乡村数字文化赋能乡风文明。乡风文明是乡村建设的灵魂，也是乡村振兴的内在推动力。受城镇化进程影响，近些年，乡村文化的多样性、丰富性、地域性不断削弱，传统乡村文化空间逐渐消失，非物质文化遗产逐渐消弭。通过数字赋能拓展乡村数字文化，可加强农村网络文化阵地建设，带动乡村文化资源数字化，引导乡村"三农"网络文化创作，提升乡村居民文化素养，赋能农村乡风文明。

(4) 加强基层数字治理赋能治理有效。治理有效是乡村善治的核心，治理越有效，乡村振兴战略的实施效果就越好。针对基层治理中数字化水平低、群众参与积极度不足、参与渠道缺乏等问题，可通过数字赋能发展乡村智慧党建、电子政务，建设乡村智慧应急管理系统，提升基层政府综合治理数字化与村民自治数字化水平，以加强基层数字治理为抓手，促进乡村治理有效。

(5) 信息惠民服务赋能居民生活富裕。生活富裕是乡村振兴的目标，也是产业兴旺、生态宜居、乡风文明、治理有效共同作用的结果。乡村振兴归根结底是为了改善民生，数字技术通过提供便捷化数字惠民服务，普及农村"远程教育""数字医疗""智慧康养"等数字服务，提升农村居民对数字红利的获取能力，对改善居民生活水平具有重要带动作用。

1.3.2　数字技术赋能乡村振兴的意义

党的二十大把全面推进乡村振兴作为贯彻新发展理念、建设现代化经济体系的内容之一，是党站在中国特色社会主义进入新时代的历史方位下作出的新的"三农"工作方略，是习近平总书记"三农"思想的集中体现，也是在深刻认识新时代"三农"发展新阶段新规律新任务基础上作出的重大战略部署，集中反映了新时代农业农村发展的必然要求。

在新时代新形势下，乡村振兴战略对贯彻新发展理念、构建新发展格局、实现乡村高质量建设与发展至关重要。做好乡村振兴工作，寻找乡村振兴发展的新动力是当前实现乡村振兴目标的重要前提和保障。近年来，随着大数据、人工智能、物联网、云计算、区块链等信息技术的快速发展，数字化技术赋能乡村振兴成为当前乡村高质量发展的一个新的重要驱动力。数字乡村是乡村振兴战略的战略方向，能够为乡村全面振兴提质增效赋能。

加快推进农业农村现代化是解决乡村发展不平衡不充分问题的根本出路。数字技术赋能农业农村发展，是促进农业农村现代化的重要驱动力。我们要不断利用数字技术去解决好"三农"问题，并不断持续加大强农惠农富农政策力度，深入推进数字技术在农业现代化和新农村建设中的应用，全面深化农村数字化改革，为党和国家事业全面开创新局面提供重要的支撑作用。

因此，了解现代数字技术以及将数字技术应用赋能于乡村振兴高质量发展是做好乡村振兴的重要前提。我们只有深刻了解和掌握数字技术对推动农业经济转型发展、提升乡村治理效能、构建绿色环保宜居和谐的美丽乡村所起的重要作用，才能为我国乡村振兴高质量发展发挥重要作用，同时也才能深刻把握数字技术赋能乡村振兴发展所起到的重要作用。

本 章 小 结

当前，乡村振兴战略为我国未来的乡村建设擘画了美好蓝图，而数字乡村建设发展是实现乡村振兴的必然举措。本章主要概述了数字技术赋能乡村振兴发展，通过现代化农村养殖案例介绍了数字技术在推动农业生产方面的重要作用。

　　本章首先介绍了什么是乡村振兴战略，乡村振兴战略的缘起、目标、要求和内涵，以及乡村振兴与数字技术的关系；其次详细介绍了数字乡村的概念、内涵和特征以及数字乡村建设的基本内容；最后介绍了数字技术赋能乡村振兴发展的五个重要作用以及数字技术赋能乡村振兴的重要意义。

思考与练习题

　　1. 乡村振兴的主要思路是什么？怎样理解数字乡村与乡村振兴的关系？
　　2. 数字技术在乡村振兴发展中的主要作用有哪些？
　　3. 数字乡村的概念、内涵和特征分别是什么？
　　4. 数字乡村建设的基本内容是什么？
　　5. 数字化改革如何赋能乡村振兴？

扩展阅读　数字技术推动水产养殖从粗放养殖到智慧养殖

　　水产养殖业是我国农业农村经济和农业产业的重要组成部分。目前，我国水产养殖发生了巨大的变化，其逐渐从人工劳作转向自动化、装备化、智能化，从个体散养转向规模化、科学化，逐步构建了绿色发展的结构格局和生产方式。从整体发展趋势来说，我国的水产养殖经历了四个阶段。

　　水产养殖 1.0 ——粗放式养殖时代。1959 年，我国政府组织众多水产养殖和水生生物学专家，总结了我国传统的淡水养殖经验，归纳了池塘养殖的核心技术"八字精养法"，开启了水产养殖 1.0 时代。在这一阶段，由于水产养殖受到自然条件的束缚和农村生产力发展水平的限制，使得水产养殖完全依赖人力劳动，养殖机械化基本为空白。由于缺乏必要的设施设备，传统水产养殖以粗放式养殖为主，存在养殖规模小、经营分散、效率低下等问题。除此之外，很多养殖场存在设施设备破旧、池塘淤积严重、水质调控能力弱、药物用量大、用水量大、水资源大量浪费和养殖污染严重等问题。这些问题严重影响了我国池塘养殖业的可持续发展，也难以保障渔民持续、稳定增收。在水产养殖 1.0 时代，水产养殖业的产能非常有限，仅是当时解决温饱问题的手段之一。

　　水产养殖 2.0 ——机械化养殖时代。20 世纪 80 年代，池塘万亩连片高产养殖技术以及湖泊、水库、江河、沿海的三网养殖技术，促使我国水产养殖进入 2.0 时代。在这一阶段，增氧机、投饵机、温室大棚等设施设备得到了广泛应用，水产养殖实现了人力与机械的结合，进入了水产养殖机械化时代。水产养殖机械设备的广泛应用，使落后、低效的传统生产方式转变为规模化机械生产方式，提高了生产效率，通过增氧、调温等方式人为干预水产养殖环境，增强了养殖环境的调控能力，降低了养殖风险。

　　水产养殖 3.0 ——自动化养殖时代。自进入 21 世纪以来，随着电子技术、通信技术、水质传感技术的快速发展，为应对机械化养殖适应性差、灵活度低等问题，水产养殖向着精准化、自动化方向发展，进入水产养殖 3.0 时代。水产养殖 3.0 以现代信息技术的应用和水产养殖作业自动化为主要特征，养殖模式主要包括工程化池塘精准养殖、陆基工厂循环水精准养殖和网箱精准自动化养殖。在水产养殖 3.0 时代，在养殖过程中，可以将多种检测技术、机器视觉技术及各处的传感器和智能设备组成物联网，实时获取养殖过程中的养殖对象、环境信息，并利用大数据技术对数据进行处理、分析，实现外维信息的实时监测和养殖装备的自动控制。

水产养殖 4.0——无人化养殖时代。经过几十年的发展，我国水产养殖从传统粗放式养殖时代转向以养殖技术、装备技术、物联网与大数据技术深度融合和无人值守为特征的智能化时代，在物联网、大数据、云计算、人工智能和机器人技术的基础上，迎来了水产养殖 4.0 时代。物联网与大数据技术相辅相成，物联网可以实现养殖信息的全面感知和传输，大数据技术为养殖过程提供智能化处理和决策，二者的结合可以实现养殖过程的智能化决策和自动化控制，有利于提高水产养殖管理的信息化和科学化，促进水产养殖业的转型升级。

第 2 章　乡村振兴典型数字技术

【学习目标】

◇　了解新一代数字技术的基本概念与应用；
◇　掌握物联网的基本概念和典型技术；
◇　了解物联网的特征和网络架构；
◇　掌握云计算的基本概念和典型技术；
◇　了解云计算的特征、分类和架构体系；
◇　掌握大数据的基本概念和典型技术；
◇　了解大数据的特征和架构体系；
◇　掌握人工智能的基本概念和典型技术；
◇　掌握区块链的基本概念和典型技术；
◇　了解区块链的演化历程和分类；
◇　了解 3S 技术、嵌入式技术、微机电系统的基本概念及应用。

【思政目标】

◇　培养学生心系祖国、为人民服务的家国情怀；
◇　培养学生集智攻关、团结协作的协同精神；
◇　培养学生与时俱进、勇于创新的科学理念。

案例引入

数字技术赋能智慧农业　助力江西振兴

随着"互联网+"时代的到来，江西省农业厅采取政府和社会资本合作模式(PPP)，大力开展智慧农业建设，实现农业生产智能化、经营电商化、管理高效化、服务便捷化，促进移动互联网、云计算、大数据、物联网等新一代数字技术与农业生产、经营、管理、服务全面融合发展，效果如图 2-1 所示。

图 2-1　江西吉水智慧农业助力乡村振兴

江西省的经验充分体现了信息化对农业的重要性。其本质就是要用先进的数字技术和互联网的思维来改造传统农业，解决好生产经营中面临的问题，实现农业信息化、农业现代化的弯道超越，缩短城乡之间的数字鸿沟。

本章主要介绍新一代数字技术的概念和应用，重点介绍物联网、云计算、大数据、人工智能、区块链、3S 等典型技术。

2.1　新一代数字技术

2.1.1　新一代数字技术的基本概念

1. 概念

新一代数字技术不只是数字控制技术，更主要的是指数字化技术，是通过利用互联网、大数据、人工智能、区块链等新一代信息技术，对企业、政府等各类主体的战略、架构、运营、管理、生产、营销等各个层面进行系统性的、全面的变革，强调的是数字技术对整个组织的重塑。数字技术不再只是单纯地解决降本增效问题，而是成为赋能模式创新和业务突破的核心力量。在不产生混淆的情况下，后面将新一代数字技术简称为数字技术。

2. 典型数字技术之间的关系

随着数字技术的发展，区块链、物联网、云计算、大数据、人工智能在实际应用中存在着"千丝万缕"的联系，其中区块链提供支撑平台，物联网实现数据采集过程，云计算部署基础设施，大数据提供数据分析，人工智能通过学习和决策改善应用，如图 2-2 所示。

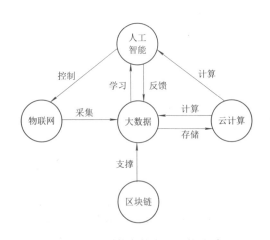

图 2-2　典型数字技术之间的关系

2.1.2　新一代数字技术在乡村振兴中的作用

民族要复兴，乡村必振兴。在信息化的现实语境下，数字技术为乡村振兴指出了明确方向。下面具体列出数字技术在乡村振兴中的作用：

1. 降低生产成本

物联网技术构造智能感知网络，利用传感器技术采集乡村环境信息，监测环境温湿度及气体浓度，在农业耕作上做到远程精准控制，减少人工投入，降低生产成本。同时，可借助物联网打造智慧农产品冷链系统，实现人居环境的高效治理。

2. 构建智慧解决方案

云计算利用其低成本、高效率的优点，在提升产业发展服务能力的同时，也为农户提供了动态、虚拟、灵活、高效的资源服务，如京东云通过数字营销、直播带货、数字种植、品牌孵化等助力乡村经济发展。

3. 释放数字产能

大数据利用移动互联网、传感器等技术进行大数据采集，对农业种植作物的生长、产品的销售进行跟踪、监测，使农作物产品得到最大化的收益，助力乡村经济的发展。

4. 提供精准决策

人工智能技术利用图像智能识别技术，实现农作物病虫害识别预警，并对农产品的质量和品质进行无损检测。

5. 实现全流程可信溯源

区块链技术利用其不可篡改的特性，构建可信农产品质量安全追溯体系，记录农产品链条全过程的详细溯源信息，实现"从农田到餐桌"全过程管理与可信追溯，提升农产品的品牌溢价。

2.2　物联网典型技术

2.2.1　物联网的基本概念

1. 概念

物联网(Internet of Things，IoT)的概念最早由美国麻省理工学院(Massachusetts Institute of Technology，MIT)于 1999 年提出。2011 年 5 月工业和信息化部电信研究院发布的《物联网白皮书》认为："物联网是通信网和互联网的拓展应用和网络延伸，它利用感知技术与智能装置对物理世界进行感知识别，通过网络传输互联，进行计算、处理和知识挖掘，实现人与物、物与物信息交互和无缝链接，达到对物理世界实时控制、精确管理和科学决策的目的。"

2. 特征

物联网应该具备下述基本特征：

第一，全面感知。全面感知是指利用 RFID、传感器、二维码等随时随地获取物品信息。

第二，可靠传递。可靠传递是指通过各种通信网络与互联网的融合，将物体的信息实时准确地传递出去。

第三，智能处理。智能处理是指利用云计算、模糊识别等各种智能计算技术，对海量数据和信息进行分析和处理，对物体实施智能化的控制。

3. 网络架构

物联网的网络架构由感知层、网络层和应用层组成，如图 2-3 所示。

感知层：实现对物理世界的智能感知识别、信息采集处理和自动控制，并通过通信模块将物理实体连接到网络层和应用层。

网络层：主要实现信息的传递、路由和控制，包括延伸网、接入网和核心网，可依托公众电信网和互联网，也可依托行业专用通信网。

应用层：包括应用基础设施/中间件和各种物联网应用。应用基础设施/中间件为物联网应用提供信息处理、应用集成等通用基础服务设施、能力及资源调用接口。

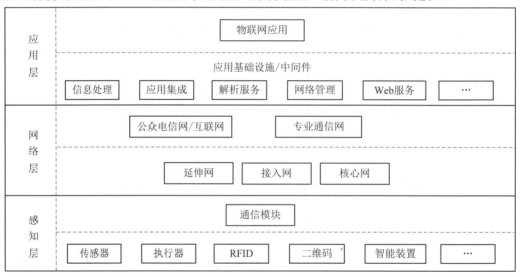

图 2-3　物联网的网络架构

物联网可类比人类，如图 2-4 所示。感知层就像人的皮肤、五官，用来识别物体、采集信息；网络层类似人的神经系统，用来传送信息；应用层像人的大脑，用来存储和处理神经系统传来的信息。

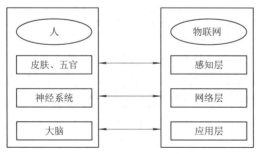

图 2-4　人与物联网网络架构的对应关系

物联网涉及微电子、微机电、计算机、嵌入式系统、网络通信、软件等技术领域，涵盖技术甚多。为了进行系统分析，下面从三方面介绍其典型技术，分别是感知层典型技术、网络层典型技术和应用层典型技术。

2.2.2　感知层典型技术

数据采集是物联网感知层的主要功能之一。数据采集方式的发展主要经历了数据人工采集和数据自动采集两个阶段，而数据自动采集在不同的历史阶段、针对不同的应用领域使用不同的技术手段。感知层典型技术包括自动识别技术、传感器技术和电子产品编码技术，其中自动识别技术包括条形码技术(包括一维条形码、二维条形码等)、射频识别技术(包括 ID 卡、IC 卡等)、磁卡技术、生物识别技术和光学字符识别技术等。

1. 条形码技术

1) 概念

条形码(Bar Code)是由一组按一定编码规则排列的条、空符号组成的编码符号。其中，"条"是对光线反射率较低的黑条部分，"空"是对光线反射率较高的白条部分，如图 2-5 所示。

图 2-5　条形码实例

信息可以被制作成条形码，然后通过相应的扫描设备输入计算机中。其中，扫描设备称为条形码阅读器，又称为条形码扫描器或条形码扫描枪，可分为线性扫描仪和图像扫描仪，如图 2-6 所示。

图 2-6　各种条形码扫描器实例

2) 分类

条形码根据不同的分类方法可分为不同的类型，具体如图 2-7 所示。

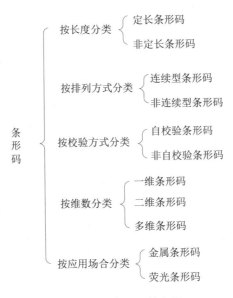

图 2-7　条形码的分类

(1) 一维条形码：只在一个方向(一般是水平方向)上表达信息，而在垂直方向上不表达任何信息，其高度固定通常是为了便于阅读器对准，如图 2-8 所示。一维条形码主要有 EAN 和 UPC 两种。其中，EAN 码是我国主要采用的编码标准，主要用于日常购买的商品、图书与期刊的 ISBN 和 ISSN 等。一维条形码的应用具有信息录入速度快、差错率小等优点，但也存在数据容错较小、尺寸相对较大、遭到破坏后不能阅读等不足。

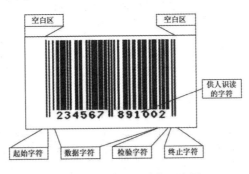

图 2-8　一维条形码结构示意图

(2) 二维条形码：在平面的横向和纵向上都能表示信息，如图 2-9 所示。与一维条形码相比，如表 2-1 所示，二维条形码所携带的信息量和信息密度都提高了几倍，可以表示图像、文字甚至声音。根据编码方法，二维条形码可分为线性堆叠式二维码(PDF417码等)、矩阵式二维码(QR 码等)和邮政码(Postnet 码等)。二维条形码主要有 QR、PDF417、汉信码等。汉信码是由我国自主研发的一种矩阵式二维码，具有超强的汉字编码能力，目前被应用于图书物流、质量追溯、仓库管理、竞赛考试、食品安全、质监检查等行业。二维条形码具备信息容量大、译码可靠性高、纠错能力强、制作成本低、保密与防伪性能好等优点。

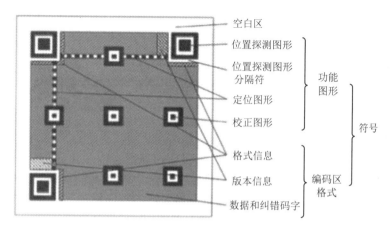

图 2-9 矩阵式二维码结构示意图

表 2-1 一维、二维条形码特征比较

比较项目	一维条形码	二维条形码
资料密度与容量	密度低，容量小	密度高，容量大
错误侦测与自我纠正	可用于错误侦测，无纠错能力	有错误侦测与自我纠正能力
垂直方向是否表达信息	否	是
识读设备	线性扫描仪	图像扫描仪
是否依赖数据库和网络通信	多数需配合数据库，依赖网络通信	不依赖，可单独使用
主要用途	标识物品	描述物品

3) 管理和应用

国际上管理条形码的机构是国际物品编码组织(Global Standards 1，GS1)，而我国统一组织、协调、管理条形码的专门机构是中国物品编码中心(Article Numbering Center of China，ANCC)。

条形码可以标出物品的生产国、制造厂家、商品名称、生产日期、图书分类号、邮件起止地点、类别、日期等信息，具有经济便宜、使用灵活、准确可靠、数据输入速度快、设备简单等特点，被广泛应用于农业、仓储、交通、工业生产过程等领域。值得一提的是，目前智能手机可通过调用照相功能和软件识别条形码，这使得手机变成了数据采集工具，能很好地应用于快递物流、政府政务、医疗管理等行业。

2. 射频识别技术

1) 概念

射频识别(Radio Frequency Identification，RFID)技术又称电子标签，是一种非接触式的自动识别技术，是一项利用射频信号通过空间耦合(交变磁场或电磁场)实现无接触信息传递并通过所传递的信息达到识别目的的技术。

2) 系统组成

完整的 RFID 系统一般都由阅读器(Reader)、电子标签(Tag)和主机系统三部分组成。

(1) 阅读器。阅读器又称读写器，是读取(有时还可以写入)标签信息的设备，可设计为手持式或固定式。图 2-10 所示为 RFID 阅读器。

图 2-10　RFID 阅读器

(2) 电子标签。电子标签由耦合元件及芯片组成，每个标签有唯一的电子编码，附在物体上标识目标对象。图 2-11 所示为 RFID 标签及标签打印机。

图 2-11　RFID 标签及标签打印机

(3) 主机系统。主机系统主要指数据传输和处理系统。

3) 工作原理

RFID 技术的工作原理：标签进入磁场后接收阅读器发出的射频信号，凭借感应电流所获得的能量发送存储在芯片中的产品信息，或者主动发送某一频率的信号；阅读器读取信息并解码后，送至中央信息系统进行有关数据的处理，如图 2-12 所示。

图 2-12　RFID 识别系统示意图

4) 分类

根据频率不同，RFID 可以分为低频(LF)电子标签、高频(HF)电子标签、超高频(UHF)电子标签和微波(Microwave)电子标签，如表 2-2 所示。目前 RFID 卡包括 ID 卡、IC 卡和 NFC 卡以及其他电子卡/标签。我国已经自主开发出符合 ISO 14443 Type A、Type B 和 ISO 15693 标准的 RFID 芯片，并成功地应用于交通卡和第二代身份证之中。

表 2-2　RFID 按工作频率分类

类别	工作频率范围	作用距离	穿透能力	典型应用
LF	30～300 kHz	小于 1 m	强	动物、容器、工具识别
HF	3～30 MHz	1～3 m	较强	电子车票、门禁系统
UHF	300 MHz～3 GHz	3～10 m	较弱	铁路车辆自动识别、集装箱识别
Microwave	2.45 GHz 以上	3 m	较弱	移动车辆识别、仓储物流应用

(1) ID 卡。

身份识别卡(Identification Card，ID)是早期的电子标签，只有一个 ID 号，不可以存储任何数据，是一种不可写入的感应卡，如图 2-13 所示。与接触式 IC 卡相比，非接触式 ID 卡无须插拔卡，因而具有操作方便、快捷、可靠、使用寿命长等优点，特别适合人流量大的场合(如门禁、保安、考勤等)的身份识别。

图 2-13　ID 卡

(2) IC 卡。

集成电路卡(Integrated Circuit Card，IC)也称智能卡、智慧卡、微电路卡或微芯片卡，是将一个微电子芯片嵌入符合 ISO 7816 标准的卡基中做成的卡片。不同于磁卡通过卡内磁道记录信息，IC 卡是通过卡里的集成电路存储信息的。按照通信方式，IC 卡分为接触式 IC 卡、非接触式 IC 卡和双界面卡。IC 卡具有体积小、质量轻、安全性高、存储容量大等优点，被广泛应用在金融、交通、社保等领域。图 2-14 所示的二代居民身份证为 IC 卡。

图 2-14　二代居民身份证样例

(3) NFC 卡。

近距离无线通信(Near Field Communication，NFC)卡将非接触读卡器、非接触卡和点对点功能整合进一块单芯片内，实现移动支付、电子票务、门禁、移动身份识别等功能。例如，在商场、交通等非接触移动支付应用中，用户只要将手机靠近读卡器，并输入密码确认交易即可。

5) 优势与应用

与传统条形码相比，RFID 具有以下优势：

(1) 可快速扫描。条形码识别设备一次只能扫描一个条形码，而 RFID 阅读器一次可同时辨识、读取多个标签。

(2) 体积小型化，形状多样化。RFID 在读取上不受尺寸大小、形状的限制。为了应用于不同产品，RFID 可以往小型化和多样化发展。

(3) 具有抗污染能力和耐久性。传统条形码的载体是纸张，因此容易受到污染和损坏。RFID 将数据存于芯片中，对水、油、化学药品等物质具有很强的抵抗性。

(4) 可重复使用。传统条形码印刷后便无法更改，而 RFID 标签可以重复新增、修改、删除 RFID 内存储的数据。

(5) 可进行穿透性和无屏障阅读。传统条形码扫描机必须在近距离且没有物体阻挡的情况下才能辨读条形码，而 RFID 能够穿透纸张、木材、塑料等非金属或非透明材质进行穿透性通信。

(6) 数据的存储容量大。一维条形码的容量是 50 字符，二维条形码最大可存储 2 000～3 000 字符，而 RFID 的最大容量为数兆字符。未来物品所携带的信息量会越来越大，因此存储载体的数据容量也有不断扩大的趋势。

(7) 具有安全性。RFID 承载的是电子式信息，其数据内容可经由密码保护达到防伪造和保护隐私的效果。

RFID 无须直接接触，无须光学可视，无须人工干预就可完成信息的采集与处理。RFID 技术最早应用于军事领域，目前主要用于控制、检测和跟踪物体等，如农场动物和农产品的跟踪、生产线自动化、不停车收费系统等。

3. 磁卡技术

磁卡是利用磁性载体记录信息，以标识身份或用于其他用途的卡片。典型磁卡的卡面有磁层或磁条，如图 2-15 所示。根据使用基材的不同，磁卡可以分为 PET 卡、PVC 卡和纸卡；根据磁层构造的不同，磁卡可以分为磁卡条和全涂磁卡。磁卡造价便宜，使用极广，主要用于制作银行卡、信用卡、地铁卡、公交卡、门票卡等。

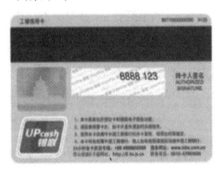

图 2-15　磁卡实例

4. 生物识别技术

生物识别技术就是将计算机与光学、声学、生物传感器和生物统计学原理等密切结合，对生物特征或行为特征进行采集，将采集到的唯一特征转化成数字代码，并进一步将这些代码组成特征模块存储进数据库，并配合网络对人员身份识别实现智能化管理。

"人人不同、终身不变、随身携带"的人体生物特征具有普遍性、唯一性、稳定性和不易复制性等特征。典型的生物识别技术包括以下几类：

1) 指纹识别技术

指纹识别技术涉及图像处理、机器学习、模式识别、数学形态学、计算机视觉等学科，其原理如图 2-16 所示。指纹识别包括指纹图像获取、指纹图像压缩、指纹图像处理、指纹分类、指纹形态和细节特征提取、指纹比对等。

(1) 指纹图像获取。指纹采集仪可以采集活体指纹图像，包括滚动捺印指纹、平面捺印指纹，其中公安部普遍采用前者。另外，数字相机、扫描仪等也可以获取指纹图像。

(2) 指纹图像压缩。为了减少存储空间，大容量的指纹数据库必须经过压缩后才能存储，压缩方法主要有 JPEG、WSQ、EZW 等。

(3) 指纹图像处理。指纹图像处理包括指纹区域检测、图像质量判断、方向图和频率估计、图像增强、指纹图像二值化和细化等。

(4) 指纹分类。指纹由不同长短、形状、粗细、结构的纹线组成。我国的指纹分析法将指纹分成三大类，九种形态。

(5) 指纹形态和细节特征提取。指纹形态特征包括中心(上、下)和三角点(左、右)等，而指纹细节特征包括纹线的起点、终点、结合点和分叉点。

(6) 指纹比对。指纹比对分两步进行：第一步，利用纹形进行粗比对；第二步，根据指纹形态和细节特征进行精确匹配。

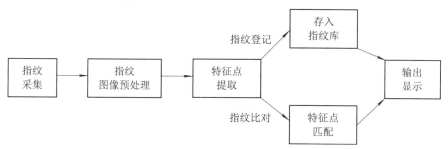

图 2-16　指纹识别技术原理示意图

指纹识别技术具有操作便捷、识别率高、耗时短、指纹纹路唯一、稳定性和可靠性高、指纹损坏后可再生、安全且不怕数据丢失等优点。同时该技术具有指纹采集过程烦琐、需要多次进行、存在缺陷(如有人天生没有指纹)、短期内无法正确识别(如手指起皮或者指纹损坏)、指纹易被复制和伪装从而导致安全性大大降低等缺点。总之，指纹识别技术是目前最成熟且价钱便宜的生物识别技术，主要用于考勤、门禁、安防等领域，如智能手机的指纹解锁屏幕。

2) 面像识别技术

面像识别技术也称人脸识别技术，特指通过分析比较人脸视觉特征信息进行身份鉴别的计算机技术，包括人脸检测、特征提取、特征对比三部分，具体原理如图 2-17 所示。

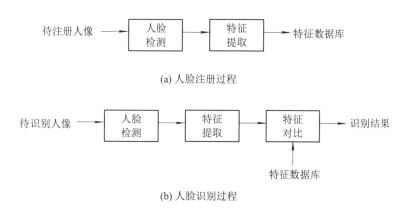

图 2-17　人脸识别技术原理示意图

人脸识别技术具有识别精度较高、误识率较低、非接触识别、支持同时识别出多个人的脸部特征等优点。同时人脸识别还受光照条件(如白天和夜晚、室内和室外等)、面部的很多遮盖物(如口罩、墨镜、头发、胡须等)、年龄等多方面因素的影响。总之，人脸识别技术是一种高精度、易于使用、稳定性高、难仿冒、性价比高的生物特征识别技术，具有极其广阔的市场应用前景，如人脸闸机、人脸考勤、人脸签到、人脸支付和安防人脸识别等。

3) 声纹识别技术

声纹识别技术，也称说话人识别，分为说话人辨认和说话人确认两大类，是利用计算机系统自动完成说话人身份识别的一项智能语音核心技术，其原理如图 2-18 所示。声纹识别包括特征提取和模式识别(模式匹配)两个关键问题。

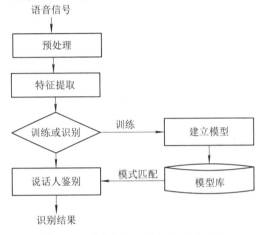

图 2-18 声纹识别技术原理示意图

声纹识别技术具有声音获取方便、操作便捷、捕获硬件成本低、可远程确认身份、识别算法复杂度低等优点。当然，声纹也有其自身的劣势，声纹特征易受身体状况、年龄、情绪、环境噪声、麦克风参数等因素的影响。目前，声纹识别技术的应用仅次于指纹识别技术和人脸识别技术，主要应用在公安、军队和金融领域。

4) 虹膜识别技术

虹膜识别技术，是指通过人体独一无二的眼睛虹膜的特征来识别身份的计算机技术，被认为是识别精度最高的生物识别技术。虹膜识别技术将虹膜的可视特征转换成一个 512 字节的虹膜代码，其原理如图 2-19 所示，包括图像获取和模式匹配两大问题。

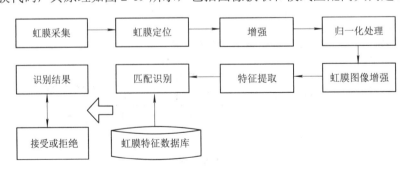

图 2-19 虹膜识别技术原理示意图

虹膜识别技术具有安全性高、不易被修改和复制、无接触、安全卫生、可避免疾病的感染等优点。但是虹膜识别硬件造价高,相较于其他识别无法进行快速大范围推广。同时镜头可能产生图像畸变而使其可靠性降低。总之,虹膜识别技术是目前精确度、稳定性、可升级性最高的身份识别系统,但是虹膜扫描设备在操作的简便性和系统集成方面没有优势。虹膜识别技术广泛应用于煤矿、银行、监狱、门禁、社保、医疗等多种行业。

典型生物识别技术对比如表 2-3 所示。

表 2-3　典型生物识别技术对比

类 别	优 点	缺 点	应用场景
指纹识别技术	操作便捷,识别率高,耗时短,稳定性和可靠性高	指纹采集过程烦琐,易被复制、伪装	考勤、门禁、安防等
面像识别技术	高精度,易使用,稳定性高,难仿冒,性价比高	受光照、遮挡、年龄等因素影响	人脸支付、人脸考勤、安防人脸识别
声纹识别技术	非接触,易接受,成本低,伪造难	特征稳定性不够,易受环境和身体情况影响	公安、金融领域
虹膜识别技术	安全性高,无接触	硬件造价高	煤矿、银行、监狱、门禁、社保、医疗
静脉识别技术	安全性高,抗干扰性好,非接触式测量,不易受手表面伤痕或油污的影响	手背静脉可能随着年龄、生理变化而发生变化;采集设备设计复杂,制造成本高	高安全、精准及注重个人隐私保护的识别应用场景
掌纹识别技术	操作简单,准确率高,识别延时短,小范围的伤疤等不影响识别	可靠性稍差,手掌与设备接触	身份验证与身份识别等领域,如电子商务中的个人身份鉴别等

生物识别技术还包括签名识别、手形识别、视网膜识别、真皮层特征识别、基因识别、步态识别等技术。另外,生物识别技术还有通过气味、耳垂或其他特征进行识别的技术。

5. 光学字符识别技术

光学字符识别(Optical Character Recognition,OCR)技术是指电子设备(如数码相机、扫描仪)检查纸张上打印的字符,通过检测暗、亮的模式确定其形状,然后用字符识别方法将形状翻译成计算机文字的过程,即对文本资料进行扫描,然后对图像文件进行分析处理,获取文字及版面信息的过程。

一个 OCR 识别系统,从影像到结果输出,需要经过影像输入、影像前处理、文字特征抽取、对比识别、人工校正等环节,其工作流程如图 2-20 所示。

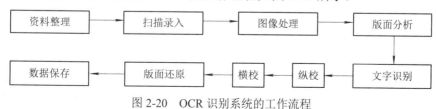

图 2-20　OCR 识别系统的工作流程

6. 传感器技术

传感器技术是物联网的典型技术之一，同计算机技术、通信技术并称为数字技术的三大支柱，用于完成信息的采集工作。

1) 传感器

传感器俗称探头，也被称为转换器、变换器、探测器，是一种检测装置，如图 2-21 所示。不同功能传感器的实现细节不同，但基本结构一般由数据采集模块、数据处理模块、通信模块和供电模块四部分组成。传感器技术的支撑平台包括硬件平台和软件平台。

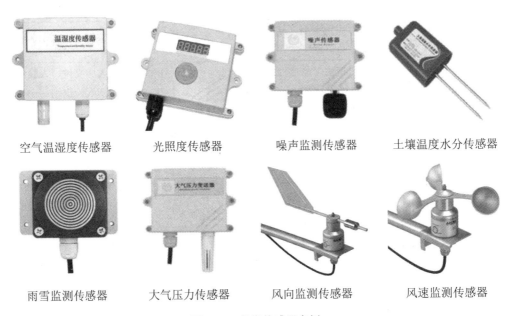

空气温湿度传感器　　　光照度传感器　　　噪声监测传感器　　　土壤温度水分传感器

雨雪监测传感器　　　大气压力传感器　　　风向监测传感器　　　风速监测传感器

图 2-21　各类传感器实例

传感器根据物理量可分为温度、速度、气体成分等传感器；传感器根据工作原理可分为电阻、电容、光电等传感器；传感器根据生产工艺可分为普通工艺传感器、MEMS 型传感器；传感器根据输出信号的性质可分为输出为开关量（"1" 和 "0"，"开" 和 "关"）的开关型传感器、输出为模拟信号的模拟型传感器、输出为脉冲或代码的数字型传感器。目前，传感器的应用已经涉及生产、生活、科学研究的各个领域，遍布环境保护、交通运输、家庭生活、宇宙开发等许多方面，并且日益趋向微型化、数字化、智能化、多功能化、系统化发展。

2) 无线传感器网络

无线传感器网络是一种由大量小型传感器所组成的网络。无线传感器网络系统包括传感器节点、汇聚节点和管理节点，如图 2-22 所示。无线传感器网络具有 Ad Hoc 网络的自组织性，还具有网络规模大、低速率、低功耗、低成本、短距离、可靠性、动态性等特征。无线传感器网络可在特殊环境下实现信号的采集、处理和发送，广泛应用于农业、环境监测、医疗监护、军事、工业、电网管理、智能家居、空间探索等领域，例如在发展林业以应对全球气候变化的大背景下，由香港科技大学、浙江农林大学等十余所高校参与的 "绿野千传" 项目。

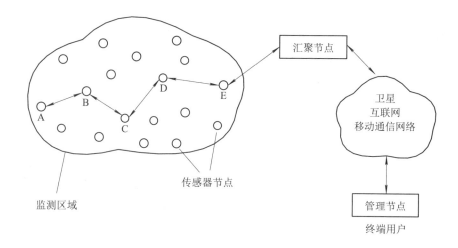

图 2-22　无线传感器网络

7. 电子产品编码

资料寻址和寻址标准是物联网进行信息交互和共享的前提。电子产品编码(Electronic Product Code，EPC)提供了对物品的唯一标识。EPC 由版本号、域名管理者、对象分类、序列号四个字段组成。EPC 的目的是在计算机、互联网和 RFID 的基础上，为每个物品建立全球、开放的标识标准，实现全球范围内对单个物品的跟踪和追溯，从而有效提高物流的管理水平，降低物流成本。EPC 的载体是 RFID 的电子标签。

EPC 系统主要针对物流领域。EPC 系统是一个先进的、综合性的和复杂的系统。它由 EPC 编码体系、RFID 系统及信息网络系统三个部分组成，主要包括六个方面，即 EPC 编码、EPC 标签、读写器、Savant 服务器、对象名称解析服务(Object Naming Service，ONS) 和 EPC 信息服务(EPC Information Service，EPC IS)，如图 2-23 所示。

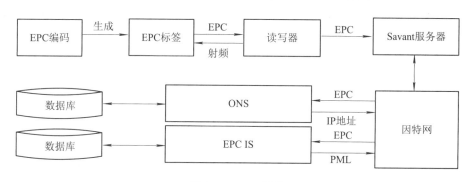

图 2-23　EPC 系统

2.2.3　网络层典型技术

1. 无线低速网络技术

无线低速网络协议是物联网实现互联互通的前提。无线低速网络技术主要包括蓝牙、ZigBee 和红外等无线低速网络技术。

1) 蓝牙技术

蓝牙是一种支持设备短距离通信的无线电技术,能在包括移动电话、PDA、无线耳机、笔记本电脑、相关外设等众多设备之间进行无线信息交换,具有方便快捷、灵活安全、低成本、低功耗等特点。蓝牙技术使用高速跳频和时分多址等技术,采用分散式网络结构,支持点对点及点对多点通信,工作在全球通用的 2.4 GHz ISM(即工业、科学、医学)频段,使用 IEEE 802.15 协议。蓝牙的传输范围在 10 cm～100 m,其传输速率可以达到 1 Mb/s,能实现全双工传输。

蓝牙具备易于使用、应用广泛、全球采用通用规格等优点。但是 ISM 频段是一个开放频段,蓝牙技术的使用可能会受到微波炉、无绳电话、科研仪器、工业或医疗设备的干扰。蓝牙技术的应用可涉及汽车、智能家居和家电、医疗、电子商务、工业控制等方面。

2) ZigBee 技术

ZigBee 技术是一种短距离、低速率、低功耗、低复杂度、低成本的无线通信技术,采用直接序列扩频技术,分别提供 250 kb/s(2.4 GHz)、40 kb/s(915 MHz)和 20 kb/s(868 MHz)的原始数据吞吐率。其相邻节点间的传输距离一般为 10～100 m,通过增加发射功率可实现传输距离为 1～3 km。如果通过路由或节点间接力,传输距离将会更远。一个星形结构的 Zigbee 网络最多可以容纳 254 个从设备和 1 个主设备,一个区域内可以同时存在最多 100 个 ZigBee 网络,而且网络组成灵活。据估算,ZigBee 设备仅靠两节 5 号电池就可以维持 6 个月到 2 年左右的使用时间。另外,ZigBee 提供了基于循环冗余校验(CRC)的数据包完整性检查功能,支持鉴权和认证,采用了 AES-128 的加密算法,各个应用可以灵活确定其安全属性。总之,ZigBee 技术具有低功耗、低成本、低速率、近距离、短时延、高容量、高安全、免执照频段等特点,已被广泛应用于物联网产业链中的 M2M(机器对机器)行业,涉及农业、林业、供应链自动化、环境保护、数字化医疗、遥感勘测等领域。

3) 红外技术

红外技术是一种利用红外线进行点对点通信的无线通信技术。红外技术通过红外脉冲和电脉冲之间的相互转换实现无线的数据收发。红外技术的传输速率可达 16 Mb/s,并且保密性很强。红外技术的优点还有无须申请频率的使用权,成本低廉,体积小,功耗低,连接方便,使用简单等。红外技术的不足在于它是一种视距传输,即使用红外技术进行通信的设备必须是对准的,且不能被其他物体阻隔。因此该技术只能用于两台设备的连接,而蓝牙技术可用于多台设备连接,且不受墙壁的阻碍。

2. 移动通信网络技术

1) 移动通信

移动通信是指通信双方或至少有一方处于运动中进行信息传输和交换的通信方式,其中通信方可以是人,也可以是汽车、火车、轮船、收音机等在移动状态中的物体。移动通信有以下多种分类方法:按使用对象可分为民用通信和军用通信;按使用环境可分为陆地通信、海上通信和空中通信;按多址方式可分为频分多址通信、时分多址通信和码分多址通信;按覆盖范围可分为广域网通信和局域网通信;按业务类型可分为电话网通信、数据网通信和多媒体网通信;按工作方式可分为同频单工通信、异频单工通信、异频双工通信和半双工通信;按服务范围可分为专用网通信和公用网通信;按信号形式可分为模拟网通信和数字网通信。

典型的移动通信系统有无线电寻呼系统、蜂窝移动通信系统、无绳电话系统、集群移动通信系统、移动卫星通信系统和分组无线网等。其中蜂窝移动通信系统如图 2-24 所示。图中七个小区构成一个区群，小区编号代表不同的频率组，小区和小区移动交换中心(MSC)相连。MSC 在网中起控制和管理作用，对所在地区已注册登记的用户实施频道分配，建立呼叫，进行频道切换，提供系统维护和性能测试，并存储计费信息等。MSC 是移动通信网和公共电话交换网的接口单元，既保证网中移动用户之间的通信，又保证移动用户和有线用户之间的通信。

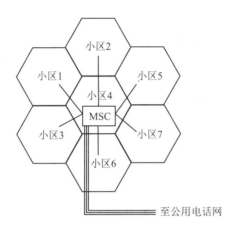

图 2-24 蜂窝移动通信系统

现代移动通信技术的发展大致经历了五个发展阶段，分别是第一代移动通信——模拟语音、第二代移动通信——数字语音、第三代移动通信——数字语音与数据、第四代移动通信技术和第五代移动通信技术。

2) 5G 技术

5G 技术指的是第五代移动通信技术，是具有高速率、低时延和大连接等特点的新一代宽带移动通信技术。它延续了只能提供模拟语音业务的 1G 技术、可提供数字语音和低速数据业务的 2G 技术、支持多媒体数据业务的 3G 技术、支持各种移动宽带数据业务的 4G 技术。与前四代移动通信技术不同，5G 技术是现有无线技术的融合，可让万物互联。

5G 技术具有海量连接能力，利用传感器、GIS 技术实现高密度数据连接，并利用其低时延特性与云技术协同，可实现对乡村进行全景式监测的数字化场景，满足农业快速发展的数据监测需求，提升乡村治理效率，促进乡村农产品的销售，助力乡村振兴。

3. 机器对机器通信技术

机器对机器(Machine to Machine，M2M)技术，也有人理解成人对机器或机器对人，旨在通过通信技术实现人、机器、系统三者之间的智能化、交互式无缝连接，如图 2-25 所示，它是物联网应用的一种主要方式。M2M 技术的目标是使所有机器设备都具备联网和通信能力。目前，M2M 技术的应用遍及电力、交通、工业控制、零售、公共事业管理、医疗等多个行业，涉及安全监测、自动售货、公共交通管理等领域，如农业灌溉中的数据采集和监控。

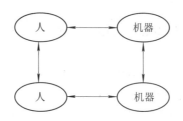

图 2-25　机器对机器

4. 工业领域无线网络技术

1) 无线 HART 协议

无线 HART(Wireless HART)协议是一种安全的基于时分多址的无线网络技术,用于满足流程工业对于实时工厂应用中可靠、稳定和安全的无线通信的关键需求。每个根据无线 HART 协议组成的网络包括三个主要组成部分:

(1) 连接到过程或工厂设备的无线现场设备。

(2) 使这些设备与连接到高速背板的主机应用程序或其他现有厂级通信网络能通信的网关。

(3) 负责配置网络、调度设备间通信、管理报文路由和监视网络健康的网管软件。网管软件能和网关、主机应用程序或过程自动化控制器集成到一起。

上述网络使用运行在 2.4 GHz 工业、科学和医学(ISM)频段上的无线电 IEEE 802.15.4 标准,采用直接序列扩频(DSSS)、通信安全与可靠的信道跳频、时分多址(TDMA)同步、网络上设备间延控通信(Latency-Controlled Communications)技术。

依据无线 HART 协议组成的网络中,每个设备都能作为路由器用于转发其他设备的报文。换句话说,一个设备并不能直接与网关通信,但是可以转发它的报文到下一个最近的设备。这扩大了网络的范围,提供了冗余的通信路由,从而增加了可靠性。网管软件确定基于延迟、效率和可靠性的冗余路由。为确保冗余路由仍是开放的和畅通无阻的,报文持续在冗余的路径间交替。就像因特网一样,如果报文不能到达一个路径的目的地,它会自动重新路由,从而沿着一个已知好的、冗余的路径传输,而没有数据的损失。

2) 6LoWPAN 技术

6LoWPAN 即 IPv6 over IEEE 802.15.4,为低速无线个域网标准,是 "IPv6 over Low power Wireless Personal Area Networks"(低功率无线个域网上的 IPv6)的缩写。

随着 IPv4 地址的耗尽,IPv6 是大势所趋。物联网技术的发展将进一步推动 IPv6 的部署与应用。6LoWPAN 具有无线低功耗、廉价、便捷、实用等特点。凡是要求设备具有成本低、体积小、省电、可密集分布等特征,同时又不要求设备具有很高传输速率的应用,都可以用 6LoWPAN 技术实现,如建筑状态监控、空间探索等场景。

5. 宽带网络技术

1) 无线局域网

无线局域网(Wireless Local Area Network,WLAN)是使用无线连接把分布在数千米范围内的不同物理位置的计算机设备连在一起,在网络软件的支持下可以相互通信和实现资源共享的网络系统。WLAN 由站(STA)、无线介质(WM)、无线接入点(AP)或基站(BS)、分布式系统(DS)等组成。图 2-26 所示为 WLAN 的常用设备，图 2-27 所示为 WLAN 的示意图。目前 WLAN 领域主要有 IEEE 802.11 和 HiperLAN 两个典型标准，其中 IEEE 802.11 的商业名称是 Wi-Fi。WLAN 能在几十米到几千米范围内支持较高的数据率，具有移动性和灵活性好、便于安装、易于规划和调整、易于扩展等优点，但是在性能、速率、安全性方面不如有线网络。

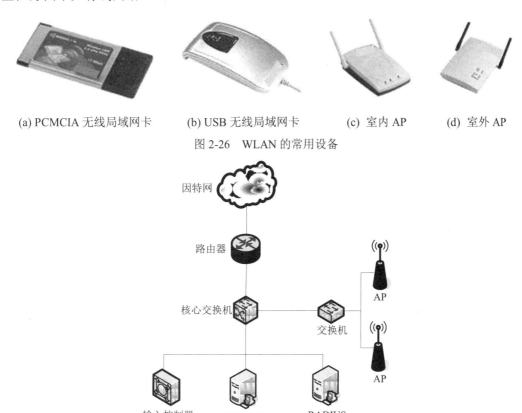

(a) PCMCIA 无线局域网卡　　(b) USB 无线局域网卡　　(c) 室内 AP　　(d) 室外 AP

图 2-26　WLAN 的常用设备

图 2-27　WLAN 的示意图

　　WLAN 的特点使其应用于在移动中联网和网间漫游的场合，主要用于以下几方面：第一，难以布线的场所，如风景名胜区、古建筑；第二，布线成本大的区域，如相距较远的建筑物、有强电设备的区域、公共通信网不发达的地区；第三，需要临时网络的区域，如大型体育场馆、展览会场、救灾现场等；第四，人员流动大的场合，如机场、超市、餐厅、仓库等。

　　2) 无线城域网

　　无线城域网(Wireless Metropolitan Area Network，WMAN)是以无线方式构成的城域网，提供面向互联网的高速连接。WMAN 标准主要有 IEEE 802.16 系列标准和 HiperAccess。其中，IEEE 802.16 也称 WiMAX(Worldwide Interoperability for Microwave Access，全球微波接入互操作性)。图 2-28 所示的是 WMAN 的宽带接入方式。WiMAX 系统通常由 WiMAX 发射塔和 WiMAX 接收机组成。

　　以 IEEE 802.16 标准为基础的 WMAN 的覆盖范围为几十千米，传输速率能达到

70 Mb/s，移动性优于 Wi-Fi，并提供灵活、经济、高效的组网方式，支持移动和固定的宽带无线接入方式。WMAN 具有传输距离远、数据速率高的特点，配合其他设备可提供数据、图像、语音等多种较高质量的业务服务，如远程监控、远程医疗、远程教育、网络电视和视频点播等。

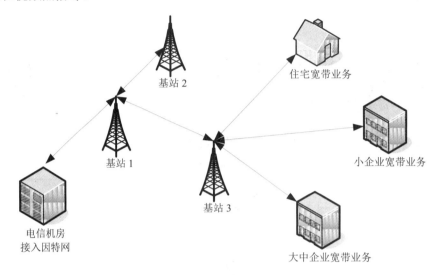

图 2-28　WMAN 的宽带接入方式

3) 超宽带技术

超宽带(Ultra Wide Band，UWB)技术是一种基于 IEEE 802.15.3 的超高速、短距离无线接入技术，它不采用正弦载波，而是利用纳秒级的非正弦波窄脉冲传输数据，因此其所占的频谱范围很宽。UWB 在 3.1～10.6 GHz 频段内以极低功率工作，其中较低的带内带外发射功率限制其不会干扰授权频段及其他重要的无线设备。UWB 的信号传输范围在 10 m 内，传输速率为数百 Mb/s 至数 Gb/s。一般 UWB 设备的功率仅为传统电话的 1/100 左右，或是蓝牙设备所需功率的 1/20 左右。

UWB 技术具有系统实现简单、数据传输速率高、功耗低、安全性高、定位精确、工程简单、成本低等特点，尤其适用于密集多径场所的高速无线接入。UWB 的穿透能力强，可对室内和地下室精确定位，UWB 超短脉冲定位器的定位精度在厘米级。UWB 技术的应用主要分为两个方面：一方面是短距离(10 米以内)高速应用，如构建家庭无线多媒体网络；另一方面是中长距离(几十米以上)低速率应用，如构建传感器网络。UWB 应用涉及军事、医疗、测量、勘探、公安、交通、消防、救援和科研等领域，如精确测距和定位、监测和入侵检测、医用成像、车辆防撞和智能收费。

2.2.4　应用层典型技术

1. 中间件技术

软件是物联网的核心，而中间件是软件的核心。中间件是一种独立的软件系统或服务程序，分布式应用软件借助这种软件在不同的技术之间共享资源。中间件在操作系统、网络、数据库之上和应用软件的下层，管理计算资源和网络通信。

由于网络环境日益复杂，因此为了支持不同的交互模式，产生了适用于不同应用系统的中间件。中间件的核心作用是通过管理计算机的计算资源和网络通信，为各类分布式应用软件共享资源提供支撑。广义地看，中间件的总体作用是为处于自己上层的应用软件提供运行与开发的环境，帮助用户灵活、高效地开发和集成复杂的应用软件。

2. 云计算技术

物联网为了实现大规模和智能化的管理及应用，对数据采集和智能处理提出了较高要求。云计算的大规模、标准化、较高的安全性等优势满足物联网的发展需要。云计算通过利用其规模较大的计算集群和较高的传输能力，能有效促进物联网基层传感数据的传输和计算。云计算的标准化技术接口能使物联网的应用更容易建设和推广。云计算的高可靠性和高扩展性为物联网提供了更可靠的服务。云计算技术的具体内容将在 2.3 节介绍。

2.3　云计算典型技术

2.3.1　云计算的基本概念

1. 概念和分类

云计算(Cloud Computing)的概念最早由谷歌(Google)首席执行官埃里克·施密特(Eric Schmidt)在搜索引擎大会上于 2006 年 8 月 9 日正式提出。从此云计算得到了社会的广泛认可，但到目前为止，云计算的定义还没有得到统一。

美国国家标准与技术研究院(NIST)提出："云计算是一种按使用量付费的模式，这种模式提供可用的、便捷的、按需的网络访问，进入可配置的计算资源共享池(资源包括网络、服务器、存储和应用软件、服务)，这些计算资源能够被快速提供，只需投入很少的管理工作，或与服务供应商进行很少的交互。"

2012 年 4 月工业和信息化部电信研究院发布的《云计算白皮书》中指出："云计算是一种通过网络统一组织和灵活调用各种 ICT 信息资源，实现大规模计算的信息处理方式。云计算利用分布式计算和虚拟资源管理等技术，通过网络将分散的 ICT 资源(包括用于计算与存储、应用的运行平台、软件等)集中起来形成共享的资源池，并以动态按需和可度量的方式向用户提供服务。用户可以使用各种形式的终端(如 PC、平板电脑、智能手机甚至智能电视等)通过网络获取 ICT 资源服务。"

从技术路线角度考虑，云计算分为资源整合型云计算和资源切分型云计算；从网络结构角度考虑，云计算分为公有云、私有云和混合云；从服务类型角度考虑，云计算分为基础设施即服务(Infrastructure as a Service，IaaS)、平台即服务(Platform as a Service，PaaS)和软件即服务(Software as a Service，SaaS)。

2. 特征

云计算具有以下五个主要特征：

(1) 按需自助服务。用户可以单方面按需部署处理能力，如服务器时间、网络存储，不需要与服务供应商进行人工交互。

(2) 通过网络访问。用户使用客户端(如移动电话、笔记本、PDA)通过互联网获取各种信息。

(3) 资源池与地点无关。供应商的计算资源被集中，以便以多用户租用服务模式服务用户，同时不同的物理和虚拟资源可根据用户需求动态分配和重新分配，其中资源包括存储器、处理器、内存、网络带宽、虚拟机器。用户一般无法控制或知道资源的确定位置。

(4) 具有快速伸缩性。供应商可以迅速、弹性地提供资源。用户可以在任何时间购买任何数量的资源。从用户角度来看，资源似乎是无限的。

(5) 按使用付费。云计算的收费标准是基于计量的一次一付，或基于广告的收费模式，以促进资源的优化利用。比如，计量存储、带宽等资源的消耗，用户根据实际使用情况按月付费。

3. 架构体系

云计算的架构体系分为物理资源层、资源池层、管理中间件层和 SOA 构建层四层，如图 2-29 所示。其中，管理中间件层和资源池层是云计算技术的最关键部分。

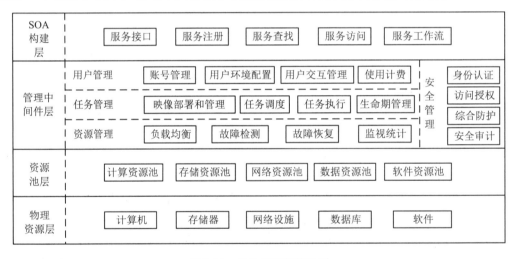

图 2-29　云计算的架构体系

(1) 物理资源层包括计算机、存储器、网络设施、数据库和软件等。

(2) 资源池层将大量相同类型的资源构成同构或接近同构的资源池。构建资源池更多是物理资源的集成和管理工作。

(3) 管理中间件层负责管理云计算资源，并调度众多应用任务，使资源能够高效、安全地为应用提供服务。

(4) SOA 构建层将云计算能力封装成标准的 Web Service 服务，并纳入 SOA 体系进行管理和使用。本层的功能更多依靠外部设施提供。

2.3.2　海量数据分布式存储技术

在数据爆炸的今天，云计算不仅要求快速计算，还要求能够存储海量数据。传统的网络存储技术采用集中式存储服务器存放所有数据，而庞大的数据量使得传统数据库已无法满足存储和分析需求。在此背景下，云计算将海量数据存储到分布式文件系统中。

分布式文件系统(Distributed File System，DFS)是一种通过网络实现文件在多台主机上进行分布式存储的文件系统，一般采用客户端/服务器(Client/Server，C/S)模式。其中，客户端以特定的通信协议与服务器建立连接，提出文件访问请求。客户端和服务器可以通过设置访问权限限制请求方对底层数据存储块的访问。这不仅提高系统可靠性、可用性、存取效率，还易于扩展，并且摆脱了硬件的限制，如图 2-30 所示。云计算采取分布式存储技术存储数据，用冗余存储的方式保证数据的可靠性。云盘就是基于该技术实现的。

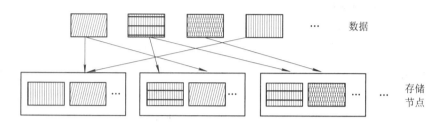

图 2-30　分布式存储示意图

分布式文件系统主要有谷歌的非开源谷歌文件系统(Google File System，GFS)和 Hadoop 团队对 GFS 开源实现的 Hadoop 分布式文件系统(Hadoop Distributed File System，HDFS)。其中，HDFS 具有很好的容错能力，并且兼容廉价的硬件设备。大部分厂商采用 HDFS，如雅虎、英特尔等。

2.3.3　海量数据管理技术

云计算需要对分布的、海量的数据进行处理、分析，并向用户提供高效服务。因此，数据管理技术必须能够高效地管理大量数据。另外，如何在规模巨大的数据中找到特定的数据，也是云计算数据管理技术亟待解决的问题。

海量数据管理技术是能够集中处理和分析大数据，并向用户提供高效服务的技术。云计算系统中的数据管理技术主要是谷歌提出的 BT(BigTable)数据管理技术和 Hadoop 团队开发的开源数据管理模块 HBase，其中 HBase 是 BigTable 的开源实现。

BT 采用列存储模式，是建立在 GFS、Scheduler、Lock Service 和 MapReduce 之上的一个大型的分布式数据库。BT 的规模可以超过 1 PB(1 024 TB)。谷歌的很多项目都使用 BT 存储数据，如网页查询、Google Earth 和谷歌金融。

2.3.4　虚拟化技术

虚拟化技术是云计算最重要的核心技术之一，是将各种计算及存储资源充分整合和高效利用的典型技术。维基百科对虚拟化的定义："在计算机技术中，虚拟化是将计算机物理资源(如服务器、网络、内存及存储器等)予以抽象、转换后呈现出来，使用户可以比原本的组态更好的方式来应用这些资源。这些资源的新虚拟部分是不受现有资源的架设方式、地域或物理组态所限制的。"不同于传统的单一虚拟化，云计算的虚拟化技术是包括资源、网络、应用和桌面在内的全系统虚拟化。

虚拟化技术具有以下特点：

(1) 资源分享。虚拟化技术通过虚拟机封装用户各自的运行环境，有效实现多用户分享数据中心资源。

(2) 资源定制。用户利用虚拟化技术配置私有的服务器，指定所需的 CPU 数目、内存容量、磁盘容量，实现资源的按需分配。

(3) 细粒度资源管理。虚拟化技术将物理服务器拆分成若干虚拟机，可以提高服务器的资源利用率，减少浪费，而且有助于服务器的负载均衡和节能。

基于以上特点，虚拟化技术成为实现云计算资源池化和按需服务的基础。

2.3.5　云管理平台技术

云计算资源规模庞大，服务器数量众多且分布在不同的地点，同时运行着数百种应用。如何有效管理这些服务器，保证整个系统提供不间断的服务，是一个巨大的挑战。

云计算系统的管理平台技术能够使大量的服务器协同工作，方便地进行业务部署和开通，快速发现和恢复系统故障，通过自动化、智能化手段实现大规模系统的可靠运营。

云平台的服务对象除了个人用户以外，大部分都是企业级用户。用户不必关心平台底层的实现，只需调用平台提供的接口就可以在云平台中完成自己的工作。利用虚拟化技术，云平台提供商可以实现按需提供服务。这一方面降低了云的成本，另一方面满足了用户的需求。目前主流的云计算平台管理系统有开源软件 OpenStack 和商业软件 VMware vCenter Server。

2.3.6　数据并行编程技术

数据并行和消息传递是两种最重要的编程模式。数据并行编程模式的编程级别比较高，编程相对简单，但仅适用于数据并行问题；消息传递编程模式的编程级别相对较低，但应用范围更广泛。目前，大量的并行程序设计采用消息传递编程模式。

云计算采用数据并行编程模式。在数据并行编程模式下，并发处理、容错、数据分布、负载均衡等细节都被抽象到一个函数库中，通过统一接口，用户的大型计算任务被自动并发执行和分布执行，即将一个任务自动分成多个子任务，并行地处理海量数据。

MapReduce 是谷歌开发的 Java、Python、C++编程模型，是一种简化的分布式编程模型和高效的任务调度模型，用于大规模数据集(大于 1 TB)的并行运算。MapReduce 模式的思想是采用映射和化简的方式，先通过 Map 程序将数据切割成不相关的区块，调度给大量计算机处理，达到分布式运算的效果，再通过 Reduce 程序将结果汇总输出。

2.4　大数据典型技术

2.4.1　大数据的基本概念

1. 概念

大数据(Big Data)的技术和应用源于 2000 年左右互联网的快速发展。大数据是一个比较抽象的概念，尚无一个公认的定义。2014 年 5 月工业和信息化部电信研究院发布的《大数据白皮书》从资源、技术和应用角度指出："大数据是具有体量大、结构多样、时效强等特征的数据；处理大数据需采用新型计算架构和智能算法等新技术；大数据的应用强调以新的理念应用于辅助决策，发现新的知识，更强调在线闭环的业务流程优化。"

2. 特征

大数据具有四个特征，分别是数据量大(Volume)，数据类型繁多(Variety)，处理速度快(Velocity)和价值密度低(Value)，简称"4V"。其中，大数据的"大"是一个动态概念。大数据技术贯穿大数据处理的采集、存储、分析和结果呈现等环节。

3. 架构体系

一个完整的大数据平台的架构体系一般由图 2-31 所示的几部分组成。其中，大数据基础设施是大数据存储、处理、交互展示等的基础支撑设施；大数据采集用于把数据源采集并导入数据平台中；大数据存储则将数据采用分布式文件、分布式数据库的方式存储在大规模的节点中；大数据处理用于对所存储的数据进行查询、统计、分析、预测、挖掘、商业智能处理、深度学习等相关处理；大数据交互展示则将分析处理完的数据以最佳的交互方式呈现给数据使用者和消费者；大数据应用把数据及处理结果应用到各行各业中，如农业、医疗、金融、环保等；安全管理用于对数据的全方位进行安全管控；运营管理则用于保障整个数据处理架构的稳定高效运营。

图 2-31　大数据平台的架构体系

大数据技术是许多技术的一个集合体，包括数据采集技术、数据存储技术(关系数据库、分布式数据库、NoSQL 数据库、云数据库、数据仓库等)、数据处理与分析技术(流计算、图计算、数据挖掘等)、数据隐私和安全技术、数据可视化技术等。下面将从数据分析全流程的角度，即数据采集与预处理、大数据存储和管理、数据处理与分析、数据可视化、数据安全与隐私保护等层面介绍大数据的典型技术。

2.4.2　数据采集与预处理技术

数据采集与预处理是大数据分析全流程的关键一环，直接决定了后续环节分析结果的质量高低。

1. 数据采集

数据采集是大数据产业的基石，与传统数据采集既有联系又有区别。大数据采集是在传统数据采集的基础之上发展起来的。传统数据采集和大数据采集的具体区别如表 2-4 所示。

表 2-4 传统数据采集和大数据采集的区别

比较项目	传统数据采集	大数据采集
数据源	来源单一，数据量相对较少	来源广泛，数据量大
数据类型	结构单一	数据类型丰富，包括结构化、半结构化和非结构化数据
数据存储	关系数据库和并行数据仓库	分布式数据库、分布式文件系统

数据采集有如下三大特点：

(1) 全面性。全面性是指数据量具有分析价值，数据面足够支撑分析需求。

(2) 多维性。数据采集必须能够灵活、快速地自定义数据的多种属性和不同类型，从而满足不同分析目标的要求。

(3) 高效性。高效性包含技术执行的高效性、团队内部成员协同的高效性，以及数据分析和目标实现的高效性。

此外，采集数据还要考虑数据的及时性。

数据采集的主要数据源包括传感器数据、互联网数据、日志文件、企业业务系统数据等。根据不同的应用环境和采集对象，数据采集方法可分为系统日志采集(如 Flume 工具)、分布式消息订阅分发(如 Kafka 工具)、ETL(如 Kettle 工具)、网络数据采集(如 Scrapy 爬虫)等。网络爬虫是网络数据采集的典型技术。

网络爬虫是自动抓取网页的程序，由控制节点、爬虫节点和资源库构成。网络爬虫分为通用网络爬虫、聚焦网络爬虫、增量式网络爬虫和深层网络爬虫四种类型。值得注意的是，不少企业会为自己的网站设计反扒机制。这主要有以下原因：一方面，大数据时代的数据是十分宝贵的财富，而企业不愿意自己的数据被别人免费获取；另一方面，简单低级的网络爬虫具有数据采集速度快、伪装度低的特点，可能因为请求过多造成网站服务器不能正常工作，从而影响企业的业务开展。

2. 数据预处理

数据预处理包括数据清洗、数据转换和数据脱敏等处理。

1) 数据清洗

正所谓"垃圾数据进，垃圾数据出"，数据清洗对于获得高质量分析结果而言，其重要性不言而喻。数据清洗是指将大量原始数据中的"脏"数据"洗掉"，是发现并纠正数据文件中可识别的错误的最后一道程序，主要是对缺失值、异常值、数据类型有误的数据和重复值进行处理。

2) 数据转换

数据转换是将数据进行转换或归并，从而构成一个适合数据处理的形式。常用的数据转换策略如下：

(1) 平滑处理。平滑处理旨在去掉数据中的噪声，常用的方法有分箱、回归、聚类等。

(2) 聚集处理。聚集处理是对数据进行汇总。这一操作常用于构造数据立方体或对数据进行多粒度的分析。

(3) 数据泛化处理。数据泛化处理是用更抽象(或更高层次)的概念来取代低层次的数据对象。

(4) 规范化处理。规范化处理是将属性值按比例缩放，使之落入一个特定的区间，常用的方法有 Min-Max 规范化、Z-Score 规范化、小数定标规范化等。

(5) 属性构造处理。属性构造处理是根据已有属性集构造新的属性，后续数据处理直接使用新的属性。例如，根据已知的质量和体积属性，计算出新的属性——密度。

3) 数据脱敏

数据脱敏(Data Masking，DM)也称为数据漂白，是指对某些敏感信息通过脱敏规则进行数据的变形，实现敏感隐私数据的可靠保护。广义地讲，人脸图像打码(马赛克)也是一种图片脱敏技术。传统的(狭义的)脱敏技术是对数据库(结构化数据，如身份证号、手机号、卡号等个人信息)的脱敏。

数据脱敏主要包括数据替换、无效化、随机化、偏移和取整、掩码屏蔽、灵活编码等方法，但也要遵守以下原则：

(1) 保持原有数据特征。数据脱敏前后必须保持原有数据特征。例如，身份证号码由 17 位数字本体码(包括区域地址码、出生日期码、顺序码)和 1 位校验码组成，如图 2-32 所示。本规则要求身份证号码脱敏后依旧保持这些特征信息。

区域地址码（6位）	出生日期码（8位）	顺序码（3位）	校验码（1位）

图 2-32　身份证号码的特征信息

(2) 保持业务规则的关联性。保持业务规则的关联性是指数据脱敏时数据关联性和业务语义等保持不变，其中数据关联性包括主外键关联性、关联字段的业务语义关联性等。不同业务中，数据和数据之间具有关联性，如出生日期和年龄。

(3) 保持多次脱敏数据之间的数据一致性。对相同数据进行多次脱敏，或在不同测试系统进行脱敏，需要确保每次脱敏的数据始终保持一致。这样才能保障业务系统数据变更的持续一致性和广义业务的持续一致性。

总之，数据脱敏过程要保持数据的保密性和可用性。按照使用场景，数据脱敏包括静态脱敏(Static Data Masking，SDM)和动态脱敏(Dynamic Data Masking，DDM)。其中前者主要用于非生产环境 (测试、统计分析等) 中，而后者一般用于生产环境中。目前数据脱敏在多个安全公司已经实现应用，其中比较著名的代表有 IBM、Informatica 公司。

2.4.3　大数据存储与管理技术

大数据存储与管理是大数据分析流程的重要一环。传统的数据存储与管理技术包括文件系统、关系数据库、数据仓库和并行数据库等，而大数据存储与管理技术包括分布式文件系统、NewSQL 数据库、NoSQL 数据库、云数据库等。其中分布式文件系统已在 2.3.2 介绍，这里不再赘述。

1. NewSQL 数据库

NewSQL 数据库是各种新的可扩展、高性能数据库的简称。这类数据库不仅具有对海量数据的存储管理能力，还保持了传统数据库支持 ACID 和 SQL 等的特性。虽然不同 NewSQL 的内部结构差异很大，但是它们都有两个显著特点：第一，都支持关系数据模型；

第二,都使用 SQL 作为主要接口。

目前具有代表性的 NewSQL 数据库主要包括 Spanner、Clustrix、GenieDB、ScalArc、Schooner、VoltDB、RethinkDB、ScaleDB、Akiban、CodeFutures、ScaleBase、TransLattice、NimbusDB、Drizzle 和一些在云端提供的 NewSQL 数据库(如 Amazon RDS、微软 SQL Azure、Xeround 和 FathomDB 等)。其中,Spanner 最受瞩目。Spanner 是一个可扩展、多版本、全球分布式并支持同步复制的数据库,是谷歌的第一个可以全球扩展并支持外部一致性的数据库。

2. NoSQL 数据库

NoSQL 数据库是对非关系数据库的统称,采用类似键值、列族、文档等非关系模型作为数据模型,没有固定的表结构,不存在连接操作,也没有严格遵守 ACID 约束。与关系数据库相比,NoSQL 具有更灵活的水平可扩展性,支持海量数据存储,也支持 MapReduce 风格的编程。

NoSQL 数据库通常包括键值数据库、列族数据库、文档数据库和图数据库。NoSQL 具有三大特点,分别是灵活的可扩展性、灵活的数据模型、与云计算紧密融合。NoSQL 主要用于需要简单的数据模型、灵活的 IT 系统、较高的数据库性能和较低的数据一致性的场合。

3. 云数据库

云数据库是部署在云计算环境中的虚拟化数据库,可以实现按需付费、按需扩展、高可用性以及存储整合等优势。在云数据库中,所有数据库功能都是在云端提供的,客户端可以通过网络远程使用云数据库提供的服务。云数据库具有动态可扩展、可用性高、实用代价较低、易用、高性能、免维护、安全等特点。

2.4.4　数据处理与分析技术

在数据处理与分析环节,可以利用统计学、机器学习、数据挖掘方法,结合数据处理与分析技术,对数据进行处理与分析,得到有价值的结果,以服务于生产和生活。其中,机器学习是人工智能的核心,将在 2.5.2 小节中具体介绍。

数据挖掘是从大量的数据中通过算法搜索隐藏于其中的信息的过程,主要利用机器学习界提供的算法来分析海量数据,利用数据库界提供的存储技术来管理海量数据,可以看作机器学习和数据库的交叉。典型的机器学习和数据挖掘算法包括分类、聚类、回归分析和关联规则等。

数据分析的过程通常伴随着数据处理的发生,因此数据分析和数据处理很难割裂开来。大数据处理和分析的典型技术主要包括批处理计算、流计算、图计算和查询分析计算四种,如表 2-5 所示。其中 MapReduce 被大家所熟悉,具体内容可参考 2.3.6 中的相关介绍。

表 2-5　数据处理和分析的四种典型技术的比较

典型技术	解决问题	代表性产品
批处理计算	针对大规模数据的批量处理	MapReduce、Spark 等
流计算	针对流数据的实时计算	Scribe、Kafka、Flink、Puma、S4、DStream 等
图计算	针对大规模图结构数据的处理	Pregel、Hama、Giraph、GoldenOrb 等
查询分析计算	大规模数据的存储管理和查询分析	Impala、Hive、Dremel、Impala 等

2.4.5 数据可视化技术

数据可视化是将大型数据集中的数据以图形、图像的形式表示，并利用数据分析和开发工具发现其中未知信息的处理过程，是大数据分析流程的最后一环，具体案例如图 2-33 所示。

图 2-33 可视化案例展示

目前已经有许多数据可视化工具，主要包括入门级工具(Excel)、信息图表工具(Google Chart API、D3 等)、地图工具(Google Fusion Tables、Modest Maps 等)、时间线工具(Timetoast、Xtimeline 等)和高级分析工具(R、Python 等)，其中大部分工具是免费的。

2.4.6 数据安全与隐私保护技术

1. 匿名化

匿名化(Anonymization)是通过消除或加密将个人与存储数据联系起来的标识符，以保护私人或敏感信息的过程，学术上最早由美国学者斯维尼(Sweeney)提出，主要应用于个人信息的数据发布或挖掘。

匿名化处理必须满足以下两个要求：

第一，无法重识别(De-Identification)，即发布数据库的任意一条记录的隐私属性(疾病记录、薪资等)不能对应到某一个人。

第二，数据可用性(Data Utility)，即尽可能保留数据的使用价值，最小化数据的失真程度，满足一些基本或复杂的数据挖掘与分析。

2. 差分隐私

差分隐私(Differential Privacy)旨在从统计数据库查询时最大化数据查询的准确性，同时最大限度减少识别其记录的机会，主要应用于数据采集过程中。

3. 同态加密

同态加密(Homomorphic Encryption)是一类具有特殊自然属性的加密方法，最早由瑞威斯特(Rivest)等人于 20 世纪 70 年代提出，主要应用于云计算、电子商务、物联网等多种场景。

假设两个明文 a 和 b 满足

$$\mathrm{Dec}\big[\mathrm{En}(a)\odot\mathrm{En}(b)\big]=a\oplus b$$

其中，$\odot$ 和 $\oplus$ 分别表示明文和密文上的运算。当 $\oplus$ 代表加法时，称该加密为加同态加密；当 $\oplus$ 代表乘法时，称该加密为乘同态加密。

除此之外，前面介绍的数据脱敏也是常用的数据安全与隐私保护技术之一。

2.5 人工智能典型技术

2.5.1 人工智能的基本概念

1950 年计算机之父阿兰·麦席森·图灵(Alan Mathison Turing)在论文 "Computing Machinery and Intelligence"(《计算机器与智能》)中提出了 "机器能思维" 的观点和著名的 "图灵测试"。1956 年，约翰·麦卡锡(John McCarthy)、克劳德·香农(Claude Shannon)、马文·明斯基(Marvin Lee Minsky)等科学家一起在达特茅斯学院组织了一场为期 2 个月的关于人工智能的研讨会。在这场会议上，麦卡锡首次提出了 "人工智能" 这个名词。2016 年 3 月 15 日，阿尔法围棋(AlphaGo) 4 比 1 战胜了围棋世界冠军李世石。此后，人工智能逐渐被普通大众关注和熟知。

人工智能(Artificial Intelligence，AI)是一门新兴的边缘学科，是自然科学和社会科学的交叉学科。自诞生以来，人工智能的理论和技术日益成熟，但至今还没有统一的定义。2018 年 9 月中国信息通信研究院安全研究所发布的《人工智能安全白皮书》指出："人工智能是利用人为制造来实现智能机器或者机器上的智能系统，模拟、延伸和扩展人类智能，感知环境，获取知识并使用知识获得最佳结果的理论、方法和技术。"图 2-34 给出了人工智能的研究和应用领域及相关学科。

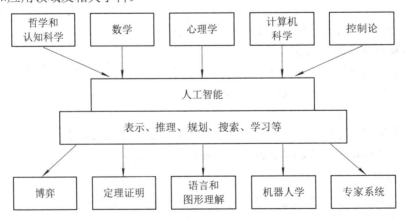

图 2-34　人工智能的研究和应用领域及相关学科

人工智能包含了机器学习、知识图谱、自然语言处理、人机交互、计算机视觉、生物识别、3R 技术等典型技术。

2.5.2　机器学习

机器学习(Machine Learning，ML)是一门多领域交叉学科，涉及概率论、统计学、计算机科学等多门学科，专门研究计算机怎样模拟或实现人类的学习行为，以获取新的知识或技能，重新组织已有的知识结构使之不断改善自身的性能，是人工智能的核心。

在数据的基础上，机器学习通过算法构建模型并对模型进行评估，其处理过程如图 2-35 所示。评估的性能如果达标，那么就用该模型测试其他数据；否则调整算法，重新建立模型，再次进行评估。目前，机器学习技术和方法已被成功应用到多个领域，如个性推荐、金融反欺诈、语音识别、自然语言处理和机器翻译、模式识别、智能控制等。

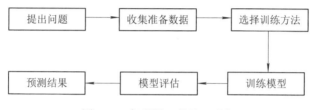

图 2-35　机器学习的处理过程

机器学习可以分为以下五类：

(1) 监督学习(Supervised Learning)。当新数据到来时，监督学习可以根据从给定的训练数据集中学习出的函数预测结果。训练数据集中的目标是由人标注的。常见的监督学习算法有回归和分类。

(2) 无监督学习(Unsupervised Learning)。与监督学习相比，无监督学习的训练数据集中没有人为标注的结果。常见的无监督学习算法是聚类。

(3) 半监督学习(Semi-Supervised Learning)。半监督学习是一种介于监督学习和无监督学习之间的方法。

(4) 迁移学习(Transfer Learning)。迁移学习将已经训练好的模型参数迁移到新的模型以帮助新模型训练数据集。

(5) 强化学习(Reinforcement Learning)。强化学习又称再励学习、评价学习或增强学习，通过观察周围环境来学习，主要用于多步决策问题，比如围棋、电子游戏等。

作为机器学习的子类，深度学习(Deep Learning，DL)是利用深度神经网络来解决特征表达的一种学习过程，其灵感来源于人类大脑的工作方式。深度学习的目的在于建立、模拟人脑进行分析学习的神经网络，模仿人脑机制来解释数据，如图像、声音、文本等。而深度学习的重要分支——神经网络，也称为类神经网络或人工神经网络(Artificial Neural Network，ANN)，是一种由人类的生物神经细胞结构启发而研究出的算法体系，它从信息处理角度对人脑神经元网络进行抽象，建立某种简单模型，按不同的连接方式组成不同的网络。

2.5.3　知识图谱

知识图谱(Knowledge Graph，KG)又称科学知识图谱，是人工智能的基石。知识图谱在图书情报界称为知识域可视化或知识领域映射地图，是一种用图模型来描述知识和构建世间万物之间关联关系的技术方法，由谷歌公司于 2012 年首次提出。构建知识图谱就是让机器形成认知能力并理解这个世界，包括信息抽取、知识表示、知识融合、知识推理四个过程。

　　知识图谱的组成包括三个要素，分别是实体、关系和属性。实体又叫本体，是客观存在并可相互区别的事物，如人、物、事或一个抽象概念，是知识图谱中最基本的元素。关系用来表示不同实体间的联系，用边表示。属性是用来描述实体或关系的特性。例如，图 2-36 中，"新型冠状病毒肺炎""医生/医院"等是实体，"新型冠状病毒肺炎"与"发热"之间是"症状"关系。

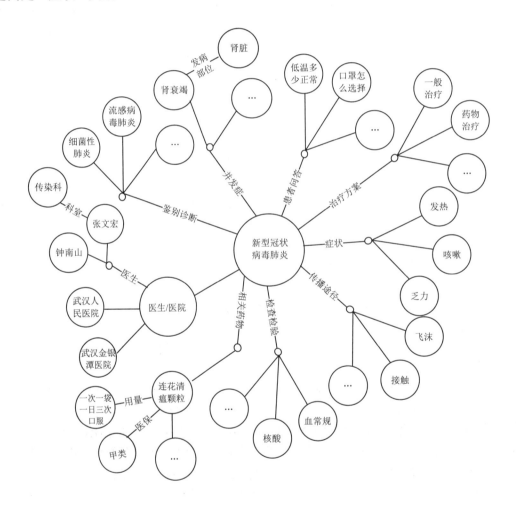

图 2-36　知识图谱示例

　　知识图谱用可视化技术描述知识资源及其载体，挖掘、分析、构建、绘制和显示知识及它们之间的相互联系，被广泛应用在社交网络、物流、制造业、医疗、电子商务等领域，特别是在搜索引擎、可视化展示和精准营销等方面有很大优势。但是知识图谱的发展还有很大的挑战，如数据存在噪声问题，即数据本身有错误或数据存在冗余。

2.5.4　自然语言处理

自然语言处理(Natural Language Processing，NLP)是一门融语言学、计算机科学、数学于一体的科学，是实现人与计算机之间用自然语言进行有效通信的各种理论和方法，是人工智能领域的一个重要方向。自然语言处理包括自然语言理解(Natural Language Understanding，NLU)和自然语言生成(Natural Language Generation，NLG)两部分。值得注意的是，自然语言处理的目的是研制能够有效实现自然语言通信的计算机系统，特别是软件系统。

自然语言处理技术包括基于传统机器学习的自然语言处理技术、基于深度学习的自然语言处理技术等。自然语言处理的应用包罗万象，如机器翻译、手写体和印刷体字符识别、语音识别、信息检索、信息抽取与过滤、文本分类与聚类、舆情分析和观点挖掘等，涉及与语言处理相关的数据挖掘、机器学习、知识获取、知识工程、人工智能研究等。

2.5.5　人机交互

人机交互(Human-Computer Interaction，HCI)又称人机互动(Human-Machine Interaction，HMI)，是指人与计算机之间使用某种对话语言，以一定的交互方式，为完成确定任务的人与计算机之间的信息交换过程，如图 2-37 所示。人机交互是一门研究系统和用户之间的交互关系的学科。其中，系统可以是机器，也可以是计算机化的系统和软件。

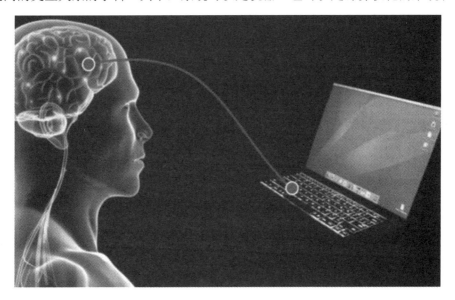

图 2-37　人机交互示意图

人机交互技术有基于传统的硬件设备的交互技术、基于语音识别的交互技术、基于触控的交互技术、基于动作识别的交互技术和基于眼动追踪的交互技术。传统的人机交互硬件设备主要包括键盘、鼠标、操纵杆、数据服装、眼动跟踪器、位置跟踪器、数据手套、压力笔等输入设备和打印机、绘图仪、显示器、头盔式显示器、音响等输出设备。

人机交互是与认知心理学、人机工程学、多媒体技术、虚拟现实技术等密切相关的综合学科，具有广泛的应用场景，特别适用于身体有残疾的人、行动不便的老年人等。例如，日本建成了一栋可以应用人机交互技术的住宅，用户头戴特殊装置，通过脑部血流变化和脑波变动自由操控家用电器，其准确率为70%～80%。

2.5.6　计算机视觉

计算机视觉是使用计算机及相关设备模拟生物视觉对目标进行识别、跟踪和测量，并进一步作图形处理，使其成为更适合人眼观察或传送给仪器检测的图像。机器视觉是一门综合性的学科，涉及计算机科学和工程、信号处理、神经生理学和认知科学等学科领域，包括图像分类、对象检测、目标跟踪、语义分割、实例分割等技术。

机器视觉已广泛应用在生产和生活中，典型应用场景如下：
(1) 人脸识别：人脸识别解锁手机屏幕、人脸支付等。
(2) 图像检索：Google Images 基于内容查询来搜索相关图片。
(3) 游戏和控制：使用立体视觉的游戏，如 Microsoft Kinect。
(4) 监测：遍布各大公共场所用于监视可疑行为的监视摄像头。
(5) 智能汽车：通过机器视觉技术检测交通标志等。

2.5.7　生物识别

生物识别是利用人体生物特征进行身份认证的一种技术。生物识别包括指纹识别、面像识别、虹膜识别、声纹识别等热点技术，详见 2.2.2 小节。

生物识别一方面具有简洁快速、安全可靠等特点；另一方面更易配合计算机和安全、监控、管理系统进行整合，实现自动化管理。生物识别涉及图像处理、计算机视觉、语音识别、机器学习等多项技术。目前，生物识别作为重要的智能化身份认证技术，在金融、公共安全、教育、交通等领域得到了广泛应用。

2.5.8　3R 技术

3R 技术指虚拟现实技术(Virtual Reality，VR)、增强现实技术(Augmented Reality，AR)和混合现实技术(Mixed Reality，MR)。

VR/AR 是 20 世纪发展起来的以计算机为核心的新型实用视听技术，而 MR 是虚拟现实技术的进一步发展。

VR 技术囊括计算机、电子信息、仿真技术，其基本实现方式是计算机模拟虚拟环境，从而给人以环境沉浸感。虚拟现实的典型技术主要包括动态环境建模技术、实时三维图形生成技术、立体显示和传感器技术、应用系统开发工具和系统集成技术等。

AR 技术是一种将虚拟信息与真实世界巧妙融合的技术，从而实现对真实世界的增强。增强现实的典型技术主要包括跟踪注册技术、显示技术、虚拟物体生成技术、交互技术、合并技术等。

MR 技术通过在现实场景呈现虚拟场景信息，在现实世界、虚拟世界和用户之间搭起一个交互反馈的信息回路，以增强用户体验的真实感。

目前 3R 技术除了在影视业的广泛应用外，还应用于游戏、军事、应急推演、电商、文物、医疗、地理、家居、房产等领域，如直播带货、VR 看房等。直播带货是当下的营销新模式，结合 3R 技术开展手机直播，直接模拟农产品原产地，丰富了销售体验，拓宽了销售渠道，可助力乡村电商的发展。

2.6　区块链典型技术

2.6.1　区块链的基本概念

1. 概念

2016 年 10 月 18 日工信部指导发布的《中国区块链技术和应用发展白皮书(2016)》指出："狭义来讲，区块链是一种按照时间顺序将数据区块以顺序相连的方式组合成的一种链式数据结构，它是以密码学方式保证不可篡改和不可伪造的分布式账本。广义来讲，区块链技术是利用块链式数据结构来验证与存储数据，利用分布式节点共识算法来生成和更新数据，利用密码学的方式保证数据传输和访问的安全，利用由自动化脚本代码组成的智能合约来编程和操作数据的一种全新的分布式基础架构与计算范式。"

2. 演化历程

2019 年 5 月可信区块链推进计划指导发布的《公有链白皮书(1.0 版)》指出："区块链的概念起源于 2008 年，由中本聪(Satoshi Nakamoto)在其论文 "Bitcoin: A Peer-to-Peer Electronic Cash System"（《比特币：一种点对点式的电子现金系统》)中首先提出，旨在解决困扰电子现金系统的'双花'难题。"至今为止，区块链的发展经历了四个阶段，分别是技术起源阶段、区块链 1.0 阶段、区块链 2.0 阶段和区块链 3.0 阶段，如图 2-38 所示。

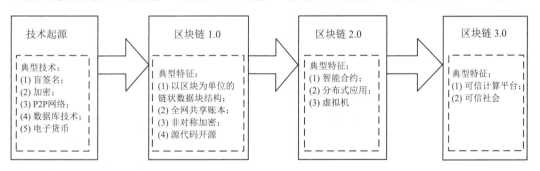

图 2-38　区块链的发展历程

3. 分类和体系结构

根据网络范围和参与节点的特性，区块链可以分为三类，分别为公有链、私有链、联盟链。区块链系统的主流体系结构有三种，下面主要介绍六层体系结构。区块链六层体系结构中，自下而上分别是数据层、网络层、共识层、激励层、合约层和应用层，如图 2-39 所示。

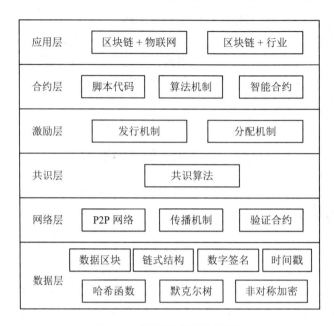

图 2-39　区块链六层体系结构

2.6.2　数据层典型技术

1. 哈希函数

哈希(Hash)函数也称为散列函数、杂凑函数,可以将任意长度的输入变换成固定长度的输出。只要输入值发生微小变化,哈希函数的输出值就会截然不同。当不同输入的哈希产生相同的哈希值,则称为哈希碰撞。

哈希函数具备如下性质:

(1) 单向性。对于给定的哈希值 h,要找到 M 使得 $H(M) = h$ 在计算上是不可行的。

(2) 抗弱碰撞性。对于给定消息 M_1,要找到另一消息 M_2 使得 $H(M_1) = H(M_2)$,这在计算上是不可行的,即 $M_1 \neq M_2$。

(3) 抗强碰撞性。对于任意一对不同消息 M_1 和 M_2,使 $H(M_1) = H(M_2)$ 在计算上是不可行的。

理解哈希函数性质应注意以下两点:

(1) 单向性是指根据已知的输出,很难找到对应的输入。哈希函数的输出具有近似的伪随机性,目前唯一可行的办法是穷举法。使用目前最强大的超级计算机遍历找到满足要求的输入值,也几乎要花费无穷无尽的时间。随着计算机性能的增强,只需要增加哈希函数输出值的长度,寻找可能的输入值就依然会很困难。

(2) 抗弱碰撞性和抗强碰撞性是指通过两个不同的输入,很难找到对应的、相同的输出。值得注意的是,一方面,哈希函数的输入是任意长度的字符串,是一个无限空间;另一方面,哈希函数的输出是固定长度的字符串,是一个有限空间。从无限空间映射到有限空间,理论上肯定存在多对一的情况。换而言之,理论上肯定存在不同的 M_1 和 M_2,使得 $H(M_1) = H(M_2)$。因为哈希函数的对应关系没有任何规律而言,所以实际上只能采用穷举法寻找。使用计算机穷举找到满足条件的输入值，这消耗的时间几乎是无穷无尽的。

目前主流的哈希算法有三大类，分别是 MD 系列哈希算法、SHA 系列哈希算法和 SM3 杂凑算法。MD 就是 Message Digest 的简称，其家族成员包括 MD2、MD4 和 MD5 等算法。SHA 就是 Secure Hash Algorithm，直译为安全散列算法，现有 SHA-1、SHA-224、SHA-256、SHA-384 和 SHA-512 等算法。在哈希算法中，MD5 算法和 SHA-1 算法是应用最广泛的，都已经被我国密码学家王小云破解。在比特币和以太坊的区块链系统中，SHA-256 算法是工作量证明算法的基础。

SM3 是我国采用的一种密码散列函数标准，由国家密码管理局于 2010 年 12 月 17 日发布，相关标准为"GM/T 0004-2012《SM3 密码杂凑算法》"。在商用密码体系中，SM3 主要用于数字签名及验证、消息认证码生成及验证、随机数生成等，其算法公开。据国家密码管理局表示，其安全性及效率与 SHA-256 相当。

哈希函数的应用在生活当中无处不在，包括平常在网络上输入的口令、BT 下载软件等，广泛应用在安全加密、唯一标识、数据校验、负载均衡场景。区块链的密钥产生、交易信息存储等过程中多次使用哈希函数，例如，比特币在挖矿和生成地址的时候都是采用了 SHA-256 算法。

2. 默克尔树

默克尔(Merkle)树也称梅克尔树、哈希树，由拉尔夫·默克尔(Ralph Merkle)提出并以其名字命名，是一种特殊的树结构。其中叶子节点的值是数据块的哈希值，而非叶子节点的值是该节点所有子节点串联字符串的哈希值。比特币采用的是二叉树，如图 2-40 所示，4 个数据块分别标记为数据 1、数据 2、数据 3 和数据 4，首先通过哈希计算分别得到 Hash 1、Hash 2、Hash 3 和 Hash 4，然后两两分组并计算哈希值得到 Hash 12 和 Hash 34，最后再通过哈希计算得到 Hash 1234，即默克尔树根，存储在区块头。如果区块个数为奇数，则最后一个区块复制一份变成偶数再计算。根据哈希函数的性质，默克尔树具有对数据修改敏感的特征。因此在比特币系统中，矿工用默克尔树根节点快速验证交易信息的准确性和完整性。

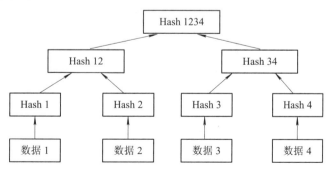

图 2-40　默克尔树示意图

默克尔树的应用场景其实很广泛，比较典型的就是 P2P 下载。在点对点网络中进行数据传输的时候，会同时从多个机器上下载数据，而且很多机器可以认为是不稳定或者不可信的。为了校验数据的完整性，更好的办法是把大的文件分割成小的数据块(例如，把大的文件分割成 2 KB 的数据块)。这样的好处是,如果小块数据在传输过程中损坏了,那么只要重新下载这一小块数据就行了,不用重新下载整个文件。

怎么确定小的数据块没有损坏呢?只需要为每个数据块做 Hash。BT 下载的时候,在下载到真正的数据之前,我们会先下载一个 Hash 列表。那么问题又来了,怎么确定这个 Hash 列表是正确的呢?答案是把每个小块数据的 Hash 值拼到一起,然后对这个长字符串再进行一次 Hash 运算,这样就得到 Hash 列表的根 Hash。下载数据的时候,首先从可信的数据源得到正确的根 Hash 并校验 Hash 列表,然后通过校验后的 Hash 列表校验数据块。

3. 时间戳

时间戳采用格林威治时间,是 1970 年 1 月 1 日 00 时 00 分 00 秒(北京时间 1970 年 1 月 1 日 08 时 00 分 00 秒)起至现在的总秒数,是区块链不可篡改的重要支撑技术。生成区块过程中,获得记账权的节点被要求必须在当前区块头中加盖时间戳,即将数据与区块生成时间绑定。这样主链上的区块就是按照区块产生时间的先后顺序排列的。若要篡改某个区块的时间戳,则要伪造这个区块后面所有的区块。故而区块链越长,安全性越高。

4. 非对称加密

密码学是区块链技术体系的重要支撑部分。根据密钥类型不同,现代密码学技术分为对称加密算法和非对称加密算法,其中区块链中采用的加密方式是后者。典型的非对称加密算法有 RSA 算法、椭圆曲线算法(Elliptic Curves Cryptography,ECC)、ElGamal 算法,其中区块链中常用椭圆曲线算法。这些算法的安全性基于三大难题,分别是质因子分解、椭圆曲线离散对数计算、有限域的离散对数计算。

非对称加密中有一个密钥对:私钥和公钥。私钥由自己安全保管,不轻易外泄;公钥可以发送给任何人。非对称加密算法密钥对一个进行加密,对另一个进行解密。目前最常用的非对称加密算法是 RSA 算法。中本聪在比特币区块链网络中采用了椭圆曲线算法,在保护传送消息内容的同时,能够让消息的接收方确定消息来源的身份,同时确保了身份的私密性。

5. 数字签名

数字签名是一种基于非对称加密算法的证明数字消息、文档等真实性的数学方案,包括签名和认证两部分。签名过程其实是加密过程,即数据发送方用私钥加密信息摘要,然后与原文一起发送给接收方。验证过程其实是解密过程,即接收方利用发送方的公钥对被加密的信息摘要进行解密,然后与原文生成的摘要进行对比,相同则说明数据未被修改,不同则说明数据已被修改。

常见的数字签名算法有 RSA、DSA、ElGamal、ECDSA 等,其中 ECDSA 是通过椭圆曲线算法对数字签名算法的模拟。比特币系统采用 ECDSA 对交易进行签名,用来鉴别交易信息的完整性。

2.6.3　网络层典型技术

网络层是区块链平台信息传输的基础,通过 P2P 的组网方式、特定的信息传播协议和数据验证机制，使得区块链网络中的每个节点都可以平等地参与共识与记账。在网络层中，主要涉及了 P2P 网络架构的相关技术，并以该技术为基础核心技术，衍生出数据的传播机制和数据的验证机制。

对等(Peer to Peer，P2P)网络，也称对等计算机网络、点对点网络，是无中心服务器、依靠用户群(Peers)交换信息的互联网体系。按照中心化的程度，P2P 可以分为集式、纯分布式和混合式三种。不同于传统的客户端/服务器(Client/Server，C/S)模式，P2P 网络中的每个节点的地位都是对等的，具有非中心化、可扩展性、健壮性、负载均衡等特点。

目前，P2P 技术广泛应用于计算机网络的各个领域，如分布式计算、计算共享、流媒体直播与点播、语音即时通信和在线游戏支撑平台等。经过几十年的发展，为适用各种不同类型的应用，P2P 技术催生了大量具有不同特性的网络协议，如以太坊采用的 Kademlia 协议。

2.6.4　共识层典型技术

共识机制是区块链技术的核心，保证全网节点存储账簿的一致性，分为拜占庭容错和非拜占庭容错两类共识。一般地，出现故障但不会伪造信息的情况被称为"非拜占庭错误"；伪造信息恶意响应的情况被称为"拜占庭错误"。对于非拜占庭错误，主要共识算法有 Paxos、Raft 等；对于拜占庭错误，主要共识算法有实用拜占庭容错(Practical Byzantine Fault Tolerance，PBFT)、工作量证明(Proof of Work，PoW)、权益证明(Proof of Stack，PoS)共识机制等，其中典型共识算法的区别如表 2-6 所示。区块链中所有节点都要求遵守共识机制，但共识机制因不同的区块链网络存在差异。这种保证节点只接纳区块链上的最长链，即最长链原则。

表 2-6　典型共识算法的区别

共识算法	PoW	PoS	DPoS	PBFT	Paxos
应用场景	公有链	公有链	公有链	联盟链	私有链
错误容忍度	<50%节点数	<50%权益	<50%权益	33%节点数	<50%节点数 (Acceptor)
共识效率	低	中	中	高	高
典型应用	比特币	以太坊	BTS	超级账本	传统分布式产品

2.6.5　激励层典型技术

区块链不仅是一种分布式计算技术，也是一类交易模型和商业逻辑，其中经济激励是核心驱动力。区块链系统通过设计合适的经济激励机制并与共识过程集成，从而形成稳定的共识。由于去中心化程度不同，不完全去中心化的私有链和多中心化的联盟链可以不需要激励层的经济激励。激励层封装了经济激励的发行机制和分配机制。

1. 发行机制

代币(Token)也称通证，是区块链经济激励的典型载体和表现形式。发行代币的区块链项目一般分为公有链和分布式应用(Decentralized Application，DApp)两种。公有链中往往包含多种属性的 Token，如股份、商品或货币等；应用型 Token 通常采用积分 + 股份相结合的设计方法，其中的 Token 通常是项目的所有权。因此，区块链项目的发行机制，通常指公司发行股份结合中央银行发行货币机制，有单 Token 和双 Token 两类。代币的发行机制决定了分配机制，从而影响区块链项目的改革和发展。

2. 分配机制

代币的分配机制取决于链上的共识算法。采用 PoW 的区块链项目将新产生的 Token 全部分给矿工；采用 DPoS 的区块链项目 Steem 将新发行的 Token 分配给代币持有者和矿工，占比分别为 90% 和 10%；采用工作量证明 + 服务量证明混合模式的区块链项目 DASH，将区块奖励分配给矿工、主节点和基金会，占比分别为 45%、45% 和 10%。目前，比较成功的代币分配机制有以太坊区块链上的 EOS 代币分配机制和 Filecoin 系统的代币 FIL 分配机制。

2.6.6　合约层典型技术

智能合约是一套以数字形式定义的承诺，包括合约参与方可以在上面执行这些承诺的协议，其概念由尼克·萨博(Nick Szabo)于 20 世纪 90 年代首次提出。智能合约的引入将区块链的应用由单一数字货币延伸到金融、供应链、政务服务等领域，是区块链发展的一个里程碑。区块链的去中心化为智能合约的实现提供可信可执行环境，而智能合约的可编程性帮助区块链控制分布式节点的复杂行为。

基于区块链的智能合约主要分为构建、存储、执行三大步骤。

1. 智能合约的构建过程

步骤一：根据前面介绍，区块链用户拥有一对公钥、私钥。

步骤二：根据需要，两个或两个以上用户协商一份合约，并且在合约中以代码形式编程参与方的权利、义务，最后参与方分别用私钥签名合约。

步骤三：签名后的合约被上传至区块链。

2. 智能合约在区块链的存储过程

步骤一：通过 P2P 的方式，智能合约在区块链网络扩散。验证节点收到合约后先保存至内存，等待至下一轮共识时再对智能合约进行共识处理。

步骤二：下一轮共识时，验证节点将这段时间收到的所有合约打包成区块，发送到区块链全网。

3. 智能合约的自动执行过程

步骤一：智能合约会自动检查自动机的状态，若未满足触发条件，事务则继续存储在区块链；若满足触发条件，事务将被推送到待验证队伍，等待共识。

步骤二：进入待验证队伍的事务被上传至区块链网络。通过有效性验证后的事务进入待共识过程。大多数节点达到共识后，系统执行该事务且通知用户。

步骤三：若智能合约中的所有事务都被成功执行后，其状态被标记为完成，同时此合约被移出区块链。

2.6.7 应用层典型技术

随着不断深入学习、研究区块链技术，学术研究领域开始提出各种"区块链+新技术"，如区块链+物联网、区块链+云计算、区块链+大数据、区块链+人工智能等。同时，各行业也开始推进"区块链+行业"的落地应用，如区块链+农业、区块链+金融、区块链+教育、区块链+医疗等。

1. 区块链+物联网

物联网的本质是扩大互联网的外延，由原来的人与人的信息交互扩展到人与物、物与物间的信息交互。其中人与物的信息交互包括智慧农业、智慧医疗、智慧城市和安防等；物与物的信息交互，主要指自动化配置，如水库水位的自动调配等。物联网有设备数量多、设备间缺乏信任机制、设备的管理和维护难等特点。区块链技术通过制订进入和惩罚准则、提供可靠的历史记录构建安全多终端物联网系统。另外，区块链技术还可以在智能设备上执行智能合约，大大降低物联网的运营成本。区块链和物联网主要应用在欺诈管理，如保险业务的索赔管理。

2. 区块链+云计算

云计算是通过互联网提供服务器、数据库、软件等计算服务，具有低成本、高可靠性、弹性伸缩和按需服务等特点。云计算的高可靠性与区块链的数据不可篡改性有相同的目标。区块链技术在 IaaS、PaaS 和 SaaS 基础上创造出区块链即服务(Blockchain as a Service，BaaS)，形成与云计算的融合发展趋势。目前国内外有很多企业提供区块链即服务，如微软 Azure、IBM Blockchain、亚马逊 AWS、腾讯 TBaaS、百度 Trust 和华为 BCS。其中，华为 BCS 可以提供供应链金融、游戏行业、供应链溯源、新能源行业等方面的解决方案，并在不同场景下构建相应的智能合约应用程序。

3. 区块链+大数据

大数据时代，在保护数据隐私的前提下挖掘数据的潜在价值，是亟待解决的难题。为了更好地开发利用数据资源，大数据服务商都希望获取尽可能多的数据。然而现实中，政府担心开放数据后泄露国家机密；企业视数据资源为重要资产，不愿意分享；个人担心泄露隐私，不想分享敏感信息，如身份证号、电话号码等。为了解决上述问题，区块链技术可以将数据资产化，使用"加密"和"加戳"确定数据资产的来源、所有权、使用权和流通路径。区块链结合大数据技术可以让数据流动、融合，并产生更大的价值，同时保护用户数据隐私，有很多应用场景，如医疗、金融征信服务等。

4. 区块链+人工智能

人工智能包括算法、算力和数据三个核心部分。一个优秀的 AI 算法需要足够的数据训练、验证。然而，很多数据掌握在少数大公司内部，形成信息孤岛问题。区块链去中心化的特点，分布式解决整体系统的调配，给 AI 带来自由流动的数据资源。区块链对人工智能的影响如下：区块链的分散性打破信息孤岛问题，促进数据共享，为 AI 提供大量的数据资源；区块链的链式结构可以获取数据来源，保障数据的隐私性和可靠性；区块链审计追踪数据，使 AI 得到更好的预测结果；区块链技术带来的分布式 AI，实现不同功能间调用，加快 AI 发展速度。目前，区块链和人工智能的结合应用，都是基于区块链为人工智能训练提供数据，如 ObEN、猎豹音箱和 Ocean Protocol 等，其中 ObEN 主要应用在社交、医疗和房产交易等方面。

2.7　其他典型技术

2.7.1　3S 技术

3S 技术是遥感技术(Remote Sensing，RS)、地理信息系统(Geographic Information System，GIS)、全球定位系统(Global Positioning System，GPS)的统称，三者关系和功能如图 2-41 所示。

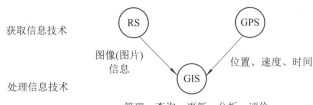

图 2-41　3S 技术的关系和功能

(1) RS 可对地物和现象进行远距离探测和识别，可检测环境质量、气候气象、交通线路网络、景点分布等，并快速获取影像数据，为 GIS 提供数据源和数据更新支撑。RS 在农业上的应用主要有三个方面，农作物的监测、农业资源的管理、灾情的监测。

(2) GIS 在特定的空间坐标下，以地理坐标为控制点，收集、存储和分析空间数据，并对数据进行输入、预处理、编辑、管理、查询、检索、分析、显示、输出、更新等，为 RS 提供了工作台的作用，被形象地誉为信息的"大管家"。

(3) GPS 是一种以人造地球卫星为基础的高精度无线电导航的定位系统，由美国于 20 世纪 70 年代开始研制，至 1994 年 3 月全面建成，由 24 颗 GPS 卫星星座组成，实现高达 98% 的全球覆盖率。GPS 实施导航和定位作用，主要由三大部分组成，分别是空间部分、地面监控部分和用户设备部分。GPS 系统具有定位精度高、观测时间短、测站之间无须通视、可提供三维坐标、操作简便、全天候作业、功能多和应用广等特点，被广泛应用在农业、军事、交通等领域的定位、测量等工作，被视作 GIS 的数据源。

值得一提的是，我国自主研发、独立运行的北斗卫星导航系统和美国全球定位系统、俄罗斯格洛纳斯卫星导航系统、欧盟伽利略卫星导航系统并称全球四大卫星导航系统。2020 年 7 月 31 日，北斗三号全球卫星导航系统正式开通。自开通以来，北斗三号全球卫星导航系统运行稳定。北斗系统提供服务以来，已在交通运输、农林渔业、水文监测、气象测报、通信系统、电力调度、救灾减灾、公共安全等领域得到广泛应用，融入国家核心基础设施，产生了显著的经济效益和社会效益。

3S 技术构成了一个强大的技术体系，从而实现对各种空间信息、环境信息进行快速、机动、准确、可靠的收集、处理、管理、分析、表达、传播和应用。3S 已广泛应用于城市规划、城市管网规划、交通、电讯管网及配线、电力配网、测绘、环境保护与监测、国土详查、土地利用、地籍管理、公安、国防、作战指挥、教育、地质勘查、矿产资源、旅游业及卫生事业等。例如，利用遥感技术可以监控作物面积、作物长势，实现农作物病虫害及产量预测，并获取耕地、气象数据进行预警；同时，3S 技术还可获取宅基地、集体用地权属等空间数据，提高乡村治理效率。

2.7.2　嵌入式技术

嵌入式技术是将计算机技术、自动控制技术和通信技术等多项技术综合起来并与传统制造业相结合的一门技术，是针对某一行业或应用开发智能化机电产品的技术。物联网中，通过嵌入式技术实现了物品自动报警、故障诊断、本地监控或远程监控等功能。

嵌入式系统是指将应用程序、操作系统和计算机硬件集成在一起的系统，由硬件和软件组成，其应用范围涉及工业生产、日常生活等多个领域，具体应用如工业过程控制、家庭智能管理系统、POS 网络及电子商务等。

2.7.3　微机电系统

微机电系统(Micro-Electro-Mechanical System，MEMS)，也叫作微电子机械系统、微系统、微机械等，是集微传感器、微执行器、微机械结构、微电源、微能源、信号处理和控制电路、高性能电子集成器件、接口、通信等于一体的微型器件或系统。MEMS 是一个独立的智能系统，一般是指尺寸在几毫米乃至更小的高科技装置，主要由传感器、执行器和微能源三部分组成。

MEMS 技术是一种典型的多学科交叉的前沿性研究技术，涉及电子技术、机械技术、物理学、化学、生物医学、材料科学、能源科学等诸多领域，在工农业、信息、环境、生物工程、医疗、空间技术、国防等方面有重要应用。

本 章 小 结

"互联网"时代实现乡村振兴，必须要用先进的数字技术和互联网的思维来改造传统乡村，解决好改革中面临的问题，实现乡村信息化、乡村现代化的弯道超越，缩短城乡之间的数字鸿沟，最终达到乡村振兴的目的。

本章首先介绍新一代数字技术的概念、组成和应用，其次重点介绍物联网、云计算、大数据、人工智能、区块链等新一代数字技术的典型技术。

思考与练习题

1. 简述新一代数字技术在乡村抗疫中的应用。
2. 简述物联网和云计算相结合后在乡村振兴的应用前景。
3. 什么是云计算模式？云计算模式有哪几种？

4. 举例说明大数据技术的应用领域及前景。

5. 人工智能有哪些实现方法？简述其在乡村振兴中的研究范畴和应用领域。

6. 分析区块链的典型技术和应用难点。

扩展阅读　物联网、大数据、云计算等新技术赋能助力乡村振兴

一场大雪之后，中国移动重庆公司网络工程师刘成兵开始了新一轮以偏远农村为重点的通信信号巡检工作，彭水县普子镇大龙桥村是本次巡检的重点区域之一。

大龙桥村只是中国移动重庆公司落实"网络＋扶贫"、助力乡村振兴的一个缩影。1月22日，上游新闻记者从中国移动重庆公司了解到，依托农村网络建设和物联网、大数据、云计算等新技术的应用实践，中国移动重庆公司将网络与信息技术同农业农村现代化转型相结合，不断巩固脱贫攻坚成果，加快推动农业升级、农村进步、农民发展，奏响助力乡村振兴的"三重奏"。

1. 强农业——新技术赋能"智慧农具"新发展

"散居在山脚下的十多户人家，通信全靠半山腰上我们这座移动基站，今年春节，这里留守的老人和孩子很可能只能通过手机联系亲人，今天的巡检完成了，网络信号检测没问题，能确保村民们过个好年。"刘成兵表示，春节前正在加强对偏远农村地区的网络建设和优化，确保农村地区老百姓的通信畅通。

5G 时代，农场将布满传感器，各类农业机器和应用平台自动进行农业数据收集和处理，农民只需在电脑或手机上查看农作物的生长情况数据，一键作出相应操作，农业耕种变得更加便捷。

在忠县，中国移动重庆公司联合中国移动(成都)研究院打造的三峡橘乡田园综合体项目，成为全国首批、三峡库区和重庆市唯一的国家级田园综合体试点项目，同时也是全国唯一以柑橘为主导产业的国家级田园综合体。

该项目相关负责人介绍，该田园综合体以柑橘产业为基础主导产业，运用 5G、物联网、大数据等新技术，依托智慧农业综合平台，在园区管理上实现远程调度；在生态康养上，利用 5G 无人机开展远程高效植保巡检，开展精准种植；在生态产业上，通过 5G＋VR 能沉浸式体验柑橘四季生长过程，发展生态旅游。该田园综合体以农业产业园区方式，加快循环农业、观光农业、体验农业的集约发展，打造智慧农业的新业态。

2. 美乡村——新平台助力打造数字新农村

为推进农村及偏远地区电信普遍服务工作，2017 年以来，重庆移动持续加大农村网络资源投入，主动牵头彭水、石柱、秀山、奉节、巫溪、忠县、綦江、涪陵、云阳等 9 个区县的电信普遍服务试点项目，累计建设农村基站 5 万多个，实现了全市所有行政村的 4G 网络全覆盖，宽带网络覆盖 6 900 个行政村。

"没想到，咱家门口这么快就安装好摄像头了，在外地打工也能随时随地查看家里的情况，太实用了。"开州竹溪镇灵泉村在外务工的村民小王通过手机，看到母亲正在院坝里晒衣服时高兴地说。

2020 年 10 月，灵泉村成为中国移动在重庆建设的首个"平安乡村"示范村。该村依托中国移动"移动看家"家庭安防视频云平台，实现了乡村公共区域卡口和道路监控管理，在看家护院、果园农场、鱼塘水库等场景实现远程监控，对监测到的异常情况实时告警，打造全方位、全天候、立体化的农村科技防范体系，协助提升乡镇综合治理能力。

截至目前，中国移动重庆公司已建设超 200 个"平安乡村"示范村，超 5 万农村用户感受到数字新农村带来的幸福感和安全感。

3. 富农民——新服务"授人以渔"促就业

家住奉节县竹园镇的大学毕业生肖威来自建卡贫困家庭，因父亲丧失劳动能力，肖威急需一份稳定的工作和收入。在奉节县政府的支持下，中国移动重庆公司联合中移铁通有限公司发布招聘公告，定向招聘贫困户销售人员和智慧家庭工程师，并对成功应聘人员实行培训、上岗、增收等就业帮扶。肖威应聘成功，通过自身努力和帮扶政策，拥有了稳定可观的工资，家庭贫困的情况得到了较大的改变。

像肖威这样的就业帮扶受益人还有很多，中国移动重庆公司通过打造的 9 000 余个益农信息社站点，面向农民提供产销对接、法律援助、招工就业、农技培训、金融保险等公益、便民、电商、培训服务，帮助农民就业增收，脱贫致富。2020 年，益农信息社共计促成农产品产销对接 1.05 亿元，发布 1.2 万个岗位信息，促成贫困户意向就业近 4 000 人，实现变扶贫"输血"为"造血"。

第3章　乡村数字经济

【学习目标】

◇ 掌握乡村数字经济的概念，了解乡村数字经济包含的内容；
◇ 掌握智慧农业的概念及其架构，理解农业物联网的概念、架构及主要技术；
◇ 了解农业物联网在智慧农业领域的应用；
◇ 掌握农村电子商务的概念、内涵及其模式，理解数字技术在电子商务中的具体应用形式；
◇ 掌握数字普惠金融的概念，理解数字普惠金融对乡村数字经济的支撑作用。

【思政目标】

◇ 培养数字人才的职业素养，增强诚实守信的意识；
◇ 培养学生大国工匠精神；
◇ 培养学生树立民族自信心和民族自豪感。
◇ 弘扬爱国情怀。

数字赋能托起塞上乡村致富梦

李家河村位于陕西省榆林市吴堡县辛家沟镇，曾是全县贫困村，2018 年成功脱贫"摘帽"。为了巩固脱贫攻坚成果，让更多村民富裕起来，2021 年李家河村与陕西移动合作，打造了全县首个数字乡村综合服务平台，不仅让村民用上了 5G 网络，而且为当地乡村振兴开辟了新路径。

近年来，李家河村先后发展千亩山地苹果园、596 亩吴堡青梨园和 24 个日光温棚等集体产业，传统产业模式已经无法适应现代化农业发展需求。2021 年 11 月，陕西移动榆林分公司与辛家沟镇政府签署《智慧 5G 战略合作协议》，开通吴堡县首个农村 5G 基站，打造全县首个数字乡村综合服务平台，推动当地特色产业迈入 5G 时代。

"智慧小喇叭"是陕西移动根据农户生产需求推出的信息服务产品，解决了温棚的日常管理问题。农民通过手机端"数字乡村"App 就能连上"智慧小喇叭"，实时监测为温棚搭建的"晴雨表"。在手机 App 上，点选作物名称和种植时间，就能得到相关数据，操作起来简单，一目了然，实现信息的远端采集和控制，农民足不出户就能掌握大棚的数据信息，实现了高效管理和增产增收。据李家河村支部书记介绍，发展智慧农业后，2021 年该村村民人均年收入从 10 000 元左右增加到 12 000 元。后期李家河村将继续与陕西移动合作建设"智慧果园"等项目，采用信息化管理手段，实现土壤、病虫灾害监测、灌溉、施肥等自动化控制，有效降低人工数量和成本，提升产量，实现村集体创收。

此外，通过手机 App 对村里的吴堡青梨、山地苹果、大棚青椒、黄瓜和西红柿等特色农产品进行展示，助力互联网广开销路。

数字赋能为乡村振兴提供了更多发展路径，数字平台的应用已经成为村民生产和生活中不可或缺的一部分，可帮助更多村民实现"致富梦"。

乡村数字经济是以农村现代信息网络为载体，以物联网、大数据、人工智能等新一代信息技术为驱动力，将数字化应用到乡村振兴产业中，提高乡村产业数字化水平、加快农业科技创新、实现农业农村经济高质量发展的经济形态。乡村数字经济主要由智慧农业、农村电商、数字普惠金融组成。

本章首先介绍智慧农业，重点介绍农业物联网技术，农业物联网在农业领域的具体应用；其次介绍农村电子商务的概念、模式，数字技术在农村电子商务中的具体应用；最后介绍乡村数字普惠金融的概念和主要服务内容，以及数字技术在农村普惠金融中的具体应用。

3.1　智慧农业

3.1.1　智慧农业概述

1. 智慧农业的概念

智慧农业是指将现代化信息技术和智能装备运用到传统农业中，与农业生产、经营、管理和服务全产业链深度融合，实现农业智能化决策、社会化服务、精准化种植、可视化管理、互联网化营销等全程智能管理的高级农业阶段。

智慧农业的整体架构如图 3-1 所示，包括农业现场信息采集和控制、通信网络、智慧农业后台系统和用户终端四部分。

(1) 农业现场信息采集和控制用于采集农业生产现场中的各种信息，并控制信息的接收和执行。其中，信息采集与控制设备模块主要利用各种类型传感器采集农业生产环境信息、农产品状况信息等；通过多种控制设备对农业现场的设备进行控制，如通风、喷淋等；还可以使用 RFID 技术设备对农产品进行追踪和追溯。短距离通信模块主要涉及农业生产现场的短距离范围的有线和无线通信技术，如 ZigBee、6LoWPAN 等技术。

(2) 通信网络负责智慧农业系统中各个模块、子系统与互联网的连接，利用互联网的通达性，不限地域、不限时间实现互联网与智慧农业应用的交互，获取实时信息，或进行远程操控。

(3) 智慧农业后台系统负责全系统中数据的处理、规则的制订以及系统的管理和运营等，其相当于智慧农业系统的"大脑"。其中，数据存储的处理模块主要对系统中的农业现场数据进行存储、分析和处理；专家系统保存用户制订的各种规则；系统管理和运营模块负责整个系统的维护和运营，包括系统认证、安全、收费等功能。智慧农业系统可根据规则判断、识别农业生产过程中的问题，或实施自动灌溉、自动通风等自动化操作。

(4) 用户终端是用户与智慧农业业务之间的接口，是用户采用什么方式访问智慧农业的应用。

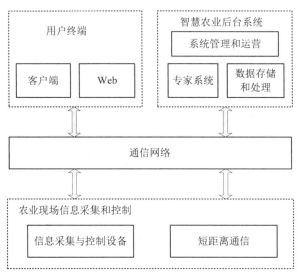

图 3-1　智慧农业的整体架构

智慧农业主要包括农业数据资源建设、农业生产数字化(种业数字化、种植业数字化、林草数字化、畜牧业数字化、渔业渔政数字化)、农产品加工智能化、乡村特色产业数字化监测、农产品市场数字化监测和农产品质量安全追溯管理等内容，通过互联网、云计算和物联网等技术，实现农业生产环境的智能感知、智能预警、智能决策、智能分析、专家在线指导，为农业发展提供精准化生产、可视化管理、智能化决策等支撑。

2. 智慧农业的特征

从智慧农业技术应用特点看，智慧农业发展的特征主要表现如下：

(1) **农业信息感知数字化。**通过物联网技术、3S 技术等底层信息获取技术形成农业大数据基础数据库，为农业生产经营决策提供数据支撑与服务，使得农业全过程人、机、物相联系，各种农业要素、信息和环境自动感知与精准识别。

(2) **农业管理决策科学化。**借助大数据、人工智能等技术，通过"机器学习+经验模型"建立数字化、智能化技术和控制作业装备高度集成的系统与农业管理决策模型，推动农业在设备装备控制、农业投入和农业个性化服务等方面的定量决策。

(3) **农业装备控制智能化。**通过"人工智能+物联网技术"，推动农业传感器、通信系统和智能控制系统形成一个智慧网络系统，实现农业装备作业的自动化和智能化操作，推进全方位的无人作业。

(4) **农业要素投入精准化。**通过农业定量决策模型，精细准确地优化农业全产业链每一环节的资源配置，推动农业生产经营管理决策的定量化和精准化，实现投入减少、资源节约和节本增效。

(5) 农业信息服务个性化。基于农业大数据平台，有针对性地、及时地向农业经营主体推送符合其需求的多样化信息服务，有助于信息服务供需主体的精准对接。

3. 智慧农业的优势

(1) 精准监测，提高效率。基于精准的农业传感器进行实时监测，利用云计算、数据挖掘等技术进行多层次分析，并将分析指令与各种控制设备进行联动完成农业生产、管理。解决了农业劳动力紧缺的问题，也实现了农业生产高度规模化、集约化、工厂化，使弱势的传统农业成为具有高效率的现代产业。

(2) 优化体系，提高效益。完善的农业科技和电子商务网络服务体系、专家系统和信息化终端成为农业生产者的大脑，直接指导农业生产经营，使农业生产经营规模越来越大，生产效益越来越高。

(3) 循环利用，改善环境。将农田、畜牧养殖场、水产养殖基地等生产单位和周边的生态环境视为整体，并通过对其物质交换和能量循环关系进行系统、精密的运算，以保障农业生产的生态环境在可承受范围内，如定量施肥不会造成土壤板结，经处理排放的畜禽粪便不会造成水和大气污染，反而能培肥地力等。

3.1.2　农业物联网

农业物联网是物联网技术在农业生产、经营、管理和服务中的具体应用，即应用各类传感器、RFID、图像采集终端等感知设备，现场采集农业各领域的信息，通过无线传感器网络和互联网对获取的海量农业信息进行整合处理，然后通过智能化操作终端实现农业产前、产中、产后的全过程监控、科学化决策并提供服务。

1. 农业物联网的架构

作为智慧农业的核心技术，农业物联网分为感知层、传输层、处理层和应用层。图 3-2 显示了农业物联网的架构，并显示了物联网的四层模型。

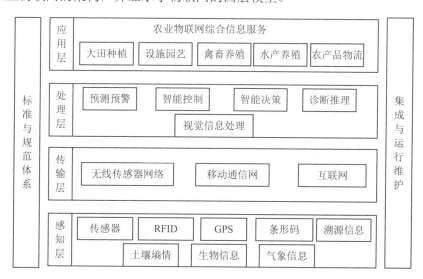

图 3-2　农业物联网的架构

(1) 感知层是决定农业物联网的基础和关键，直接影响整个农业物联网技术的运行。感知层主要由温湿度传感器、射频识别(RFID)设备、视频监控设备、GPS 等组成，采集的数据包括光照、温度、相对湿度、pH 值、亮度、土壤养分、畜禽和水产的健康状况等，通过收集动植物生长环境及生长状态等方面的数据来获取关键信息参数。

(2) 传输层实现物联网信息传输。无线通信技术组网便捷，无须布线，适应性强，部署便捷，是当前农业物联网中传输层的主要实现方式。

(3) 处理层运用云计算、大数据等技术对感知层采集的数据信息完成智能化处理后，利用控制模型和策略对农业设施进行智能控制、预测预警等，如浇水、施肥、防虫害处理等。

(4) 应用层主要实现各类农业服务 App，如大田种植、设施园艺、畜禽和水产养殖以及农产品物流等应用操作。

2. 农业物联网的应用领域

农业物联网的应用领域包括农业生产领域、农产品加工领域、农产品流通领域、农产品消费领域等。

物联网在农业生产领域的应用包括：

(1) 动植物生长环境监测。利用不同类型的传感器获取农业生产环境的各类数据，包括设施农业中的光照、通风等参数，禽畜养殖业中的氨气、二氧化硫、粉尘等有害物质浓度等参数，完成对资源和环境的实时监测、精确把握和科学配调，以节约成本，提高农产品品质。

(2) 动植物生长状态监测。通过农业物联网中的视频监控设备实时获取动植物生长发育信息、健康及疫病信息和行为状况等信息。

在农产品加工领域，借助农业物联网可对农产品的品质进行自动识别和分级，如对水果、茶叶等农产品存在的表面缺陷和损伤进行检测；利用农产品加工控制系统对农产品进行规范加工，减少人工操作，避免人工污染；利用电子标签对农产品加工原材料进行电子标记编码，实现食品加工全过程的规范管理，保证食品安全、阳光、透明和可追责。

在农产品流通领域，借助物联网、卫星导航系统和视频系统，实现对整个农产品运输全过程的可视化管理，确保精确定位，及时调度农产品运输车辆，实施农产品运输全程监控，保证农产品运输路线的科学性和高效性。

在农产品消费领域，物联网在农产品质量安全与追溯方面的应用广泛。农业物联网溯源系统可广泛应用于粮食、蔬菜、水果、茶叶、畜牧产品、水产品以及加工食品等多种农副产品。农业物联网溯源系统给所有农产品分配了二维码，二维码记录了农产品从种植、生产、加工到产品认证、物流、仓储、销售等全程的所有信息，使得消费者的知情权和健康权得到了可靠保障。

3. 农业物联网的主要技术

农业物联网的主要技术包括农业信息感知技术、农业信息传输技术和农业信息处理技术。

1) 农业信息感知技术

农业信息感知技术是指利用农业传感器、RFID、条形码、GPS、RS、GIS 等，随时随地收集和获取农业领域物体信息的技术。

(1) 农业传感器。

农业传感器主要用于收集有关各种农业因素的信息，包括种植业的光、温度、水、肥料和气体等参数，有害气体含量、空气粉尘浓度、水滴和气溶胶浓度、温度、湿度等环境指标，水产养殖中的溶解氧、pH 值、氨、电导率、浊度等参数。常见的农业用传感器包括以下几种。

土壤传感器：主要用来测量土壤的相对含水量，做土壤墒情监测及农业灌溉和林业防护，其外观如图 3-3 所示。

图 3-3　土壤传感器

土壤电导率传感器：用于测量土壤中的盐分、水分、有机质含量、土壤地质结构和孔隙率等参数，对现代精细农业具有重要意义。

土壤养分传感器：主要用于对土壤氮、磷、钾元素进行检测。

土壤重金属监测传感器：用于对土壤及其他环境中造成污染的重金属进行检测。

溶解氧传感器：用于测量水中分子状态的氧浓度，可预警水污染。

电导率传感器：测量溶液传导电流的能力，通常可用于表示水溶液的纯度，同时可间接得出溶液的含盐量、总溶解性固体物质的含量等信息，对水产养殖的高效、健康、安全发展尤为重要。

pH 传感器：测定水体中的酸碱度，反映水体中生物生存环境的适宜程度，对工业生产及保障民生健康等具有重要意义。

氨氮传感器：测量水体中氨氮的含量，是反映水体污染的重要理化指标。

图 3-4 所示为智能土壤水分传感器的应用。土壤是由固体、水、空气等组成的多孔介质，土壤中固体的介电常数约为 4，水的介电常数约为 80，空气的介电常数约为 1，可见，湿土的介电常数主要由土壤中的水分决定。土壤水分传感器利用时域反射法测定土壤的含水量，并将该信息传输到数据显示端。土壤传感器通过总线与环境监控主机连接，主机通过 GPRS/5G 的通信方式将实时数据上传至云平台；云平台支持网页端、手机 App、微信公众号等多种方式登录，不受时间和地点的限制；通过云平台，用户能够实现实时数据超限、分阶段查看、下载历史数据、超限告警、系统管理等功能。

图 3-4　智能土壤水分传感器使用示意图

(2) RFID。

在智慧农业领域，RFID 可为每一个农产品建立一个"ID"，建立农产品安全管理信息系统，可用在智慧农业中的质量追溯、仓储管理、物流运输、产品唯一性标识、农产品样本跟踪等方面。图 3-5 所示为牲畜 RFID 电子耳标应用示意图。

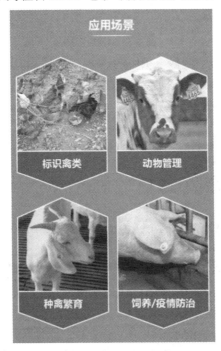

图 3-5　RFID 电子耳标应用示意图

(3) 条形码。

条形码用一组规则的条空及对应的字符组成的符号来表示一定的信息，它利用光电扫描设备识读条形码符号来实现机器的自动识别，并快速、准确地把数据录入计算机进行数据处理,从而达到自动管理的目的。条形码技术在农业物联网中主要应用于农产品的质量追溯。图 3-6 所示为条形码在农产品中的应用示例。

图 3-6 条形码在农产品中的应用示例

(4) 3S 技术。

3S 技术是指 GPS、RS 和 GIS 技术。

GPS 和我国的北斗卫星导航系统在农业领域有着广泛的应用,如海洋渔业、精准农业中的车载导航仪和测亩仪等方面。

RS 技术利用高分辨率传感器,通过收集分布在地面上的作物的光谱反射或辐射信息,全面监测作物的生长周期,并根据光谱信息进行空间位置分析,为处方农业提供大量的田间时空变化信息。它主要用于监测作物的生长、水分、营养和产量,快速监测与评估农业干旱和病虫害等灾害信息,估算全球范围或区域范围的农作物产量,为粮食供应数量分析与预测预警提供信息。

GIS 地理信息系统技术现已在资源调查、数据库建设与管理、土地利用及其适宜性评价、区域规划、生态规划、作物估产、灾害监测与预报、精确农业等方面得到了广泛应用。

例如,"二十一世纪"空间公司开发的基于 3S 的北京市农机作业供需服务及管理平台,就是将 3S 技术应用于农机管理、服务和作业的一体化服务系统。该平台基于北斗导航技术、地理信息系统、物联网技术,紧密结合农机作业全流程业务,实现对农民、农机服务组织、农机管理机构农机作业的订单管理、任务调度、作业监管、作业分析、应急管理等全流程管理。图 3-7 所示为农机服务管理的系统架构。

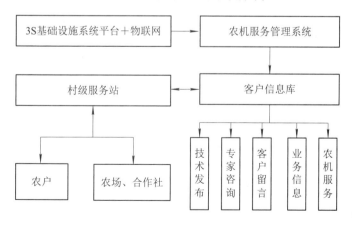

图 3-7 农机服务管理的系统架构

2) 农业信息传输技术

农业信息传输通过传感设备连接农业传输网络，并使用有线和无线通信网络随时随地进行高度可靠的信息交流和共享。

(1) 无线传感器网络技术。

无线传感器网络(Wireless Sensor Network，WSN)是以无线通信方式组成的自配置多跳网络系统，由大量传感器节点组成，放置在监控区域，检测、收集和处理在网络区域检测到的对象，并将消息发送给观察者，广泛应用于现场灌溉、农业资源监测等无线传感器网络中。在智慧农业系统中采用无线传感器技术收集农业生产参数，如温度、湿度、氧气浓度等，采用自动化、远程监控技术监测农作物的生长环境，将采集到的数据处理和汇总，并上传到农业智能化信息管理系统中。

图 3-8 所示为无线传感器网络结构。无线传感器网络系统通常包括传感器节点、汇聚节点和任务管理节点。大量传感器节点在监视字段(传感器字段)内或附近随机部署，并可通过自组织形成网络。传感器节点监测的数据沿其他传感器节点逐跳传输，在传输过程中监测数据可能被多个节点处理，经过多跳路由后到达汇聚节点，最后通过互联网或卫星到达任务管理节点。用户通过任务管理节点配置和管理传感器网络发布监视任务并收集监视数据。

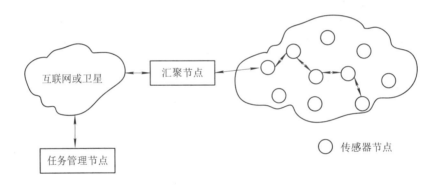

图 3-8　无线传感器网络结构

(2) 移动通信技术。

智慧农业利用移动通信技术，建立无线传感信息系统。该系统实时采集农作物生产过程中的指标和环境参数，科学布局农业生产结构，合理搭配农作物品种，采用科学检测方法确定农作物的健康状态，促进农作物生产管理向精细化、科学化方向发展。

3) 农业信息处理技术

农业信息处理技术是指利用各种智能计算方法和手段对农业大数据进行分析处理和管理，并向农业用户提供风险预测预警、生产决策分析等信息，是农业物联网的核心技术之一。图 3-9 所示为农业大数据处理平台架构。

农业大数据主要集中在农业环境与资源、农业生产、农业市场和农业管理等领域。

(1) 农业环境与资源数据主要包括土地资源数据、水资源数据、气象资源数据、生物资源数据和灾害数据。

(2) 农业生产数据包括种植业生产数据和养殖业生产数据。其中，种植业生产数据包括良种信息、地块耕种历史信息、育苗信息、播种信息、农药信息、化肥信息、农膜信息、灌溉信息、农机信息和农情信息；养殖业生产数据主要包括个体系谱信息、个体特征信息、饲料结构信息、圈舍环境信息、疫情情况等。

(3) 农业市场数据包括市场供求信息、价格行情、生产资料市场信息、价格及利润、流通市场和国际市场信息等。

(4) 农业管理数据主要包括国民经济基本信息、国内生产信息、贸易信息、国际农产品动态信息和突发事件信息等。

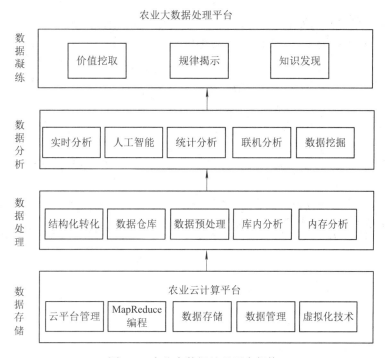

图 3-9　农业大数据处理平台架构

3.1.3　农业物联网在智慧农业中的具体应用

农业物联网在智慧农业应用中涵盖农业生产、经营、管理、服务等各个环节。应用农业物联网可实现农业生产中育种育苗、智能养殖，提升农产品质量；利用互联网技术可帮助农产品经营销售，提高农产品销售量，为农户带来经济效益；农业物联网对推动农业信息化管理、提升社会化服务质量都有十分重要的作用。

1. 智能育种/育苗

智能育种/育苗管理是指通过在育种/育苗生产现场安装生态信息无线传感器和其他智能控制系统，对整个育种/育苗生态环境进行检测，从而及时掌握影响种子和种苗发育的一些参数，并根据参数变化适时调控灌溉系统、保温系统等基础设施，确保农作物有最好的生长环境，以提高产量和保证质量。

图 3-10 所示为智能育苗大棚。农场农业生产管理人员只要点击手机，就能查看大棚作

物生长状况，遥控通风以及灌溉和微喷操作等，随时随地掌控育种/育苗大棚的生长环境。在该农场的标准化大棚中设置了多个视频、温度、湿度、光照、土壤采集器和传感器。利用这些仪器采集数据，系统实时绘制出数值空间分布场图，根据设定报警值向管理电脑和手机实施联动报警。通过手机和电脑对棚内的光照、温度、湿度进行实时管理，有效提高了育种/育苗成活率。图 3-11 所示为智慧农业大数据平台示意图。

图 3-10　智能育苗大棚

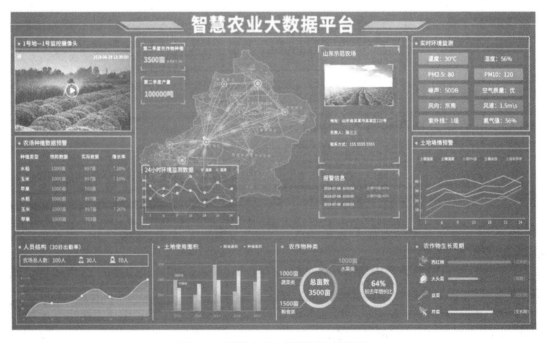

图 3-11　智慧农业大数据平台示意图

在智能化温室大棚的建设过程中通常也会部署一些视频监控设备，通过采集远程图像，实时掌控大棚内情况。另外，这些设备也会对生长环境定时拍摄，向用户及时传送大棚现场图像，降低巡检次数，减少人力和物力成本，提高生产、管理效率。

2. 物联网养殖

应用物联网相关技术实现数字化养殖，是当下智慧养殖最典型的应用场景，用于实现畜禽/水产养殖的数字化、自动化、智能化管理。

图 3-12 所示为浙大新农村发展研究院开发的物联网生猪养殖系统。该系统实现物联网养殖环境信息监测与自动调控。根据养殖户的实际应用需求，温室信息采集器采集空气温湿度、光照强度、大气压力、有害气体等环境参数。当此类环境参数超标时，二氧化碳、氨气、硫化氢、粉尘等的增加会导致猪发生疫情，空气温湿度、光照强度、大气压力影响着猪生长的质量，温湿度、通风换气则影响着猪生长繁殖的速度。自动报警系统会短信通知用户，用户可自行采取应对措施。

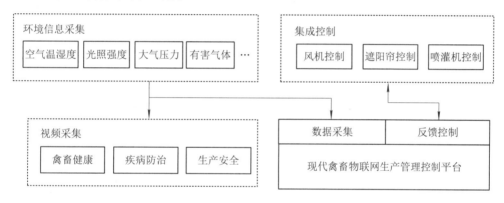

图 3-12　物联网生猪养殖系统

农业物联网智能控制器通过光纤连接到农业物联网平台服务器中，并通过农业物联网生产管理控制平台实时显示环境信息，实现对猪舍采集信息的存储、分析、管理。它还提供了阈值设置、智能分析、检索、报警、权限管理等功能，当用户在养殖过程中遇到不能解决的问题时，它还可以将信息或者图片传输到农业智能专家系统，生猪养殖领域的专家会为用户解答疑难。用户还可手动生成饲养知识数据库，当同类问题重复出现时，便能及时查看解决方法。

视频系统利用大棚安装的高清数字摄像机，通过光纤网络传输方式对连栋大棚内生猪生长状况、设备运行状态、园区生产管理场景进行全方位视频采集和监控；园区管理者可以应用农业物联网生产管理控制平台根据系统显示的畜禽生长情况、大棚内环境信息远程对养猪场大棚设施及饲料喂养实现自动化控制，同时可远程对农场生产进行指导管理。

通过物联网信息获取装备实时获取猪舍的环境信息，结合通风、补光、调温装备实现猪舍的最佳适应环境智能化调控，并结合可视化监控技术实现猪生长过程的远程可视化监测与在线诊断，对提高科学养猪效率、节省劳力、保障品质有重大意义。

物联网不仅可用于畜禽养殖，也广泛用于水产养殖。图 3-13 所示为智能养殖大数据监控平台，图 3-14 所示为物联网智能水产养殖示意图。

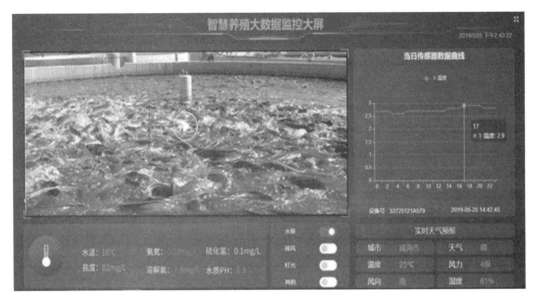

图 3-13　智能养殖大数据监控平台

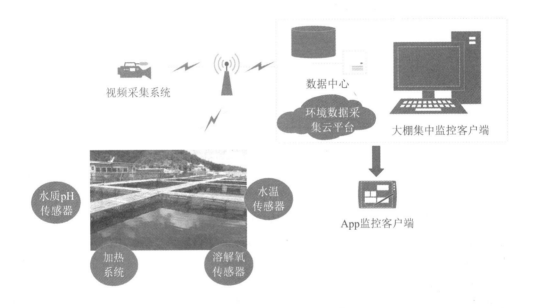

图 3-14　物联网智能水产养殖示意图

物联网智慧水产养殖系统通过部署各类传感器节点，采集养殖基地的温度、湿度、氧气、pH 值等参数，用无线网络将实时数据上传到云数据中心。水产养殖大棚集中监控中心根据前端智能硬件上传的数据为后续自动控制服务。管理员可通过客户端 App 对养殖大棚进行远程控制，实现池塘养殖增氧、投饵的自动化和精准化，以及陆基工厂养殖水质的精准处理；采用机器视觉技术、声学技术、动物生长调控模型等实现网箱投饵自动精准控制和水质监控；采用机器视觉技术实现鱼卵、鱼苗计数和生长监测，鱼种类识别，鱼疾病诊断及鱼等级划分。

3. 农业病虫害监控

农业物联网还可以对农业病虫害进行监控，利用无线传感器网络及无线通信技术对农田作物生长情况、病虫害情况、虫种类和数量情况、虫害趋势进行监测、管理、分析。

目前我国病虫害监控主要是通过各种外接传感器对农田作物生长环境(温度、湿度等)参数进行采集，同时采集病虫害的图像信息，然后将这些图像、环境数据通过无线或有线通信网络实时传输至远程中心服务器(即管理中心)，后台中心服务器接收到存储图像、数据后对数据进行解析处理，之后管理者可通过后台定时获取环境数据和图片，对这些数据进行汇总分析，了解农田环境、虫害情况，及时采取预防措施，实现生产环节的分布式监测和集中式管理。病虫害监控系统不仅能有效预防农业农村地区的病虫害，对已发生灾害的地区可最大程度控制损失范围。图 3-15 所示给出了智慧农业病虫害防治监控的流程。

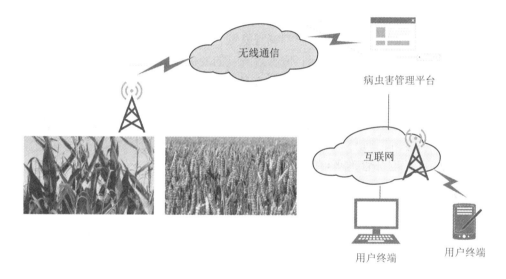

图 3-15　病虫害防治监控流程示意图

4. 粮仓监控

粮仓监控系统主要完成对粮食温度、湿度和气体浓度等参数的采集、存储和向监控中心传送数据，以及执行监控中心的指令等功能。

智慧粮仓监控系统通过现场监测仪采集粮仓粮情的相应参数，如仓库温度、湿度，粮仓内二氧化碳、硫化氢气体含量，粮食温度、水分，以及粮食虫害的变化情况等，将粮仓内的各项指标定时或根据指令发送至监控中心，通过网络及时、准确、快速地反映粮堆情况；监控中心将收到的采样数据以表格形式显示和存储，然后将其与设定的报警值相比较，若实测值超出设定范围，则通过屏幕显示报警或语音报警，并打印记录。与此同时，监控中心可向现场监测仪器发出控制指令，监测仪器根据指令控制空调器、吹风机、除湿机等设备进行降温除湿，以保证粮食存储质量。监控中心也可以通过报警指令来启动现场监测仪器上的声光报警装置，通知粮库管理人员采取相应的措施来确保粮食存储安全。通过智能粮仓可以实现粮情的巡测、选测、存储、检索、分析、处理，省时省力，为粮食的安全储藏和远程管理发挥了积极的作用。此外，由于粮仓中能够保持恒温存储，粮食不会生虫，绿色环保，而且口感更好，粮食品质也能够得到提升。

5. 生态环境监测

生态环境监测包括林业生态环境监测和水域生态环境监测。

1) 林业生态环境监测

应用智慧林业系统可以实现对森林生态环境的全年监测，该系统通过传感器收集包括温度、湿度、光照和二氧化碳浓度等多种数据，采集的信息为多种重要应用提供支持，如森林监测、森林观测和研究、火灾风险评估、野外救援等。

2) 水域生态环境监测

物联网渔业主要利用物联网传感器对水域及鱼类的生长环境进行监控，主要包括养殖用水质量、饲料要求、病害防治、养殖用水的处理和废水处理。首先，通过物联网对废水的质量进行控制，废水再利用使养殖用水量大大减少，达到节水目的。其次，利用计算机技术与自动化设备，对养殖场环境进行"全天候"监测；同时，对收集的数据进行处理分析，掌握养殖鱼塘的温度、pH 值、溶解氧与氨氮、亚硝态氮、硝态氮的相关关系与变化规律，建立数学模型，通过温度、pH 值、溶解氧的变化来了解并控制氨氮。最后，建立环境监控软件系统，通过计算机监控技术将养殖鱼塘的环境控制在最佳状态；同时，通过对养殖鱼塘主要环境因子的同步测定和记录，了解各类养殖鱼塘环境的变化规律、投饵规律、摄食规律、幼体发育、生产情况等，通过整体测试、综合平衡，建立智能化育苗和水产养殖温室技术体系和管理体系。

智慧渔业信息化服务管理平台的系统架构如图 3-16 所示。

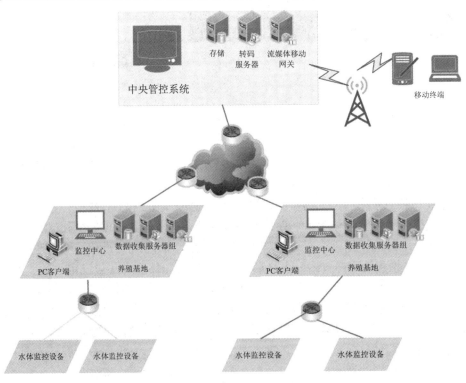

图 3-16   智慧渔业信息化服务管理平台的系统架构

6. 食品安全溯源

溯源的实施方案主要是采用条形码或电子标签技术，构建能从最终产品快速及时追溯到生产源头的质量安全溯源体系框架，实现从生产、加工、流通各个环节中，通过固定或手持读写器自动获得各个环节的生产信息，从食品源头到餐桌整个链条的每个环节进行实时监控，实现最终到消费者的完整质量安全控制链条。

例如，牧业食品安全溯源主要包括奶制品和肉制品两大类。奶制品溯源要求奶制品的生产信息包括奶制品生产为核心的产前、产中、产后全过程的信息，通过溯源让消费者了解更多的关于牛奶安全的有效信息，从而达到对奶制品企业的有效监管。肉制品溯源主要是通过对进入农贸市场的肉类安装上电子芯片，以跟踪肉产品的生产、加工、批发以及零售等各个环节。消费者在购买肉类时凭借追溯码查询生猪来源、屠宰场、质量检疫等多方面信息。

3.1.4　智慧农业发展前景及趋势

1. 发展前景

(1) 科技进步，农业更智慧。新技术和新方法的进步，智慧农业所涉及的元件更加微型化，功能也更加多样化，为智慧农业的发展打下了良好的基础；传感器等微型元件的低廉化，使智慧农业的发展更为迅速。

(2) 政策扶持，加快农业农村信息化程度。随着国家乡村振兴战略方针的实施，完善的基础设施和服务保障体系打造成智慧乡村，农民越来越重视文化，智慧农业将迎来更好的发展期。

2. 面临的挑战

尽管智慧农业具有广阔的发展前景，目前我国农村地区发展智慧农业还面临着以下挑战。

(1) 农户受教育程度低，农业数字化推进缓慢。由于农村地区人口受教育程度普遍偏低，农户思想观念难转变，部分农民仍存有"小农经济"意识，对农业技术培训抵制或者培训课程难理解，导致部分地区信息化推进进度缓慢，制约农民增收致富。

(2) 信息化成本高，制约农村信息化推进。我国农民收入不高，在没有感受到信息化带来的实惠时，不会主动支付信息费用。例如，对于留守农村的老人，很难说服他们主动给家里安装宽带，信息化在农村很难推进。

(3) 信息资源共享度低、利用率差，不能很好地指导农业生产。目前，农业信息标准化水平较低，收集方法和覆盖面都不够，对于采集来的信息也缺乏有效整合和规范，影响了农业信息的准确性和权威性；信息处理分析加工能力不足，信息资源共享程度低，严重影响信息直接利用率。

3. 应用趋势

在政策上，国家层面不断完善智慧农业领域的政策，加大对智慧农业的支持，包括加大高标准农田等基础设施建设投入力度；扩大对大数据等信息化设施建设的投资。

在技术上，物联网将向智慧服务方向发展，软件系统将能够提供环境感知的智能服务，进一步提高自适应能力。

在发展模式上，数据处理系统更加精准化和智能化。

3.2　农村电子商务

3.2.1　农村电子商务概述

1. 农村电子商务的定义

农村电子商务(简称农村电商)就是通过网络开展农产品商务活动。当从事涉农的企业或者个人将自己的农产品主要业务通过网络与其客户、供应商以及合作伙伴直接相连时，其中发生的各种活动就是农村电子商务，具体业务包括利用网络完成农产品或服务的销售、电子支付、农产品配送等活动。农村电商是伴随着电子商务的诞生同步产生和发展的，是数字技术在农产品销售、支付、物流配送中的具体应用，是一种新型的农产品销售模式。农村电商主要做两件事：一是让工业品通过网络走进农村市场，也叫工业品下行；二是通过网络把农产品卖到城里去，也叫农产品上行。随着国家对农村电商基础设施的投入与农村电商政策的扶持，农村电商在农产品销售、农产品标准化建设、农村经济循环、农村市场繁荣、新农村建设、新农人创业、精准扶贫、乡村振兴中发挥着越来越重要的作用。随着互联网基础设施在农村的推广普及，农村电商也成为我国乡村振兴战略和数字乡村战略的重要抓手。

2. 农村电商发展历史

农村电商起步于 1995 年。随着互联网技术、信息技术、数据库技术、移动通信技术的不断发展，农村电商也经历了萌芽期、成长期、调整成熟期和繁荣期，由平稳而缓慢的农产品信息服务、快速发展的农产品在线交易、农产品电商直播向农村电商产业升级转型迈进。

1) 萌芽期(1995—2004 年)

1995—2004 年是我国农村电商的萌芽期。这一时期的特点是国家启动了"金农工程"来推进农业和农村信息化建设，鼓励利用信息技术构建农业综合管理和农村信息服务系统，重视信息技术在农业领域的转型应用。农业部实施第一轮"农村电子信息"项目，支持在农村地区建立电缆基础设施网络来发展农村电商，农村电商这一概念也首次写入了中央一号文件中；与此同时一些涉农企业开始利用互联网技术在网上搭建各种农村电商平台，通过网络开展农产品信息服务业务。这一时期的典型代表就是郑州商品交易所推出的集诚现货网(即中华粮网的前身)，如图 3-17 所示。

萌芽期国家政策支持起到了重要的推动作用，明显的特点就是政府主导、国家投入，由国家到地方自上而下发展。

图 3-17 郑州商品交易所相关报道

2) 成长期(2005—2008 年)

2005—2008 年是农村电商的成长期。2003 年淘宝网上线后，我国东部沿海一些农村中的农民率先尝试在淘宝网上开网店售卖农产品。据资料显示，2005 年在淘宝上建立的农产品商铺数量达 2 万多家，这些农村网商为农村电商发展带来了示范效应，带动周围农户纷纷效仿，成为之后淘宝村产生的源头。2008 年在全球金融危机的影响下，一些乡镇，如义乌青岩刘村开始利用阿里巴巴电子商务平台开展农村电商，推出了 BtoB、BtoC 模式的农村电商，进一步推进了农村电商的成长。

3) 调整成熟期(2009—2012 年)

2009—2012 年是农村电商的调整成熟期。在成长期由于大量农村电商企业涌入农村电商行列，导致了农村电商市场很快饱和。早期的农村电商触网者大多是传统的零售商，他们只是一味地模仿和复制农村电商的模式，缺乏专业的电子商务人才和专门的管理团队和资本，在行业高成本、高压竞争，加上缺乏电商的模式创新和服务创新，一些最早涉及的农村电商企业几乎败退。来自行业发展与消费者需求变化的双重压力，最终导致很多农村电商企业倒闭，农村电商进入一个资源整合、优胜劣汰的调整期。

4) 繁荣期(2013—2021 年)

2013—2021 年是农村电商的繁荣期。繁荣期农村电商得到了财政部、商务部的政策引导和支持，为此财政部、商务部从 2014—2021 年连续出台了许多关于促进农村电子商务发展的通知文件，政策引导、扶持极大地促进了农村电商的繁荣(见表 3-1)。

表 3-1　2014—2021 年"电子商务进农村综合示范"政策主要任务与支持重点

年份	重点支持领域
2014 年	农村电子商务公共服务体系平台建设与推广
2015 年	① 农产品流通；② 农村电子商务应用
2016 年	① 电子商务进农村综合示范；② 农村电子商务百万英才计划
2017 年	① 聚焦农村产品上线；② 县域电子商务公共服务中心和村级电子商务服务站点建设改造；③ 农村电子商务培训；④ 充分利用社会化资源
2018 年	① 促进农村产品上线；② 完善农村公共服务体系；③ 开展农村电子商务培训
2019 年	① 电商扶贫；② 数字乡村战略；③ 物流体系建设；④ 扶持农产品加工；⑤ 发展农村产业；⑥ 农村创业
2020 年	① 提升电子商务进农村工程；② 支持规范运营建设；③ 支持农村电商示范建设
2021 年	① 县域商业体系建设；② 全产业链培育；③ 末端网络建设以及"最后一公里"物流

5) 农村电商产业升级转型新业态(2022 年)

2022 年电子商务已成为乡村振兴的新抓手，在强化产销对接、城乡互促的过程中发挥越来越重要的作用。随着农村消费市场的扩张以及推广"互联网＋农业"概念的提出，农村电商逐渐表现为多元化发展，其特点是集网商、服务商、制造商等各类市场生态为一体，呈现了交易模式新、交易主体新、交易理念新、市场动态新的"四新"现象，这四新又改变了农村电商三个方面的内容，即从原来政府主导转变为多元主体驱动，出现了政府与市场两种动力机制并存的格局；业务内容涵盖农产品信息发布、线上支付、物流配送、售后服务等交易的全部；应用效果也在农村大面积落地生根，开花结果。目前各种直播电商、地方特色馆、阿里巴巴的"千县万村"计划、京东商城的"京东帮"服务店、苏宁云商的苏宁易购服务站模式不断涌现，中国邮政以及中国电信向农村市场扩散，农业电商逐步走向开放式的社会化经营。

农村电商不仅给农民带来了更多的就业机会，带动整体农村经济的发展，而且深刻改变着我国传统农业落后的面貌，由传统农业向现代农业转变，由传统农业向"数商兴农"以及产业升级转变。

3. 农村电商交易概况

据研究资料显示，截至 2021 年底，我国农村电商网站已超过 3 万多家，其中涉农网站 6 000 家以上，带动农村就业人员 3 600 多万，农村电商网络零售额从 2014 年的 1 800 亿元增加到了 2020 年的 17 900 亿元，6 年间农产品销售规模扩大了 8.4 倍。截至 2020 年 6 月，我国淘宝村数量达 5 425 个，分布于全国 28 个省(市、区)，淘宝镇 1 756 个，这些淘宝村、淘宝镇年销售额超过 1 万亿元，带动就业机会 828 万个。随着电商直播的普及，手机也成为新的农具，直播也成为新的农活。图 3-18 所示为 2013—2021 年全国淘宝村总量、增加量与增速。

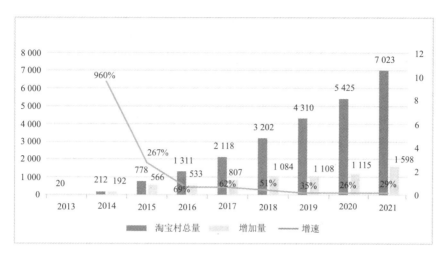

图 3-18　2013—2021 年全国淘宝村总量、增加量与增速

4. 农村电商的作用

(1) 农村电商肩负着提振农村消费需求的责任。

农村电子商务和新型农业的发展，催生着乡村的新业态。农村电商在全面实施乡村战略新的历史起点上，为实现乡村振兴有效衔接提供了重要的支撑作用，肩负着提振消费需求，畅通国内国际双循环的重要使命。

(2) 农村电商能够促进农村产业结构调整与优化。

农村电商的发展为农村产业结构调整提供了机遇，电子商务的"时空无限、交易方便、可追可溯"特点，符合现代农业的发展方向，有利于实现电子商务推进农业产业结构调整与优化。订单农业、定制农业、众筹农业、预售农业，这些主流化趋势得以规模化、集约化发展。

(3) 农村电商发展有利于农产品产业链重构。

电子商务简化了农产品的流通环节，缩短了供应链条，降低了过程损耗，实现了农产品资源与消费者间的直接对接。通过网店模式、加工企业对接模式、地头模式、全产业链模式等，使农村产业链向二、三产业链延伸，让农产品可以从任何产业链环节进入电商平台，有利于加快延伸产业链、健全价值链，实现产业链、价值链、供应链"三链"同构。同时，围绕农村线上线下结合、上行下行贯通的本地化的电商服务体系，方便农产品从前端的交易沿着产业链向更深处延展，提高农业全产业链收益。例如，舟山市渔农家乐电商村，按照"平台上移、服务下延"的建设思路，支持农产品电商从单一"卖产品"逐步转向"卖服务、卖体验"，推动休闲农业、乡村旅游与电子商务深度融合。

(4) 农村电商发展有利于促进三产深度融合。

在农产品电商发展中，涉及三个产业的各个方面。其中，第一产业主要涉及专用品种、原料基地等，第二产业主要涉及粮油加工、果蔬茶加工、畜产加工和水产加工为主的农产品加工业，第三产业主要涉及仓储物流、互联网+、金融服务、休闲农业、社会服务等。实现第一、二、三产业融合，促进相关业态的有机整合、紧密连接、协同发展是产业发展的未来方向。

(5) 农村电商发展有助于扩展销售渠道。

作为农业供给侧的桥梁，农产品流通体系的健康发展对有序引导供给和消费转型升级具有重要的作用，农村电商已经成为重要的零售渠道之一。从某种意义上来讲，农村电商快速发展有利于满足社会消费需求、挖掘社会潜在需求和创造社会未来需求。

(6) 农村电商发展有利于提高农民收入。

在传统的农业发展过程中，大多采用农户自产自销的线下发展方式，这种方式存在着流通环节过多，使中间商不断地获利，最终使农户和消费者遭受损失等问题。农村电商主体通过线上线下直接对接消费市场，可以增加销售利润和农民收入。

(7) 农村电商发展有利于利益共享机制构建。

电商可以通过细分市场，筛选不同规格农产品，并能在农户、物流、电商平台、体验展示等终端环节上建立合理的利益共享机制，从而调动农民的积极性，形成推广合力。电商平台的搭建，也实现了农产品的上行，扩大了农产品的销售渠道和范围。农村电商也提高了农村人口的就业率，留住了农村劳动力。

(8) 农村电商发展助推乡村振兴。

阿里研究院调查显示，与类似村庄相比，农村电商村庄外出务工平均人数比无电商村庄少 133 人，随着我国电子商务进农村综合示范项目的推进，电商助推乡村振兴政策的支持，在大众创业万众创新的背景下，大批农民工及在外大学生选择回乡创业，一些因丧失劳动力而导致贫穷的农村人群，通过开设网店，重新找到了人生的支点，这些都为乡村振兴提供了人员保证。

3.2.2　农村电商的应用模式

1. 常见的农村电商模式

1) 电商平台+供应链驱动模式

电商平台+供应链驱动模式是企业自己构建电商平台，利用信息技术从筛选的供货商处采购农产品，在产业链的中后端进行统一的品控、仓储、营销和物流配送，并利用信息技术整合产业链中的资源，优化农产品供应链前端并统一到平台上的模式，其模式如图 3-19 所示。

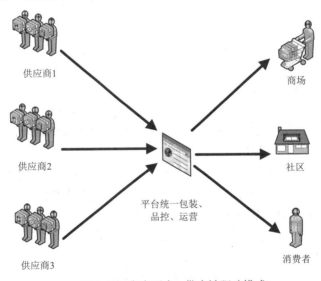

图 3-19　电商平台+供应链驱动模式

　　盒马鲜生就是电商平台+供应链驱动模式的典型代表。盒马鲜生建有自己的电商平台,其完整的供应链可以划分为供应端、加工检查中心、门店和物流中心四个部分,如图 3-20 所示。其供应端部分主要采用原产地或者本地直采商品模式,如水果采用原产地直采,肉类采用本地直采。其海外直采是遴选全球的优质水产、肉制品、果蔬、乳制品等商品。盒马通过国内直采、本地直采以及全球优选商品后,直接到基地做品控,整批加工与检查。盒马的加工检查中心(简称为 DC)具备商品质量检验、包装、标准化处理的功能。盒马的门店又叫店仓,兼具销售和仓储的功能,将销售与仓储一体化,人员和场地都可以重复使用,这也是盒马高坪效的秘诀之一。盒马的物流是 30 分钟近场景极速送达,承诺门店 3 公里范围内 30 分钟送货到家。电商平台+供应链驱动模式是通过供应链优化来提升快速反应能力的,利用数字化来分析新零售大数据,帮助商品更好地优化采购计划,同时对高库存商品制定合适的营销活动来化解压货风险,提升该模式的效率。

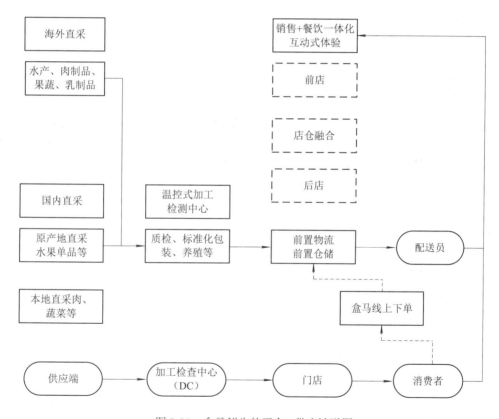

图 3-20　盒马鲜生的平台+供应链详图

　2)　电商平台+商家店铺模式

　　电商平台+商家店铺模式是最常见的农产品电商模式,是农产品生产者或供应商在大型电商平台或者新型电商平台上开设自己的网店,自己负责农产品的货源、品控、仓储和营销,其物流配送多选择与第三方快递公司合作的模式。传统的电商平台有淘宝、天猫、京东、苏宁易购等,其平台模式注册流程如图 3-21 所示。新型电商平台有各种直播平台(抖音、快手)、社交平台(微信)、团购平台(拼多多)等。农产品电商入驻平台类型如图 3-22 所示。

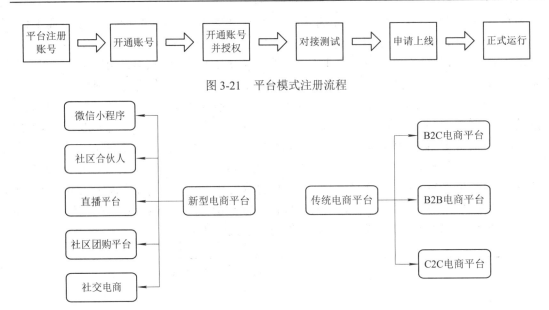

图 3-21　平台模式注册流程

图 3-22　农产品电商入驻平台类型

3) 电商平台+营销驱动模式

电商平台+营销驱动模式是农业企业以自有的品牌影响力和营销能力为基础，利用信息技术向前整合生产加工资源来确保农产品的供应，向后借助大型电商平台开展农产品的数字化网上销售模式响应消费者需求。例如，良品铺子、三只松鼠、盐津铺子、来伊份均属于这一类型，这些自有品牌企业常常借助一些大型电商平台进行产品营销与销售，图3-23、图3-24就是良品铺子、三只松鼠的商品信息。

图 3-23　京东平台良品铺子的商品信息

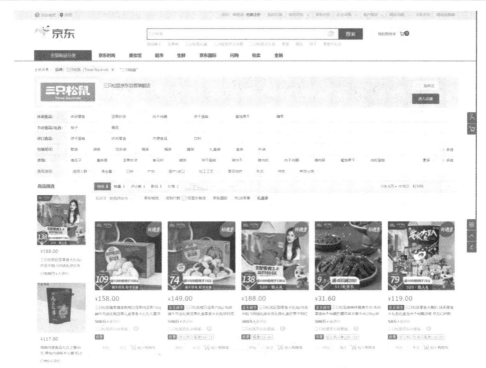

图 3-24 京东平台三只松鼠的商品信息

4) 全产业链+产品驱动模式

全产业链+产品驱动模式是大型农产品生产加工企业自建电商平台，并负责农产品的生产、加工、品控、仓储、营销和物流配送，业务涵盖了农产品生产、加工、包装以及销售等全部的产业链。例如，沱沱工社、中粮我买的自营部分即属于该模式。与前述三种模式相比，该模式是标准的数字化全产业链模式，数字化产业链整合能力最强。该模式最大的优点是农产品供应和品质保障程度最高，能够更快响应消费者需求。但是，该模式也是重资产模式，企业除了要自建电商平台外，还要自建生产加工基地和物流体系，在我国农业生产方式分散低效和农产品流通体系落后的情况下，这种模式会导致企业要承担全产业链各环节的成本和风险。图 3-25、图 3-26 所示是沱沱工社、中粮我买的自建官网。

图 3-25 沱沱工社的自建官网

图 3-26　中粮我买的自建官网

5) 电商扶贫模式

电商扶贫模式是将电商与扶贫攻坚相结合，一般由政府部门提供一系列政策扶持，电商平台专门针对国家级脱贫县，帮助其发展特色农产品并提供专门的扶贫销售频道，目的在于培养出更多的淘宝村。该模式从营销渠道上看，既有电商平台+自营类型，也有电商平台+商家店铺类型，在所有模式中其公益属性最强，因此将其单独归为一类。

在电商扶贫模式中，阿里巴巴把脱贫攻坚上升为公司战略，以保姆式服务全方位助力脱贫攻坚。阿里兴农扶贫业务上线于 2017 年 8 月，并于 12 月投入 100 亿成立脱贫基金，与此同时把脱贫攻坚作为阿里巴巴的第四大战略，针对许多脱贫县特色农产品不够"特色"、包装不够"抓心"、品牌精神缺乏提炼、不懂营销互动、客户定位不清等问题，阿里通过"品牌化妆师计划"，引导商家创新销售模式，使用直播、抖音、短视频等方式，让农产品卖得掉、卖得好、卖得俏。阿里巴巴的"脱贫春蕾计划"包括在全国建 100 个"村播学院"，培育 10 万名农民主播，打造 50 个特色农产品品牌，建设 100 个"蓝骑士村"；面向脱贫县提供 10 万以上就业岗位，提供 AI 标注师、淘小铺等 10 万个新型数字化创就业机会等。图 3-27 所示是阿里巴巴的电商扶贫平台，图 3-28 所示是阿里巴巴的B2B 特色农产品展厅。

图 3-27 阿里巴巴的电商扶贫平台

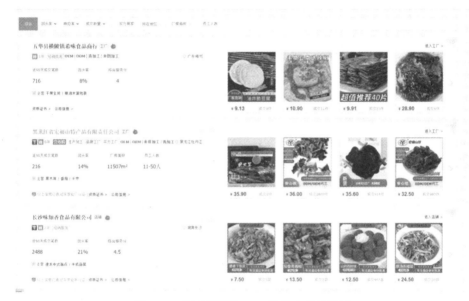

图 3-28 阿里巴巴的 B2B 特色农产品展厅

2. 农村电商模式的发展趋势

1) "一县一品"生态经济模式

"一县一品"生态经济模式就是以某一类农村特色产品或品牌为起点,以县区企业、政府、社会组织、区域带头人为宣传载体,多维度系统化地通过线上线下塑造本地化品牌,即风采一品、领先一品、创新一品、榜样一品,以"一县一品"为切入点,树立农村品牌,发展农村电子商务经济新模式,通过"一县一品"农村电子商务推动当地经济发展,借助电子商务将当地的特色农产品推向全国乃至全球。

"一县一品"生态经济县域电商的代表是甘肃的成县模式,五常大米、和田大枣、洛川苹果、奉节脐橙、仙居杨梅等,都可以作为这些县区打造"一县一品"生态经济的突破口,一县区聚合力量来打造区域农产品的品牌化经营,进行大宗农产品的批发、零售等,帮助县域农民增收,带动县域 GDP 增长。图 3-29 所示就是中国发展门户网的地方特色农产品展示。

图 3-29　中国发展门户网农产品"一县一品"展示

2) 集散地生态经济模式

集散地生态经济模式主要是利用该县(区)的区位和交通便利的优势，以物流、仓储产业为切入点，通过建立以电子商务为依托的基础物流设施，凭借物流发货的高性价比，吸引大批企业将此地作为他们的仓储、物流基地，从而形成"集散地"，带动当地电子商务及区域经济的快速发展。

例如，陕西武功模式就是集散地电子商务模式的代表。其特点是：以园区为载体，大力吸纳外地电商到当地注册经营。园区不仅聚集了农产品生产、加工、仓储、物流和销售等各类企业，还聚集了西北五省的 30 多类 300 多种特色农产品。

园区以人才为支撑，搭建电商孵化中心、产品检测中心、数据保障中心、农产品健康指导实验室等，为企业实施免费注册、免费办公场所、免费提供货源信息及个体网店免费上传产品、免费培训人员、在县城免费提供 Wi-Fi 等政策，打通整条电商产业链，形成特色集散地电商模式。图 3-30 所示是陕西武功的西北网红直播基地。

图 3-30　西北网红直播基地

3) 全产业链生态经济模式

全产业链是中粮集团提出来的一种发展模式，是在中国居民食品消费升级、农产品产业升级、食品安全形势严峻的大背景下应运而生的。全产业链是以消费者为导向，从产业链源头做起，经过种植与采购、贸易及物流、食品原料和饲料原料的加工、养殖屠宰、食品加工、分销及物流、品牌推广、食品销售等环节，实现食品安全可追溯，形成安全、营养、健康的食品供应全过程。例如，陕西柞水木耳的产业链就是该模式。

全产业链生态经济模式是以全产业链为切入点，将所有与该产品有关的信息构建溯源体系和服务标准，按照统一的标准进行产品的生产，统一进行品牌宣传，打造该产品产前、产中、产后全产业链，包括生产或种植加工、质检追溯、仓储物流、销售售后等。

4) "数商兴农"助力乡村消费升级

"数商兴农"就是积极发展农村电商新基建，提升农产品物流配送、分拣加工等电子商务基础设施数字化、网络化、智能化水平，发展智慧供应链，打通农产品上行"最初一公里"和工业品下行"最后一公里"，促进消费升级和农民增收。

3.2.3　数字技术在农村电商中的具体应用

数字技术在农村电商应用中可以涵盖农产品的产前、产中和产后等环节，产前主要在于预警，增加优质农产品的生产；产中在于控制，把控农产品的质量；产后主要应用于市场销售，保证农产品产得好，也要卖得出，真正让涉农企业或者农户产生利润。数字技术在农村电商的应用主要在于产后销售，包括销售前农产品的智能分拣、包装、加工，以及售后的农产品溯源、物流跟踪，售中的大数据运营与管理，智能推荐，智能客服，电商直播等。

1. 农产品智能分拣、包装、加工

农产品智能分拣、包装以及加工是农村电商产品配送中心所必需的设施条件之一。智能分拣、包装以及加工具有很高的分拣效率，通常每小时可分拣商品 6000~12 000 箱；智能分拣系统是提高农村电商农产品或者物流配送效率的一项关键因素。图 3-31 所示就是一种智能分拣称重系统。

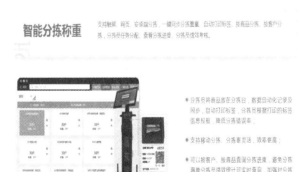

图 3-31　智能分拣称重系统

2. 电商农产品溯源

电商农产品溯源是指利用数字技术追踪农产品(包括食品、生产资料等)进入电商平台或者产品流向的系统。溯源有助于农产品的质量控制、品牌确认、在必要时的召回。溯源也可以涉及农产品产地、加工、运输、批发及销售等多个环节,采用农产品追溯系统能够实现产品源头到加工流通过程的追溯,保证终端用户购买到放心产品,防止假冒伪劣农产品进入市场。

农产品溯源体系,一般通过构建溯源防伪标识和二维码来实现。农产品溯源系统可将农产品生产、加工、销售等过程的各种相关信息进行记录并存储到数据库中,并将这些主要信息生成为二维码识别标记,并将该标记作为商标,在网络上对该产品进行查询认证。图 3-32 中的二维码就是一个溯源码。消费者通过手机扫码即可看到产品信息。

图 3-32　农产品溯源码

溯源信息可以记录产品的种植过程信息、基地环境信息、采摘加工信息、包装流程信息以及使用物资信息等,根据这些信息生成溯源识别码标签,将识别码标签记录在产品包装上。消费者购买到农产品后,可以通过手机或者终端扫码查询真伪。图 3-33 所示就是一种溯源系统的构建方案。

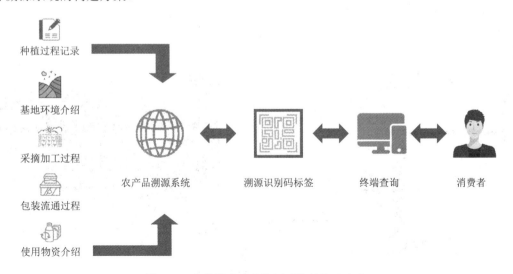

图 3-33　完整的农产品溯源系统的构建方案

3. 大数据运营

大数据运营是一种基于大数据技术全面实施营销行为的技术方法，目的在于分析用户属性，深挖用户营销需求。常见的大数据运营有用户分析、用户画像、行业分析、店铺分析、搜索分析、产品销售分析等。

1) 用户分析

用户分析(User Analysis)是 2019 年公布的图书馆、情报与文献学名词。用户分析是利用信息技术对用户的类型、特点、需求及其有关习性的分析。用户分析包括用户价值分层分析、用户来源渠道分析、用户活跃情况分析、用户活动参与分析、品牌评价分析、用户接触渠道分析等。用户分析是借助电商平台大数据中记录的消费信息进行的。图 3-34 是某抖音直播间的用户价值分层分析。

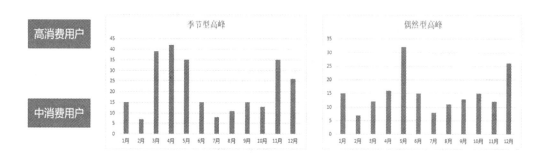

图 3-34　某抖音直播间的用户价值分层分析

2) 用户画像

用户画像是利用信息技术将消费者的个人消费信息建立标签，利用标签将用户形象具体化，完整还原用户全貌，有效捕捉活动场景，对用户在各种线上和线下的行为偏好进行深度分析，构建全面、精准、多维的用户画像体系，帮助商家全方位了解用户，从而为用户提供有针对性、个性化的服务。用户画像也能为企业识别新用户、识别相似用户以及留存老用户提供决策支持。

例如，比亚迪汽车公司采用资讯类 App 提供用户画像定制标签服务，助力 App 迅速拉新，帮助用户对潜在购买人群进行评级，从中筛选出真正有效的优质人群，将个推数据库中有买车兴趣的标签人群作为潜力人群，通过提取两者的特征数据进行深度机器学习，从中筛选出优质潜在用户。采用用户画像定制标签发掘的优质人群，其成交率相较随机用户提升了 201%。

4. 智能推荐

智能推荐就是根据用户的兴趣特点和购买行为，向用户推荐用户感兴趣的信息和商品，从而实现精准的营销方案。智能推荐也要借助电子商务网站中记录的客户信息，来分析客户并多维度调研，智能打标确定精准用户，同时也帮助用户决定应该购买什么产品，模拟销售人员帮助用户完成购买过程。

1) 智能推荐的通用模型

智能推荐一般通过推荐算法实现，推荐系统的通用模型如图 3-35 所示。

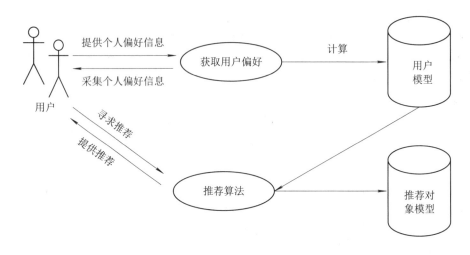

图 3-35 推荐系统的通用模型

智能推荐系统一般基于电脑端架构和基于手机端架构，平台也有多种类型，有基于浏览器端进行的，有基于手机端进行的。智能推荐系统常见的系统架构如图 3-36 所示。

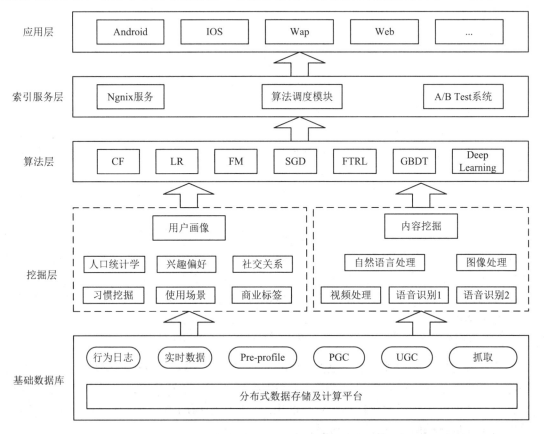

图 3-36 智能推荐系统常见的系统架构

图 3-36 中的基础数据库提供行为日志、实时数据；挖掘层提供用户画像的类型、内容挖掘的图像以及语音识别技术；算法层提供各种具体的推荐算法；索引服务层提供算法调

度模块；应用层是推荐系统应用的各种平台。

2) 常见的推荐方法

常见的推荐方法有内容推荐、协同过滤推荐、关联规则推荐、效用推荐、知识推荐以及组合推荐等。

(1) 内容推荐。

内容推荐是根据用户购买产品的内容信息作出推荐，而不需要依据用户对产品项目的评价意见，更多是用机器学习的方法从关于内容的特征描述的事例中得到用户的兴趣资料，以"内容+技术"为双引擎，提升用户时长与产品价值的关系。

(2) 协同过滤推荐。

协同过滤推荐技术是推荐系统中应用最早和最为成功的技术之一。它一般采用最近邻技术，利用用户的历史喜好信息计算用户之间的距离，然后根据目标用户的最近邻居用户对商品评价的加权评价值来预测目标用户对特定商品的喜好程度，从而根据这一喜好程度对目标用户进行推荐。协同过滤的最大优点是对推荐对象没有特殊的要求，能处理非结构化的复杂对象，如音乐、电影。

(3) 关联规则推荐。

关联规则推荐是以关联规则为基础，把已购商品作为规则头，规则体为推荐对象。关联规则可以发现不同商品在销售过程中的相关性，在零售业中已经得到了成功的应用。规则就是在一个交易数据库中统计购买了商品集 X 的交易中有多大比例的交易同时购买了商品集 Y，其直观的意义就是用户在购买某些商品的时候有多大倾向去购买另外一些商品，如购买牛奶的同时很多人会同时购买面包。

(4) 效用推荐。

效用推荐是建立在对用户使用项目的效用情况上计算的，其核心问题是怎样为每一个用户去创建一个效用函数，因此，用户资料模型很大程度上是由系统所采用的效用函数决定的。基于效用推荐的好处是它能把非产品的属性，如提供商的可靠性和产品的可得性等考虑到效用计算中。

(5) 知识推荐。

知识推荐在某种程度上可以看成是一种推理技术，它不是建立在用户需要和偏好基础上推荐的。基于知识的方法因它们所用的功能知识不同而有明显区别。效用知识是一种关于一个项目如何满足某一特定用户的知识，因此能解释需要和推荐的关系，所以用户资料可以是任何能支持推理的知识结构，它可以是用户已经规范化的查询，也可以是一个更详细的用户需要的表示。

由于各种推荐方法都有优缺点，所以在实际中，组合推荐经常被采用。研究和应用最多的是内容推荐和协同过滤推荐的组合。最简单的做法就是分别用基于内容的方法和协同过滤推荐方法去产生一个推荐预测结果，然后用某种方法组合其结果。

目前，一些大型电商平台，淘宝、天猫、拼多多、抖音直播都在使用相应的推荐系统。

5. 智能客服

智能客服是在大规模知识处理基础上发展起来的一项面向行业应用的自动应答系统，是大规模知识处理技术、自然语言理解技术、知识管理技术、自动问答系统、推理技术的综合应用，具有行业通用性，不仅为企业提供了精准的知识管理技术，还为企业与海量用户之间的沟通建立了一种基于自然语言的快捷有效的技术手段，是企业精细化管理的一种手段。

6. 电商直播

电商直播就是在互联网上通过现场直播的方式售卖商品，是一种消费场景的转换，把线下或者电商平台的店铺转换到了直播间，使电商平台的店铺直播间化了，消费场景转变了。图 3-37 就是天猫的商品直播页面，电商直播的交易模式高度互动，实时化，高效率化，电商直播在未来是一个非常广阔的市场。

图 3-37　天猫的商品直播页面

3.2.4　数字技术在农村电商中的应用前景及趋势

1. 农村电子商务发展的前景

1) 政策支持力度空前

我国政府高度重视农村电子商务的发展，在 2015 年相关政策密集出台的基础上，2016 年党中央国务院各部委累计出台相关政策文件，共计 40 余个，基本完成了我国农村电子商务的顶层设计和配套政策部署，2014—2016 年连续三年的中央一号文件，均明确提出发展农村电子商务，2020—2022 年先后出台政策文件 12 条，从多个方面强调推进农村电商发展，这是历史上的第 1 次；此外文件还提到两个国家级专项工作，深入实施电子商务进农村，农村电子商务综合示范和推进互联网＋现代农业行动，农村电子商务正迎来前所未有的良好机遇。

2) 农村互联网的普及率逐年提高

农村互联网普及率的逐年提高，为农村电子商务的发展提供了必要的基础条件，赋予越来越多的农民以及农产品触网的机会。随着智能手机的普及以及农民手机应用培训工作的广泛开展，相关部门已启动农民手机培训计划，目的在于让全国农民都学会用手机上网做生意，农村电子商务的发展前景广阔。

3) 农村居民消费能力逐步提升

根据国家统计局公布的数据，2010 年以来我国农村居民人均可支配收入在逐步提高，农村居民购买力和消费能力进一步提升。随着农村生产生活商品化程度的全面加深，农村电子商务将得到进一步的发展。

4) 农民工就业日渐本地化

国家统计局发布的农民工监测调查报告披露，外出农民工占农民工总量的比重逐年下降，而本地农民工数量增速明显加快，农民工就业越来越趋向于本地化。随着农民受教育水平的不断提高，为农村经济及电子商务的发展提供了一定的人才基础，使农村电商有了更大的发展空间。

5) 农村电子商务催生乡村新业态

农村第一、二、三产业融合发展的新局面，农村电子商务和新型农业的发展，催生了乡村新业态。随着"村村通"农村寄递物流体系建设的不断完善，如果农村电子商务应用到了休闲农业、乡村旅游、创意农业、认养农业、观光农业、都市农业领域，那么农村电商的新业态、新局面就会来临；农村电商也会推动一些健康养生、创意民宿、创业园等新产业的蓬勃发展。表 3-2 所示为 2021—2022 年国家的电商政策。

表 3-2　2021—2022 年国家的电商政策

政策发布时间、部门及名称	重点内容解读
2022 年 2 月 22 日农业农村部《"十四五"全国农业农村信息化发展规划》	部署实施农业电子商务试点，农业电子商务发展行动计划，2020 年起组织实施"互联网＋"农产品出村进城工程，农产品电商支持政策体系不断完善；开展电商"平台对接"专项行动，组织电商企业开展"庆丰收消费季"等系列促销活动
2022 年 1 月 4 日国务院《关于做好 2022 年全面推进乡村振兴重点工作的意见》	鼓励各地拓展农业多种功能、挖掘乡村多元价值，重点发展农产品加工、乡村休闲旅游、农村电商等产业；实施"数商兴农"工程，推进电子商务进乡村；促进农副产品直播带货规范健康发展
2021 年 11 月 17 日农业农村部《关于拓展农业多种功能 促进乡村产业高质量发展的指导意见》	做活做新农村电商，发挥农村电商在对接科工贸的结合点作用；实施"互联网＋"农产品出村进城工程，利用 5G、云计算、物联网、区块链等技术，加快网络体系、前端仓库和物流设施建设，把现代信息技术引入农业产加销各个环节，建立县域农产品大数据，培育农村电商实体及网络直播等业态；培育农村电商主体，打造农产品供应链，建立运营服务体系
2021 年 7 月 29 日国务院《关于加快农村寄递物流体系建设的意见》	强化农村寄递物流与农村电商、交通运输等融合发展，继续发挥邮政快递服务农村电商的主渠道作用，推动运输集约化、设备标准化和流程信息化，2022 年 6 月底前在全国建设100 个农村电商快递协同发展示范区
2021 年 6 月 11 日商务部等十七个部门《关于加强县域商业体系建设促进农村消费的意见》	依托国家电子商务示范基地、全国电子商务公共服务平台，加快建立农村电商人才培养载体和师资、标准、认证体系，培育农村新型商业带头人
2021 年 5 月 26 日农业农村部《关于加快农业全产业链培育发展的指导意见》	加强农村电商主体培训培育，引导农业生产基地、农产品加工企业、农资配送企业、物流企业应用电子商务

政策发布时间、部门及名称	重点内容解读
2020 年 7 月 18 日中央网信办、农业农村部、国家发展改革委、工业和信息化部、科技部、市场监管总局、国务院扶贫办《关于开展国家数字乡村试点工作的通知》	大力培育一批信息化程度高、示范带动作用强的生产经营组织，培育形成一批叫得响、质量优、特色显的农村电商品牌，因地制宜培育创意农业、认养农业、观光农业、都市农业等新业态
2020 年 7 月 14 日市场监管总局、国家发展改革委等《关于支持新业态新模式健康发展　激活消费市场带动扩大就业的意见》	扩大电子商务进农村覆盖面，促进农产品进城和工业品下乡
2020 年 7 月 14 日商务部办公厅等部门《关于开展小店经济推进行动的通知》	牢固树立以人民为中心的发展思想，坚持政府引导、市场主导、消费者选择，以加快小店便民化、特色化、数字化发展为主线，以升级小店集聚区、赋能创新服务、优化营商环境为主攻方向，以稳定就业、扩大内需、促进消费、提升经济活力为目标，推动形成多层次、多类别的小店经济发展体系

2. 农村电子商务发展面临的挑战

1) 农产品上行滞后现象尚未得到根本改观

我国农业基础薄弱，农产品生产组织化、规模化、标准化程度低，有影响力的市场品牌少，同质化现象严重。在农村电子商务发展的过程中，工业品下乡与农产品上行不匹配，农产品上行明显不及工业品下行，农产品上行滞后影响了农产品电商的收益。从数据统计来看，农村地区网络销售主要以服装、小家电为主，农特产品只排在第 3 位。多数农村电子商务经营者停留在低价销售初级农产品的搬运工角色上，品牌意识不强，在产品包装、销售、推广和质量保证体系建设方面重视不够，资源优势尚未充分挖掘，农副产品深加工明显不足，产品附加值明显偏低，低价竞争也比较普遍。农产品标准化滞后也是制约农产品上行的关键问题之一。

2) 城乡之间的数字鸿沟仍然较大

首先，城乡网民规模差距明显。其次，城乡信息基础设施差距明显。最后，观念上的数字鸿沟更难消除。由于地域经济发展等原因，农民的思想观念较为保守，习惯传统的一手交钱一手交货的交易方式，对网上销售、网络支付不够熟练，同时很多县区乡镇的基层干部也对农村电子商务缺乏系统全面的认知。

3) 人才匮乏仍将常态化

随着网商规模的不断扩大，日益壮大的电子商务规模，使得人才缺乏的矛盾越来越突出，无论是刚刚起步的农村电子商务还是已经具备领先优势的农村电子商务，在营销、运营、设计等各个岗位以及高中低各个层次，都有不同程度的人才缺口，尤其是高端复合型人才。

4) 农村电子商务相关配套落后

最后 1 公里问题仍然是限制农村电子商务发展的首要瓶颈，农村电子商务服务仍然滞后，完善的生态圈以及资金问题依然困扰着农村电子商务的发展。

3. 数字技术在农村电商中的应用趋势

如果将数字技术看作一个子集，将农村电商看作另外一个子集，农村电商所涵盖的范围应该是这两个子集的交集。农村电商离不开数字技术的支撑，随着网络和信息技术的日益普及，大数据逐步渗透甚至颠覆着人类的生活方式。随着数据量呈指数级增长，以及云计算的诞生，大数据逐步向各个行业渗透辐射，颠覆着很多传统行业的管理和运营的思维。大数据更是触动着农村电商管理者的神经，搅动着电商行业管理者的思维。大数据在农村电商行业释放出的巨大价值，也将是未来农村电商关注的方向。

1) 大数据分析优化市场定位与预测

农村电商企业要想在互联网市场站稳脚跟，必须要构建大数据战略，对外要拓展电商行业调研数据的广度和深度，从大数据中了解农村电商行业的市场构成、细分市场特征、消费者需求和竞争对手状况等众多因素；对内要想进入和开拓某一区域电商行业市场，首先要进行项目评估和可行性分析，决定是否开拓某块市场，最大化避免市场定位不精准给投资商和企业自身带来的毁灭性损失。

市场定位与开拓农村电商行业市场非常重要。但是要想做到这一点，就必须有足够的信息数据供农村电商研究人员分析和判断，因此数据的收集整理就成了最关键的步骤。在传统情况下，分析数据主要来自统计年鉴、行业管理部门数据、相关行业报告、行业专家意见及属地市场调查等。这些数据多存在样本量不足、时间滞后和准确性低等缺陷，从这些数据中能够获得的信息量非常有限，准确的市场定位存在着数据瓶颈。在互联网时代，借助数据挖掘和信息采集技术，不仅能够给研究人员提供足够的样本和信息，还能够建立基于大数据的数学模型，对其未来进行市场预测。

2) 大数据优化市场营销

如今，从搜索引擎、社交网络的普及到人手一机的智能移动设备，互联网上的信息总量正以极快的速度不断暴涨。每天在 Facebook、微博、微信、论坛、新闻评论、电商平台上分享的各种文本、照片、视频、音频、数据等信息高达几百亿条甚至几千亿条，涵盖了商家信息、个人信息、行业资讯、产品使用体验、产品浏览记录、产品成交记录、产品价格动态等海量信息。这些数据通过聚集可以形成电商行业大数据，其背后是电商行业的市场需求、竞争情报，这些都蕴含着巨大的财富价值。

如果企业收集了这些数据，并建立了消费者大数据库，便可以通过统计和分析来掌握消费者的消费行为、兴趣偏好和产品的市场口碑现状。企业可根据这些总结出来的行为、兴趣偏好和产品口碑现状，制定有效的营销方案和营销战略，投消费者所好。

3) 大数据助力农村电商企业的收益管理

收益管理起源于 20 世纪 80 年代的一种谋求收入最大化的新经营管理技术，目的在于把合适的产品或服务、在合适的时间、以合适的价格通过合适的销售渠道出售给合适的消费者，最终实现企业收益最大化的目标。要达到收益管理的目标，需求预测、细分市场和敏感度分析是三个重要环节，而推进这三个环节的基础就是大数据。

需求预测是通过对构建的大数据进行统计与分析，采取科学的预测方法，通过建立数学模型，使企业管理者掌握和了解电商行业潜在的市场需求、未来一段时间每个细分市场的产品销售量和产品价格走势等，从而使企业能够通过价格杠杆来调节市场的供需状况，并针对不同的细分市场来实行动态定价和差别定价。需求预测的好处在于，可使企业管理者增强对电商行业市场判断的前瞻性，并在不同的市场波动周期以合适的产品和价格投放市场，获得潜在的收益。

细分市场为企业预测销售量和实行差别定价提供了条件，其科学性体现在通过电商行业市场需求预测来制定和更新价格，使各个细分市场的收益最大化。

敏感度分析是通过需求价格弹性分析技术对不同细分市场的价格进行优化，最大程度挖掘市场潜在的收入。

4) 大数据协助创新用户的新需求

差异化竞争的本质在于不停留在产品原有属性的优化上，而是创造了产品的新属性。随着网络社交媒体技术的进步，论坛、博客、微博、微信、电商平台、点评网等媒介在 PC 端、可移动端的创新和发展，公众分享信息变得更加便捷和自由。公众分享信息的主动性促进了网络评论这一新型舆论形式的发展，微博、微信、点评网上成千上万的网络评论形成了交互性的大数据，其中有的数据具有巨大的电商行业需求开发价值。这些数据已经受到电商企业管理者的高度重视，很多企业已经把评论管理作为核心任务来抓，不仅可以通过用户评论及时发现负面信息进行危机公关，更核心的是还可以通过这些数据挖掘出用户需求，进而改良企业的产品，提升用户体验。

5) 元宇宙引领电商直播新消费

元宇宙采用 AI 技术将产品和场景结合起来，给用户增加更多的体验感、交互感，使消费场景虚拟化，能全方位搭建农产品品牌和消费者之间的沟通桥梁，满足新时代消费者的需求，搭建虚拟消费系统，帮助农业企业和农产品用更先进、更高效、更省钱的方式进行产品直播推销和售卖。实施"数商兴农"工程后，元宇宙将引领电商直播不断发展。

3.3　数字普惠金融

3.3.1　数字普惠金融概述

1. 普惠金融的概念

普惠金融体系(Inclusive Financial System)，也称为包容性金融体系，它是指以可负担的成本为有金融服务需求的社会各阶层和群体提供适当、有效的金融服务，尤其是那些通过传统金融体系难以获得金融服务的弱势群体。国务院 2016 年 1 月发布的《推进普惠金融发展规划(2016—2020 年)》对普惠金融的官方解释及界定是，普惠金融指"立足机会平等要求和商业可持续原则，以可负担的成本为有金融服务需求的社会各阶层和群体提供适当、有效的金融服务"。农民、城镇低收入者、贫困人口、残疾人、老年人及小微企业是我国普惠金融重点支持的对象。

2016 年 G20 普惠金融全球合作伙伴报告《全球标准制定机构与普惠金融——演变中的格局》对数字普惠金融的解释是："数字普惠金融泛指一切通过使用数字金融服务促进

普惠金融的行动，包括运用数字技术为无法获得金融服务或缺乏金融服务的群体提供一系列正规金融服务，其所提供的服务能够满足他们的要求，并且是以负责任的、成本可担的方式提供，同时对服务提供商而言是可持续的。"简单来说，数字普惠金融是指以数字技术驱动的普惠金融实现形式。数字技术可以大幅度降低金融服务的门槛和成本，提高金融服务的效率，改善金融服务的体验，实现普惠金融服务的商业可持续性。

农村数字普惠金融是指数字普惠金融在中国农村地区的应用。

2. 数字普惠金融的服务品种与服务商

1) 服务品种

数字普惠金融的服务品种如表 3-3 所示。

表 3-3　数字普惠金融的服务品种

类　　别	子　类　别
支付	—
微型融资	小额信贷
	小微企业贷款
	微型消费信贷
	P2P 网络借贷与众筹
储蓄/理财	—
保险	—

2) 服务商

我国提供数字普惠金融服务的传统金融组织有银行、小额贷款公司、资金互助组织、公益性小额信贷组织、保险及担保公司。除了传统的商业银行外，其他金融服务机构也具备提供数字普惠金融服务的能力，包括数字交易平台、数字化信用评分组织、移动运营商。

随着信息化程度的普及和电商平台、社交平台的兴起，数字交易平台作为新型金融组织的代表开始为客户提供包括支付、转账、储蓄、信贷、保险、财务规划和银行对账单等金融服务。随着网络基础设施的逐步完善、手机移动端的普及和手机 App 的不断优化，手机移动端逐渐成为用户进行金融活动的主要载体。表 3-4 是不同数字普惠金融服务提供者的优势及局限的比较。

表 3-4　数字普惠金融服务提供者比对表

机构类型	优　　势	局　　限
传统金融机构 (商业银行)	用户群体基数大，线下网点多，金融产品完善	征信体系不完善，服务成本高，群体覆盖面不够广
新型金融机构	覆盖群体广，服务成本低、效率高，与电商、社交平台结合，积淀大量用户数据	依赖网络基础设施，网络的安全性存在风险

3. 数字普惠金融的优势

1) 减少中间环节，降低交易成本

数字普惠金融的发展一方面使得用户可以通过网络平台直接进行信息互换和金融交

易，同时各平台信息的公开化提高了用户的可选择性，在一定程度上避免了信息不对称所带来的交易成本。另一方面金融机构也节约了部分基础设施和运营的资本投入，同时信息数据的易获得性也降低了金融机构的交易成本。数字普惠金融业务凭借手机和电脑等智能设备就可以快速完成交易，不受地理位置、时间和环境等客观条件的制约，也无须线下的排队等候，交易灵活，信息处理及时，大大提升了处理效率。

2) 降低服务门槛，扩大服务范围

数字普惠金融的产生与发展克服了地理位置与时间的限制，用户通过网络平台即可进行信息获取、多方比较以及完成交易，在一定程度上大大提升了用户覆盖范围。数字普惠金融的客户包括了小微企业，覆盖金融服务区域增大，解决了小微企业的融资难问题，提升了社会中零散资金的使用效率。

3) 推动金融改革，提高风控能力

数字普惠金融通过云计算、大数据等数字技术对金融需求者数据进行充分的挖掘，建立起信息可共享的征信报告系统，为金融监管及风控体系的图谱化发展提供了有效支持。据易观国际的研究报告显示，基于云计算建立的普惠金融风控模式使得每笔信贷成本仅有2.3～2.5 元，只有传统银行信贷成本的 1%；支付宝推行的普惠金融每笔交易成本只有0.02～0.05 元，远远低于传统金融机构的交易成本。

4. 数字普惠金融的发展历程及模式

1) 数字普惠金融的发展历程

一是小额信贷阶段(20 世纪 60 至 80 年代)。这一阶段普惠金融主要为贫困群体及社会弱势群体提供小额信贷服务，如孟加拉国的格莱珉银行、印度的女性协会银行、拉丁美洲的 ACCION 组织等。这种信贷模式通常是借助熟人关系，通过联保的形式来获取信贷资金。

二是微型金融阶段(20 世纪 90 年代至 21 世纪初)。普惠金融从小额信贷模式逐渐发展到为贫困群体、弱势群体提供综合性金融服务的微型金融阶段。这一阶段提供的金融服务及产品更加多元化，既包括小额信贷，也包括理财、支付、保险等服务。

三是传统普惠金融阶段。进入新世纪以来，普惠金融的发展也进入新时期。一方面，小额信贷模式的参与机构、覆盖对象范围、业务范围不断扩展；另一方面，商业银行等金融机构也开始介入低收入群体、偏远地区的金融服务之中，大大扩充了普惠金融的内涵。

四是数字普惠金融阶段。近 10 年来，随着网络技术和信息技术的快速发展，特别是大数据、云计算、人工智能等技术的发展，数字技术与金融服务的融合不断深入，普惠金融进入数字普惠金融阶段。数字普惠金融借助于数字技术将小额信贷、微型金融服务向综合性金融服务扩展，并不断拓宽金融产品及服务的边界。

2) 乡村数字普惠金融的发展模式

在乡村振兴背景下，乡村数字普惠金融发展形态多元化。目前，我国乡村数字普惠金融的发展模式包括：

(1) 传统金融机构推行的数字化金融服务。利用互联网、云计算、大数据等数字技术，传统的金融机构通过网上银行、数字平台构建线上线下全渠道的服务体系，面向农村、农业、农民提供支付、信贷、储蓄等普惠金融服务。

(2) 电商平台推行的农业产业链金融服务。国内电商平台进入农村市场后，联合地方商业银行构建的农村数字普惠金融体系，对完善交易场景与产业链金融的数据处理能力提供强有力的支持，在脱贫开发等方面发挥了积极作用，同时也加快了农村地区数字基础设施建设。

(3) 第三方互联网金融平台推行的金融服务。第三方互联网金融平台，如微信理财通、陆金所、P2P 等，在理财、融资、小微贷等方面强化了数字普惠金融的服务理念。

(4) "互联网＋"的农业供应链金融服务。农业供应链金融是农业核心企业对上游市场主体开展赊购行为及其应收账款来实现融资的，包括应收账款质押融资、保理融资、资产证券化等。该模式下由核心企业或金融机构来搭建信息技术服务平台，为供应链上的小农户、小微企业提供融资服务。其主要模式包括：① 商业银行、核心企业构筑农村电商平台，形成"龙头企业＋金融机构＋农户＋互联网"的模式，这种模式最为常见，如重庆农商行构筑的柑橘电商平台以及由此所形成的供应链金融服务；② 保险企业主导的"互联网＋"农业供应链金融服务，如中国人保与宁夏盐池县人民政府、当地农业核心企业合作打造的"3＋N"金融共享平台，为当地的马铃薯种植业及滩羊养殖业提供了金融支持；③ 互联网金融平台主导的农业供应链金融服务，通常由核心企业提供供应链上的农户、小微企业信息，由互联网金融平台按照自身的风控模型来及时发放信贷资金，如京东金融、蚂蚁金服等。

3.3.2　乡村数字普惠金融的主要内容

《G20 数字普惠金融高级原则》指出，数字普惠金融涵盖了支付、转账、储蓄、信贷、保险、证券、财务规划等相关服务。在乡村振兴背景下，农村数字普惠金融主要包括便捷金融服务、涉农信贷服务、新型农业保险等，借助数字化技术减少金融服务中的信息不对称，精准匹配资金需求，降低农民和新型生产经营主体融资门槛，缓解农村融资难、融资贵、融资慢等问题。

图 3-38 所示为数字技术在普惠金融场景中的应用示例。乡村数字普惠金融涉及的主要对象为金融机构、农户、农业企业/合作社、保险公司、电商平台等。农户、农业企业/合

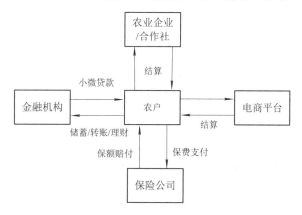

图 3-38　农村数字普惠金融的主要应用场景

作社在各类电商平台售卖自己生产的农产品，电商平台和农户、农业企业/合作社进行资金结算；农户也可以向保险公司对农产品进行投保，降低天灾人祸造成的损害，保障农户利益；为了扩大生产，农业企业/合作社可以向金融机构申请小微贷款；农户还可以将自己的收入存入金融机构，实现存储、理财等服务。

1. 便捷金融服务

金融服务是指金融机构运用货币交易手段融通有价物品，向金融活动参与者和客户提供的共同受益、获得满足的活动。具体来说，金融服务是指金融机构通过开展业务活动为客户提供包括融资投资、储蓄、信贷、结算、证券买卖、商业保险和金融信息咨询等多方面的服务。

传统的金融机构利用互联网、云计算、大数据等技术，结合自身业务、资金等方面的优势，通过网上银行、数字平台等载体，构建线上线下全渠道的服务体系，面向农村、农业、农民提供支付、信贷、储蓄等普惠金融服务。例如，建设银行成立了"裕农通"、农业银行成立了"惠农 e 通"、邮政储蓄银行成立了"E 捷贷"等，通过线上服务平台，大大提升了农村普惠金融服务的便利性和覆盖范围，进一步降低了农业金融服务成本。

在农村地区部署自助式服务终端和便民服务站点，为村民提供"足不出村"的金融服务，并在此基础上向民生、政务、电商等多领域延伸，包括但不限于现金存取、转账汇款等金融类服务，养老金领取、涉农补贴、水电费缴纳等生活类服务，社保、医保的查询、缴费及签约等民生类服务。

2. 涉农信贷服务

信用贷款是指以借款人的信誉发放的贷款，借款人无须提供担保。由于信用贷款风险较大，一般要对借款方的经济效益、经营管理水平、发展前景等情况进行详细的考察，以降低风险。信用贷款业务，主要通过银行、贷款公司、电子金融机构办理。

小额信贷是一种城乡低收入阶层为服务对象的小规模的金融服务方式，以个人或家庭为核心的经营类贷款。金融机构通过对用户进行信用评估，根据评估结果给出适当贷款额度。其主要的服务对象为广大工商个体户、小作坊、小业主。小额信贷旨在通过金融服务为贫困农户或小微型企业提供获得自我就业和自我发展的机会，促进其走向自我生存和发展。它既是一种金融服务的创新，又是一种扶贫的重要方式。涉农信贷也是小额信贷的一种。

以农户向网上银行申请贷款的流程为例，网商银行利用互联网技术，通过阿里巴巴、淘宝网、支付宝将底层数据打通，分析借贷人网络行为数据，将农户在网络平台上产生的现金流、成长状况、信用记录、交易状况、销售增长、仓储周转、投诉纠纷情况等百余项指标信息，与接入的外部数据，包括海关、税务、电力等方面的数据加以匹配，通过大数据信用评估模型最终形成贷款的评价标准，实现了纯信用贷款、全程零人工接入。最快 1 秒钟可获得贷款的"310 体验"，即贷款人 3 分钟在线填写申请，1 秒钟授信放款，0 员工介入，全程在线上完成，有效解决了农户融资难、审批慢的痛点。小额信贷流程如图 3-39 所示。

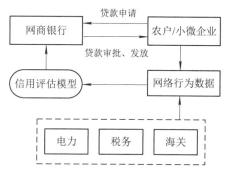

图 3-39　小额信贷流程

人民银行数据显示，2022 年以来，涉农贷款增速保持平稳，2022 年一季度末，本外币涉农贷款余额 45.63 万亿元，同比增长 12.2%，增速比上年末高 1.3 个百分点；一季度增加 2.61 万亿元，同比多增 5 603 亿元。21 世纪金融研究院与上海金融与发展实验室联合发布的《银行服务乡村振兴主要模式——基于多家大型银行、地方银行调研》预计，随着各银行机构进一步加强乡村振兴金融服务，2022 年涉农贷款余额将进一步增加，农村金融服务的适应性、竞争力、普惠性也将明显增强。

3. 新型农业保险

农业保险是专为农业生产者在从事种植业、林业、畜牧业和渔业生产过程中，对遭受自然灾害、意外事故、疫病、疾病等保险事故所造成的经济损失提供保障的一种赔偿保险。

《农业保险条例》第二条规定："本条例所称农业保险，是指保险机构根据农业保险合同，对被保险人在种植业、林业、畜牧业和渔业生产中因保险标的遭受约定的自然灾害、意外事故、疫病、疾病等保险事故所造成的财产损失，承担赔偿保险金责任的保险活动。本条例所称保险机构，是指保险公司以及依法设立的农业互助保险等保险组织。"

农业保险按农业种类不同分为种植业保险、养殖业保险；按危险性质分为自然灾害损失保险、病虫害损失保险、疾病死亡保险、意外事故损失保险；按保险责任范围不同分为基本责任险、综合责任险和一切险；按赔付办法分为种植业损失险和收获险。

随着数字化的不断推进，信息技术赋能农业保险，使保险业务走向多元化。3S 技术、物联网、大数据、云计算、区块链、人工智能等技术都在农业保险领域有应用。例如，在种植业保险中，农业保险标的种类丰富且类型多样，利用传感器网络进行数据的采集传输。对于种植作物可以通过物联网技术进行苗木长势监控，同时生成日志文件，结合人工智能数据挖掘功能中的偏差检验法，对异常日志进行识别，在理赔环节作为查勘定损的支持文件。对于农业自然信息如土壤、气象、作物虫害等相关数据的监控与预测，可以通过 3S 系统中的遥感技术，进行数据感知与图片采集；对于农产品价格变动、销售行情等经济信息，可以通过线上数据抓取技术实现采集。基于大数据计算及人工智能系统，对采集的大量数据进行调整和深度学习，从而预测气象灾害与农产品价格、保险机构或保户的异常行为预警等，帮助防灾防损工作尽早开展，减少风险。人工智能技术可为农户提供定制化产品与差异化定价。保险公司在与客户的互动中收集到大量农产品数据，通过机器学习分析消费市场，并为投保农产品标注标签，如品种、价格、产量、消费市场等，从而形成对应产品画像，进而可以设计不同的定制化产品，并且能够细分定价因子，从而实现差异化定价。

3.3.3 数字技术在农村普惠金融中的具体应用

随着农村地区互联网的普及，数字技术在乡村普惠金融中发挥了积极的重要作用。互联网、大数据、区块链等新技术应用到电子支付、涉农信贷、农业保险等领域，深化农村普惠金融服务改革，改善地区普惠金融治理服务，消除城乡地区的金融服务差异。

1. 电子支付

作为数字普惠金融中重要的一个环节，电子支付是所有金融服务的起点。电子支付是指以金融电子化网络为基础，通过电子信息化的手段完成支付结算的过程。2005 年 10 月，中国人民银行公布的《电子支付指引(第一号)》规定："电子支付是指单位、个人直接或授权他人通过电子终端发出支付指令，实现货币支付与资金转移的行为。"简单来说，电子支付是指电子交易的当事人，包括消费者、厂商和金融机构，使用安全电子支付手段，通过网络进行的货币支付或资金流转。

电子支付的类型按照电子支付指令发起方式分为网上支付、电话支付、移动支付、销售点终端交易、自动柜员机交易和其他电子支付。目前我国电子支付的核心参与方主要包括银行卡组织、商业银行和第三方支付机构。第三方支付交易规模也不断攀升，支付宝、微信支付、京东支付等也广泛应用于农业农村生活、生产中。图 3-40 所示为电子支付原理示意图。

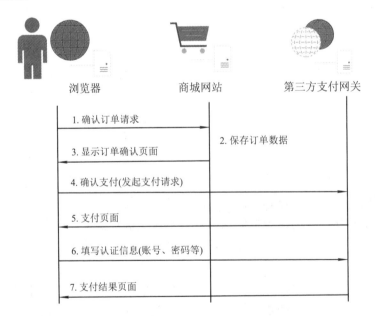

图 3-40 电子支付原理示意图

(1) 用户向商城网站发起确认订单的请求。

(2) 商城网站接收到请求保存订单数据到数据库或其他存储介质。

(3) 返回订单确认页面，页面上应该显示订单金额等信息。

(4) 用户确认支付，发起支付请求。注：支付请求是发送到支付网关(比如支付宝、网银在线)而不是发送到商城网站。

(5) 显示支付页面。

(6) 用户填写认证信息(账号密码等)提交。

(7) 这里有两个步骤：一个是扣款成功后页面跳转到支付结果页面(展示给用户)，另一个是支付通知。这两步没有先后顺序，可能同时执行，商城网站接收到支付通知后根据验证规则验证信息的有效性，并作出相应的更改操作(例如，有效则更改订单为已付款状态，无效则记录非法请求信息)。

电子支付依托于电子货币，相比传统的支付方式，对于金融服务的供给方与需求方，均具有诸多优势。

(1) 电子货币成本低，如制造成本、储藏成本、运输成本及验伪成本低。

(2) 电子支付便利性好，如充值方便、不用找零、不用清点。在网上购物时，足不出户即可完成交易。

(3) 电子支付速度快，可以实现远距离即时到账。

(4) 电子支付可以避免携带大量现金的风险。

(5) 电子支付的使用范围广，越来越多的生活场景及市场均支持电子支付。

据中国人民银行金融消费权益保护局《中国普惠金融指标分析报告(2020 年)》数据显示，农村地区累计开立个人银行结算账户 47.41 亿户，同比增长 4.94%，占全国累计开立个人银行结算账户总量的 38.05%。农村地区银行卡发卡量 38 亿张，同比增长 7.26%，其中信用卡和借贷合一卡 2.65 亿张，同比增长 8.11%。人民银行指导乡村振兴卡逐步向全国各地推广铺开，发卡量显著提升，截至 2020 年末，乡村振兴卡在用发卡量 2 172.42 万张，同比增长 321.75%；乡村振兴卡产品增值服务日益丰富，新增农技指导、农产品物流保鲜、涉农供应链等方面权益。

网络支付和移动支付的快速发展提高了小额支付的便利性，改善了微型金融发展的支付环境，推动了微储蓄、微理财、微借贷和微保险的发展。例如，农户可以很方便地将小额闲置资金转到余额宝进行理财投资；在满足信用条件的前提下，可以方便地向微粒贷申请到几百元到几万元的小额借款。

2. 大数据信用贷款

农村的交易、物流、支付等信息在数字技术的加持下，形成信用资产，可以为金融服务提供依据和手段，再结合农村土地确权、种植情况、农业补贴等大数据，可以为金融机构的风险控制提供强力保障。

以蚂蚁金服旗下芝麻信用为例，芝麻信用评分(简称芝麻分)，是在用户授权的情况下，依据用户各维度数据(涵盖金融借贷、转账支付、投资、购物、出行、住宿、生活、公益等场景)，运用云计算及机器学习等大数据技术，通过逻辑回归、决策树、随机森林等模型算法，对各维度数据进行综合处理和评估，在用户信用历史、行为偏好、履约能力、人脉关系、身份特质五个维度客观呈现个人信用状况的综合评分。这些信用评估可以帮助互联网金融企业对用户的还款意愿及还款能力作出结论,继而为用户提供快速授信及现金分期服务。

图 3-41 给出了芝麻信用评分模型。

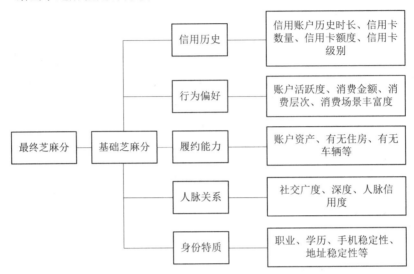

图 3-41 芝麻信用评分模型

此外,利用卫星遥感技术对农户资产评估形成信用资产,服务"三农",也取得了不错的效果。2020 年,网商银行首创的卫星遥感信贷技术"大山雀"宣布正式在农村金融领域商用,并服务了数十万种植大户。2021 年,中国工商银行在黑龙江、内蒙古等分行率先投入试点,开始运用卫星遥感、图像识别等技术,动态跟踪农作物生长情况,借助卫星遥感技术进行土地确权验证、作物种类识别、长势监控等,精确监测农作物的长势情况。在上述试点地区,卫星遥感技术的应用场景已覆盖种植面积 6 457 亩,涉及贷款额超过 300 万元,预计后续将推广至 16.5 万亩,贷款总额超 3 000 万元。

在卫星遥感技术的支撑下,农户圈出的地块是否准确,可以和农户登记的土地流转、农业保险等数据进行交叉验证,再结合气候、行业景气度等行业分析研判,预估该农户该地块的产量和收益,从而确立贷款额度和还款周期,解决困扰"三农"的风控问题。

3. 农业保险定损理赔

农业保险的定损工作主要是通过逐村(场、户)查单据、查现场、查情况,查对损失标的等步骤完成。借助数字技术帮助工作人员完成对承保对象的准确勘察和定损。

1) 遥感+农业保险

例如,太平洋产险推出的以卫星遥感技术为核心的智能农业保险运营体系——e 农险系统。e 农险系统依托保险科技的应用构建了一个完整的农业保险智能运营体系。一是智能终端系统,通过 e 农险 App 工作人员可以在管理端实现线上客户信息采集、保费收缴、验标查勘、承保理赔公示等业务,投保人则可以通过 App 实现在线投保、指认投保地块、报案理赔。二是数据处理体系,e 农险系统利用 3S 技术将详细的农业保险投保信息(如投保地块、投保作物种类、投保面积、投保人信息等)标注在卫星遥感地图底图上,最终合成"农业保险一张图",为精准承保提供了依据;通过高精度遥感技术获取农作物苗情长势、受灾范围、受损程度，为精准查勘定损提供了依据。三是客户服务体系，依托 e 农险 App，农户可以实现在线咨询、投保、核保、报案、理赔业务办理一条龙；农业保险公司也依托该平台进行客户服务，为客户提供农业生产信息资讯、农业风险预警、防灾减灾宣传等服务。e 农险系统业务流程如图 3-42 所示。

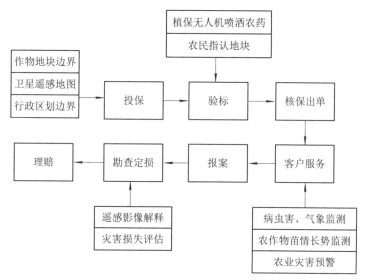

图 3-42　e 农险系统业务流程

在实际应用中，以某地区种植业农业保险业务为例，依托 e 农险系统的农业保险业务开展流程如下。

(1) 农户可以实现在线咨询、投保，投保之后会有保险工作人员进行实地验标工作。验标工作通常会以植保无人机免费为农户喷洒农药的形式进行，投保人出于自身利益考虑必定会如实告知投保地块，以获得免费喷洒农药的便利，这样就有效避免了投保人谎报、串换标的等行为的发生。植保无人机在喷洒农药的过程中可以通过航空摄影技术获取投保地块坐标信息、地块边界、投保面积等详细信息。将这些信息叠加标注在事先获取的区域高精度卫星地图底图上，以此实现农业保险精准承保，按图承保。

(2) 在承保期内，农业保险公司可以通过卫星遥感数据为投保农户提供气象监测、病虫害监测、灾害预警、土地墒情、农作物苗情长势监测、产量评估等信息，为农户经营生产决策提供科学依据，通过灾害预警功能指导农户防灾救灾，帮助农户尽可能避免由于农业灾害造成的损失。这也是 e 农险平台智能化服务投保人的重要措施。

(3) 当农业灾害发生时，投保人通过 e 农险 App 在线报案，农险公司接到报案后会派出查勘定损工作人员通过抽样的方式到典型区域进行实地查勘，采集受灾现场的坐标信息、作物类型、生长状况、受灾类型、受灾程度等信息及现场照片，并作出基本的受灾情况判断，如作物受灾范围如何，受灾程度是否严重等。

(4) 当大面积灾害发生时，就需要调用遥感卫星或无人机对受灾区域进行灾情监控。遥感技术人员结合查勘定损人员提供的灾情基本信息、作物生长规律等，选取灾前灾后多期受灾区域影像以及历史多年的同一区域卫星影像作为农业遥感定损准备影像，通过遥感影像解译和数据处理获取目标区域农作物归一化植被指数数据(Normalized Difference

Vegetation Index，NDVI）。选取灾前目标区域农作物 NDVI 和往年目标区域 NDVI 平均值确定标准产量 NDVI，并以标准产量 NDVI 为基础建立损失评估模型。通过灾后目标区域农作物 NDVI 与标准产量 NDVI 对比并带入损失评估模型，可得目标区域农作物损失程度的空间分布结果。根据实际需要可以对损失程度评估的空间分布结果进行分级量化，不同的受灾等级对应不同的受灾程度，进而可以完成目标区域农作物的受灾分布、受灾面积、受灾程度的详细信息及图示。农作物评估流程如图 3-43 所示。

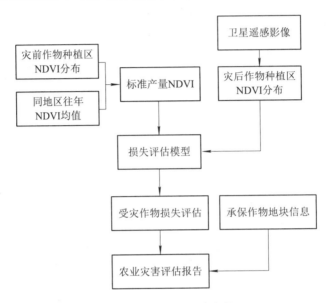

图 3-43　农作物评估流程

（5）保险公司通过卫星遥感技术获得的目标区域受灾情况分析叠加农业保险投保时获取的承保作物地块信息即可获得标的实际损失情况，在此基础上形成农业灾害损失评估报告，并以此为依据进行理赔。

2）区块链+农业保险

2018 年，安华农业保险公司推出了区块链肉鸭养殖保险，通过区块链技术的应用，构建了一个公开的、不可篡改的数据验证系统：区块链保险系统可以准确记录养殖场的进雏、用药、防疫、饲料、出栏数据，再将这些数据与养殖户提交的病死标的物数量等数据进行对比，形成数据闭环，来实现对养殖场内标的物的精准承保、精准理赔。区块链技术的应用使保险公司通过区块链数据验证的制度设计颠覆了传统的承保方式，确保了肉鸭承保数量的准确性，使大宗的家禽养殖保险从根本上解决了"不足额投保"的难题。图 3-44 所示为基于区块链的肉鸭养殖保险流程示意图，其具体业务流程如下。

第一，保险公司核实肉鸭养殖户投保资格，确保投保人符合以下条件：一是投保人必须是"公司＋养殖户"的订单养殖模式；二是上游订单企业的经营管理方式必须是"产、供、销一体化"经营模式，按照"统一进雏、统一用药、统一防疫、统一用料、统一销售"的方式对接养殖户；三是区块链肉鸭养殖保险的参与主体，即养殖户和上游订单企业需要与保险公司签订协议，保证在区块链系统中记录数据的真实性。

第二，保险各参与方进行区块链系统日常数据维护，上游订单企业应当首先上传养殖户的进雏数量至区块链系统，作为养殖户的投保数量；在肉鸭养殖期间，养殖户须每天上传肉鸭死亡数量、饲料用量、免疫接种数量等数据至区块链系统；肉鸭达到出栏标准后，上游订单企业回购养殖户饲养的肉鸭，同时记录肉鸭回购屠宰数量并上传至区块链系统。至此区块链系统中各方上传的数据可以形成完整的数据闭环。

第三，保险公司在保单到期后履行赔偿保险金的义务。在完成上述养殖过程后，保险公司对区块链系统中各方上传数据进行处理，通过多方数据计算、比对、验证获得肉鸭养殖每日实际死亡数量，并以此数据处理结果作为赔偿依据。在保险公司核定应赔责任后，须在十日之内通过区块链智能合约技术进行赔付，智能合约的设置可以避免保险公司惜赔、拖赔或者拒赔的违规行为，保障投保人的合法权益。

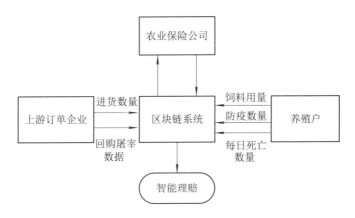

图 3-44　基于区块链的肉鸭养殖保险流程示意图

3.3.4　乡村数字普惠金融的发展前景及趋势

1. 数字技术在乡村普惠金融中的发展前景

数字金融巨大的经济效应在农村地区仍有广阔发展空间。一方面，数字普惠金融能够改善农村地区的金融服务循环系统，在促进农民产业创新及带动消费等方面发挥直接作用。另一方面，农村电子商务的发展带动了农村产业结构的数字化升级，从而推动了商贸、物流、金融的相互融合，推动了农村地区的经济增长。例如，云南鹤庆县新华村将传统银器手艺村升级为电子商务村，在整合供销链及金融链的基础上，2019 年全村 1 100 户的电商销售额超过 8 000 万元。

2. 数字技术在乡村普惠金融中面临的挑战

1) 数字基础设施建设滞后

第一，农村地区数字基础设施建设滞后于城市。例如，2019 年 6 月，三大运营商开始在北京、上海、重庆、武汉、厦门等 40 个大城市建设 5G 基站，截至 2020 年底，北京、重庆等地主城区基本上实现了 5G 信号全覆盖，而农村地区 5G 通信网络建设并未提上日程。

第二，农村地区信息化服务质量不高。尽管很多地区实现了城乡同网同速，但是很多实现了 4G 和光纤覆盖的行政村网络速度并不快，信号覆盖效果也较差。

第三，农村地区个人智能终端设备覆盖率不高。中国家庭金融调查与研究中心的数据显示，截至 2019 年，中国城市居民的智能手机覆盖率超过 90%，而农村居民智能手机覆盖率只有 40%。越是远离城市的农村，智能手机覆盖率越低。另外，信号质量差、流量费贵等问题，也给农村地区推广智能终端设备带来了一定的障碍。

2) 城乡金融生态环境存在较大差距

金融生态环境包括市场经济发展程度、社会信用体系、金融文化、金融市场等。东西部地区经济发展的不平衡吸引了大量农村劳动力从农村地区流向城市，从中西部地区流向东部地区，生产要素的单向流动加剧城乡之间金融生态环境的持续分化。

受到数字基础设施滞后的影响，农村地区征信体系尚未完全建立，数字征信的孤岛化趋势明显，加大了数字普惠金融业务的市场风险。

3) 城乡居民金融素养分化严重

第一，农村居民受教育程度整体偏低。国家统计局 2019 年统计数据显示，农民工中专科以下学历人数占比达 89%，而留守在农村的老人、妇女，整体受教育程度更是低于农民工群体。

第二，农村居民受教育水平低，制约金融服务在农村地区的深度发展。例如，一些农村居民不了解储蓄卡和信用卡的区别，近半数农村居民不了解理财及风险承担方面的知识，因此像投资理财、养老规划等金融产品，很难在农村地区推广。

第三，农村地区金融教育体系发展落后，金融宣传教育流于形式。在基础教育中，金融、法律等方面知识涉及较少，且不成系统；金融宣传方式落后、内容单一，仅靠金融机构的传单、横幅宣传其金融产品，农村居民无法系统形成对数字普惠金融的认知，遏制了数字普惠金融在农村地区的推广。

3. 数字技术在乡村数字普惠金融中的应用趋势

1) 人工智能技术助力完善金融风控体系

随着数字基础设施的不断完善以及社交网络数据量的迅猛增长，数字技术推动金融机构风险识别能力，大大降低了与低收入群体间的信息不对称度。数字普惠金融借助区块链、人工智能等数字技术，建立健全个人信用评分体系，对消费者进行精准画像，为每个消费个体提供个性化金融服务。

2) 区块链创新提升乡村数字经济与数字金融协同效应

基于区块链技术的可信性、可追溯性等特点，积极推动农业产业链、供应链的数字升级，创新和扩展乡村数字普惠金融的发展模式与应用场景，推动农村医疗、生活缴费、教育、出行等与数字金融深度融合，提升农村地区数字化发展水平。

本 章 小 结

数字技术的发展，推动乡村数字化建设，也带动了乡村数字经济的发展。本章从乡村数字经济的概念入手，重点介绍了乡村数字经济的组成部分：智慧农业、农村电商和农村数字普惠金融；介绍了数字技术在智慧农业、农村电商、农村数字普惠金融领域的各种应用。

思考与练习题

1. 简述智慧农业的内涵。
2. 农业物联网架构有哪些主要应用场景？请举例说明。
3. 数字普惠金融的主要服务模式包括哪些？
4. 请联系实际，列举其他数字普惠金融的服务形式。
5. 农村电商经历了哪几个发展阶段？
6. 常见的农村电商应用模式有哪些？典型代表有哪些？
7. 数字技术在农村电商中的应用主要体现在哪里？
8. 数字技术在未来农村电商中的应用趋势是什么？

扩展阅读　青岩刘村的电商变迁——走访"中国网店第一村"

浙江省义乌市郊的青岩刘村是一个名副其实的"城中村"，位于义乌市区的南部，义乌环城公路将村庄围在城内。青岩刘村占地 28 万平方米，200 多栋房子分列街道两边，每栋房子都是整齐划一的四层半楼房(最下面的半层是地下室)，底层为商铺，上面三层被防护栏围拢。这些楼房是 2006 年青岩刘村完成旧村改造后建成的，每家每户都铺设了免费的百兆光纤。

青岩刘村电商交易额从 2008 年的 2 亿元，发展到 2019 年的 60 亿元；网店从 2008 年的 100 多家，发展到 2019 年超过 4 000 家。目前全村经济年收入约 1.5 亿元，人均年收入突破 7 万元，在这个面积只有 1.1 平方千米的地方，一度创造了中国网商的神话。青岩刘村的电商发展变迁以及媒体报道如图 3-45 和图 3-46 所示。

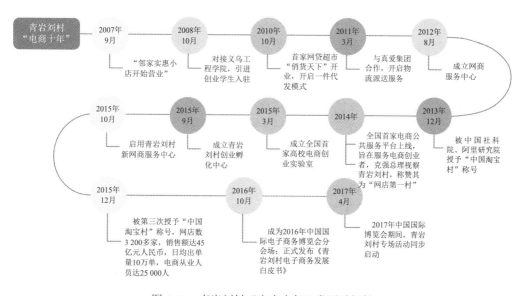

图 3-45　青岩刘村"电商十年"发展时间轴

"莫名其妙"的中国网店第一村

——江东街道青岩刘村发展纪实

□ 全媒体记者 李爽爽 文/图

"旧改村"变身"电商村"

"电商独奏"转为"众创交响"

"先行者"奋当"模范生"

图 3-46　《义乌商报》关于青岩刘村的报道

第 4 章　乡村数字治理

【学习目标】

◇ 掌握数字治理的概念及内涵；
◇ 掌握智慧党建的概念及内涵，理解数字技术在乡村智慧党建中的应用；
◇ 理解乡村电子政务的作用；
◇ 掌握智慧应急管理的概念。

【思政目标】

◇ 培养学生用发展的眼光看问题；
◇ 培养学生树立正确的三观；
◇ 培养学生的创新精神；
◇ 弘扬爱国情怀。

案例引入

智慧党建引领乡村振兴新形势

湖南常德是农业大市，外出务工现象很普遍，农村地区很难正常开展党员活动。一方面，农村外出进城务工党员较多，这些流动党员年富力强，都是农村党员中的主力群体，他们有参加组织生活的意愿，却难以融入流入地党组织，又受限于时间、经济成本和管理方式，游离于家乡党组织之外，主力群体没有变成中坚力量。另一方面，留守在农村的多为留守老人和儿童，受到各种因素影响，很多党员参加组织活动的积极性不高。

党的十八大以后，湖南省常德市以增强党组织组织力和提高党员队伍建设质量为目标，以贯彻落实《中国共产党党员教育管理工作条例》为契机，自主研发了常德智慧党建平台，以大数据思维推进党员教育管理信息化、智能化，不断提高党员教育管理现代化水平。截至 2018 年，常德市智慧党建平台已经覆盖了全市 169 个乡镇、1.5 万多个基层党组织、32 万多名党员，信息化手段让基层党支部成为党的有力堡垒，提升了党在基层的组织力和战斗力。

随着智慧党建平台的推广，常德市农村地区的党员教育管理进入数字化时代。常德市鼎城区草坪镇放羊坪村支部通过远程会议学习 2018 年一次全区党课。302 个村和社区的 4 万多名党员同步听课，直播画面可随时切换。同时，视频将被实时记录存档，供随时调阅。通过智慧党建平台，定时提醒党务工作者和党员按时组织或参加党组织换届选举、"三会一课"、组织生活会、主题党日等活动，系统按照相关程序标准自动审核，并根据活动开展情况进行工作提醒和违规程序报警。日常考核验收有手段，各级党组织可按照权限查阅相关党组织党建活动资料、调阅会议现场实时视频，确保了组织生活扎实落地。现在党员们积极性高了，组织纪律性也强了。

常德通过智慧党建引领，将 38 项涉及百姓民生的政务下沉到村，每个村都建起了标准化的综合服务平台，涉及民政、社保、卫计、金融等多项服务，村干部负责办理、受理业务，为老百姓解决了实实在在的负担，让老百姓不再"跑断腿"。

新时代的发展迫切需要创新党务管理手段、服务方式，智慧党建不仅是为了增强党在基层的执政本领，巩固执政根基，也是为了切实为民服务，真正打通党为民服务、深入基层的"毛细血管"，从而凝聚党心、民心。

随着信息技术在我国高速发展，信息化、数字化不仅渗透到农业生产领域，让生产更加省工省力，更融入农民的日常生活中，改变了人们的思维逻辑、交往方式和消费习惯。在这样的背景下，乡村治理也要适应数字化变革的新趋势，用数字赋能乡村治理，推动管理和服务的精细化、智能化和高效化。《数字乡村发展战略纲要》明确提出，着力发挥信息化在推进乡村治理体系和治理能力现代化中的基础支撑作用，繁荣发展乡村网络文化，构建乡村数字治理新体系。

本章首先对乡村数字治理的概念、特点进行介绍，进而介绍智慧党建的内涵、数字技术在智慧党建中的应用；其次介绍乡村电子政务的概念、现状，数字技术在乡村电子政务中的具体应用；最后给出数字技术在乡村智慧应急管理场景中的应用。

4.1　数字治理

4.1.1　数字治理的概念

数字治理就是对数字信息的治理，包括两种含义：一种是对数字的治理(Governance of Data)，另一种是基于数字的治理(Governance Based on Data)。前者指的是实现对全社会越来越庞大的数据的有效管理与组织，后者则是利用数字实现全社会有效的组织与运行，两者同时也是互相支撑的关系。

乡村数字治理是通过数字化乡村治理的政务组织行为体系，构建数字化、信息化、网络化和智能化的新科技设施与技术规则，以推进乡村数字经济社会建设和实现村民数字化美好生活的新型智能治理活动。中国的乡村数字治理，就是数字化智能治理在乡村基层的扩展和应用。

数字治理是属于信息社会或信息时代的数字化、网络化或智能化新型治理。在走向智能社会的新进程中，信息化、数字化、网络化是智能化的技术手段和前提基础，智能化则是对信息数字化和网络化的提升和超越。因此，数字治理是属于智能社会或智能时代的以数字信息技术以及信息化、数字化和网络化为基础的新型智能治理。

4.1.2　乡村数字治理的特点及优势

1. 乡村数字治理的特点

1) 技术主导性

数字技术为乡村治理决策科学化提供了数据基础和技术分析手段，通过数据挖掘与聚合分析，可快速准确地发现众多事务之间的关联性，从而揭示乡村公共事务的本质规律，以作出科学合理的决策。

2) 主体多元性

乡村数字治理参与治理的主体不仅包括乡村各级政府组织，还扩展到基层群众。数字技术推动数据信息的共享，调动各类主体参与乡村治理的积极性，实现了主体多元化。

3) 服务精细化

数字化技术实现了数据驱动治理，促进了乡村治理的精准化。治理内容精准要求自上而下的政府治理精准施策以及自下而上的村民自治精准高效。

4) 治理高效化

借助各类数字技术，乡村数字治理可精准分析公共服务供给的每个环节和步骤，推动公共服务便捷化、高效化。

2. 乡村数字治理的优势

1) 推动政务管理走向开放式治理

基层政府凭借其行政权力和资源优势成为治理的重要主体，但其他社会组织、企事业单位以及村民也会成为某个领域数据信息的制造者和拥有者，他们借助大数据平台，通过与政府协商、谈判实现数据的公开与共享，为乡村治理体系从一元主体、封闭式管理模式转变为多元主体、开放式治理模式提供了现实机遇。

2) 提升乡村治理主体的协同性

数字乡村运行的技术基础是数据的整合共享，它为基层政府提供了有效的治理手段。通过资源互换，治理主体既能够准确快速了解政务公开信息，也能适时提出自己的利益诉求，主动参与决策，从而拓宽各种社会力量和村民参与乡村治理的渠道，有效发挥各类主体在乡村治理中的优势，逐步形成多元共治的乡村治理格局。不仅如此，数字化治理模式还能够通过公共数据平台合理地界定各部门间的权责界限，避免部门间的信息抢夺和职能的交叉重复，提升乡村多元主体协同治理的效率。

3) 增强乡村治理的精准性和前瞻性

将数字信息技术运用到乡村治理中，由依靠经验转向数据分析，由被动处理转向事前预测，提升了乡村治理的有效性。一方面，信息技术和大数据能够精准描述乡村各个方面的发展情况和村民对公共服务的真实需求，掌握这些数据有利于将公共服务的供给与治理需求精准匹配，实现精准治理。另一方面，数据变化既能够反映事情发展的规律、趋势和方向，有助于治理主体主动预测、提前研判乡村治理中存在的问题以及可能出现的风险，预先制订有针对性的防范和化解方案，为前瞻性治理和精准治理提供坚实的基础。

4）推动"三治"融合深度发展

数字乡村建设推动构建的数字信息化网络平台为"三治"融合的实施创造了条件。第一，数字信息技术介入乡村治理有助于信息的公开透明，提升有效治理效率和效果，保证了村民参与治理行动的有效性。第二，有助于治理主体更精准和快速地了解村民的实际诉求，解决乡村办事难、办事慢、办事繁等问题，提高村民的满意度，激发其参与乡村自治的积极性和主动性。第三，有助于提高立法者和治理者的信息收集、整合和分析能力，以充足的信息作为立法和决策的依据，提升治理效果。

4.1.3　乡村数字治理的重点

1. 乡村党建智慧化

乡村党建智慧化是指以互联网为基础，推动乡村党建智慧化，实现党建引领、党员服务社会的全覆盖，加强党员组织管理，增强党在基层的执政本领，巩固执政根基，切实为民服务。

2. 村务管理数字化

村务管理数字化是指推动"互联网＋政务服务"向农村延伸，方便群众就近办事，实现服务"网上办""掌上办""快捷办"，并推动村务、财务网上公开，加强对村级重要事项的监督。此外，通过数字技术普及，推动信息进村入户，开展远程教育、线上诊疗，推进博物馆、图书馆、文化馆等数字化，实现基本公共服务资源易获得。

3. 应急治理数字化

应急治理数字化是指深入推进农村"雪亮工程"建设，整合"雪亮工程"、综治视联网、综治信息系统等平台，实现智能化防控全覆盖，推动数据信息的县乡村联动，建设农村智慧应急管理体系，健全及时反馈、快速响应机制，推动农村疫情防控信息化建设。

4.2　乡村智慧党建

4.2.1　智慧党建的概念

党建即党的建设，是马克思主义建党理论同党的建设实践的统一，是马克思主义党的学说的应用。党的建设包括三个方面的含义：一是研究党的建设的理论科学；二是在马克思主义党的学说的指导下所进行的党的建设的实践活动；三是作为理论原则与实际行动两者中介的约法规章。

智慧党建就是数字技术在党建领域的应用，是指运用互联网、云计算、大数据、人工智能、5G、区块链、虚拟现实等新一代信息技术，提高党建工作的自动化、科学化和智能化水平，进而提高党建效率和执政能力。

推进智慧党建，有利于创新党建模式，提高党建质量，提升我党的执政能力和领导水平，推进国家治理体系和治理能力现代化；有利于保障党建工作的智慧化、可控性和稳健性发展，适应新时代党建工作的发展需求；有利于提高党建科学化水平，进一步提升全面从严治党的效率和效果；有利于增强党的执政能力，巩固党的执政地位。

4.2.2　乡村智慧党建中的数字技术

为了加强农村地区的政治建设、思想建设、组织建设、作风建设、纪律建设等，对党员干部群众进行思想教育，加强党在农村地区的服务意识和服务形态，通过运用互联网、大数据、云计算、区块链、物联网、人工智能等新一代信息技术，提高党建工作的自动化、智能化程度，即智慧党建。发展智慧党建，有利于提高党建工作效率，提高党建科学化、精准化水平。

1. 互联网

图 4-1 所示为互联网+党建平台的功能架构。该平台主要包括党建学习、党建展示、党建考核和党建社交四个模块平台。党建学习平台将以往的集中性教育学习模式延伸为常态化教育学习，用知识武装头脑，加强党员干部政治建设、思想建设、纪律建设和作风建设等。党建展示平台主要以宣传各类学习教育的做法和成效为主要内容，以订阅号、党建动态等形式将实时信息发送到终端，引导党员干部及时了解党建各类最新消息，保持党的活力。党建考核平台依据党员参加学习、党员活动、履行党员义务等情况以及日常表现，通过累积得分的形式，完成党支部、党员个人的考核，评定和考核结果作为党员年终民主评议和评优的重要依据，使党员管理工作更科学规范，有效提高组织建设能力。党建社交平台实现经验交流互动、党支部调查问卷发放、群众意见和建议收集反馈等功能。

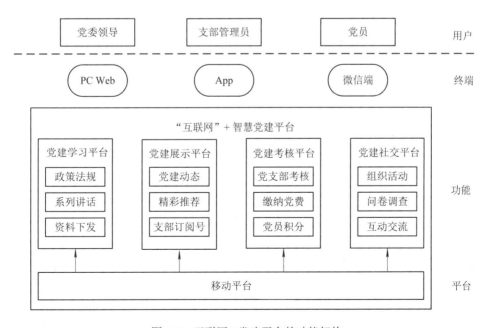

图 4-1　互联网+党建平台的功能架构

此外，有的地区将党建平台接入当地政务平台，党政合一，实现党建工作逐级实时监督、完善基层党组织数据体系建设、党务工作流程精准管理以及基层党群服务有效落地等功能。例如，中共广州市委实施了智慧党建工程，通过整合党建网络资源，建成了拥有实时感知、互联互通、智能分析等 14 项功能的智慧党建网络平台，实现了对各项党建信息数据的完全链接、融合和提取，构建了数字化、智能化的基层党建工作运行网络。中共海宁市委建立了海宁市智慧党建系统，该系统具有三维党建地图、网上e支部、好人好事银行、网上党代表、双指数考评、党务管理系统、红立方志愿者注册等功能，对基层党组织的资源配置、信息公开、组织活动、党务管理等能作出迅速响应，实现了扁平化管理。

2. 大数据与云计算

运用大数据技术可以创新党建工作模式。例如，利用大数据技术建立"数字驾驶舱"，可以让党委领导掌控全局，加强党的全面领导，提高党的领导水平。在党员管理信息系统中增强大数据分析功能，可以对本地区、本部门党员情况进行结构化分析，有针对性地发展党员。在干部网络学院的干部网上培训系统中增加大数据分析功能，可以了解党员干部的兴趣点、关注点等，有针对性地开展干部培训。在通过互联网走访群众的过程中，运用大数据可以掌握人民群众的实际诉求，为人民群众提供精准的服务。

一些党政机关和企事业单位建立了党建云。例如，全国党建云平台由人民网·中国共产党新闻网建设。截至 2021 年 7 月，"人民党建云"已服务 11 000 多家基层党组织、12 000 多个党支部、30 多万党员，成为国内最大的党建云平台。

3. 区块链

区块链技术提供了不同机构在非可信环境下建立信任的可能性，降低了电子数据取证的成本，带来了建立信任的范式转变，在党建方面可以发挥重要作用。

在党建领域，区块链技术可以应用于身份认证、数据共享、数据存证等方面。以数据共享为例，利用区块链构建党建平台，在推动跨部门、跨区域党建一体化协同建设，实现数据共享、优化业务流程、降低运营成本、提升协同效率、建设可信体系等方面具有技术优势。

4.2.3 数字技术在乡村智慧党建中的具体应用

随着移动通信基础设施建设的不断加大，农村地区手机等移动终端用户数量的增长，以及党建和各种数字技术的融合，党建形式展现出多样化、数字化的特点。

1. 党员学习考核

党员学习平台是集学习专题活动、网络党校、考试中心和党员学习笔记于一体的综合性学习平台。学习平台提供了丰富的远程教育资源(高清视频上传下载、播放收看和图文共享)、便捷的学习方式，党员可以利用碎片化的时间通过手机、电脑随时随地参与学习；学习平台能够对党员的学习情况进行痕迹化管理、量化考核，后台实时记录每个党员的学习痕迹，并结合在线考核成绩，对党员参加学习的情况进行全面、客观的分析和评价。党员学习平台的搭建，有助于党员整体素质的提高，进而提高党员的思想觉悟，不断激发党员的学习潜力，使党组织的建设更加制度化、规范化和科学化，推动党建工作的科学发展。

2. 党务管理

党务管理平台用于在 PC 端和移动终端上实现对党员、党组织进行线上工作管理的功能，通过党务管理平台可对党员和党组织以及党建工作相关内容进行统一的管理操作。搭建党务管理平台有利于实现工作人员对党建工作的相关内容进行整体把控管理，并对系统基础数据进行设置操作。工作人员可以在线上接收群众信息并进行解答，实现党建工作信息化。

3. 党建宣传

党建宣传平台主要用来实现将政府部门有关党建的工作内容和资讯在 PC 端、App 端、微信端进行展示的功能。用户可在党建宣传平台对展示的信息数据进行搜索、查看，便于对政府党建部门相关的政策法规信息进行及时跟踪，方便组织内的人员对当地相关业务进行及时的应对办理。多样化的党建地图和党组织架构便于领导对党建工作以及人员进行系统的一体化管理。

4. 群众服务

为方便老百姓反映问题，服务于大众，群众服务平台可在 PC 端、App 端、党建微信和智能大屏实现全市党群服务中心的信息发布，提供在线咨询问答服务，对困难党员进行在线帮扶等。民生平台可以让政府了解基层人民群众的心声，真正做到"手续简、流程短、办事快、服务优、效率高、质量好"，切实为老百姓提供优质、高效、便捷的服务。

5. 监督决策

党建大数据决策监督平台主要用来实现在线上对党员和党组织工作进行监督和管控的功能。管理者可在此平台对党员考勤进行监督，对下级党组织活动场所及基层党组织会议进行跟踪管理。其中重要的是党建工作看板，它将党员和党组织相关工作或活动信息以图表的形式进行数据展现，对党员的相关信息进行数据整合、分析和展示，其优点是快速向用户传递信息，让用户一目了然。此外，该平台也可以实现会议决策的全过程运作和痕迹化管理，提供会议和议题台账以及多维度统计分析，防范重大事项的决策风险。

6. 组织管理

组织管理平台利用互联网、区块链技术，实现党建信息共享，减少各级组织人事部门信息的重复录入，有效推动干部管理工作的标准化、流程化、规范化，有效促进干部管理工作的整合、融合、协同，有效提升干部管理工作的决策能力、管理能力、服务能力，同时通过大量丰富的报表，实时、灵活、高效地对干部管理数据进行全方位分析，帮助组织部门快速决策，提高干部管理的信息化、科学化、规范化水平。

7. 党建数据共享

在党建数据共享中引入区块链技术可保证数据的安全性和可信性。该技术包含以下过程：

(1) 目录梳理和管控。引入区块链后，各党组部门依照职责，把需要共享的数据资源进行梳理和编目，并将各党组部门共享数据的信息资源目录记录到区块链的共享账本上。

(2) 目录与数据挂接。各部门作为数据的生产方，政府大数据平台管理方作为数据共享的监管方，生产方、监管方和联盟方都上链。信息资源目录的梳理和实际要共享的数据都由实际的数据生产方(基层党委/党支部)提供，目录和实际共享数据的一致性由数据提供方来保证，最终梳理好的信息资源目录上链。上链后，区块链的多方背书策略可以防止后续各业务部门随意变更已发布的信息资源目录，避免了大数据中心集中化归集各个部门数据所导致的集中化目录与各部门实际共享数据不一致的问题。利用区块链技术对各部门的共享信息资源目录进行改造，把政府内部基于区块链的可信数据共享网络构建起来，后续可基于该区块链可信数据共享网络，进一步把各业务部门实际要交换共享的数据利用区块链技术实现扁平化的共享交换。各部门的交换共享数据与信息资源目录形成两条关联的区块链联盟链，最终解决各部门间数据安全共享的需求。

(3) 链上数据共享。区块链的共享账本和多方背书的策略可避免数据提供方随意变更数据，同时所有记录到区块链节点上的数据都保存了信息资源目录发布和变更的历史全量记录，可根据时间戳来追溯历史记录。

(4) 公共数据对外共享开放。利用区块链，可营造安全可靠的数据开发利用环境，探索"数据可用不可见"等不同类型的交互模式，提高数据访问、流向控制、数据溯源、数据销毁等关键环节的技术管控能力，确保数据的利用来源可溯、去向可查、行为留痕、责任可追究。

8. 党建目录链

依托区块链+党建资源目录系统，可将不同的党组织、业务信息系统、数据资源安全高效地管控起来，形成各级党务部门从履职到党务信息资源的管控闭环。区块链党建目录链业务系统架构如图 4-2 所示。

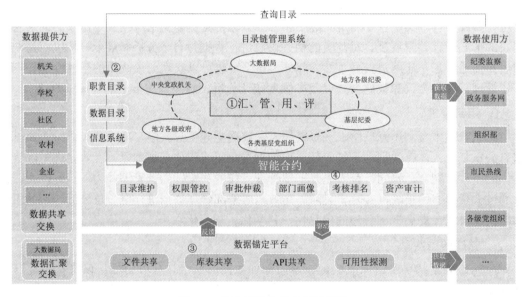

图 4-2　党建目录链业务系统架构

目录链业务流程具体如下：

(1) 党中央大数据平台管理方作为盟主发起创建目录链，各级党组织部门加入目录链，通过管理流程化，减少数据共享交换流程和人力投入，做到可见即可得。

(2) 各级党组织根据部门职责梳理各部门职责目录清单，依据职责目录梳理支撑履职运行的信息系统清单，再依据信息系统清单梳理信息系统运行，产生好的数据资源，在目录链上进行党务信息资源的编目(包括数据资源分类、资源名称、资源代码、资源提供方、共享属性、开放属性、更新周期等)，所有在目录链上的编目、发布、变更都记录在链上，目录、数据所有权和管理权合一，权责清晰，提高了数据的可用性、实时性。

(3) 通过数据锚定平台，不仅可以探测到各部门信息系统中信息资源元数据的变化，保证目录的及时更新，而且具有数据权限管控、数据追溯、数据沙箱等功能，提高了数据共享的安全性。

(4) 大数据平台管理方从管控党组织各部门数据共享的角度，提供跨部门共享的统计、部门画像，便于对党务部门数据共享效能进行考核，并提高管控能力。

4.3　乡村电子政务

4.3.1　乡村电子政务的概念及作用

1. 乡村电子政务的概念

电子政务是指国家机关在政务活动中全面应用现代信息技术，推动政务活动方式的变革，提高行政效率，发展民主决策进程，向社会提供优质、规范、透明的管理与公共服务的过程和结果。广义的电子政务应包括所有国家机构在内，而狭义的电子政务主要包括直接承担管理国家公共事务、社会事务的各级行政机关。

联合国经济社会理事会将电子政务定义为：电子政务是政府通过通信技术手段的密集性和战略性来组织公共管理的方式，旨在提高效率，增强政府的透明度，改善财政约束，改进公共政策的质量和决策的科学性，建立良好的政府之间、政府与社会、社区以及政府与公民之间的关系，提高公共服务的质量，赢得广泛的社会参与度。

乡村电子政务是指在农村的基层政府运用现代化信息技术处理日常办公、信息收集与发布、公共管理等各类公务，利用数字技术对农村社区进行行政管理，旨在提高政府的服务效率，为公众提供高效、公开、透明的服务，其目标是解决"三农"问题，推进社会主义新农村建设。乡村电子政务是实现农村现代化的重要途径，也是乡村数字治理的重要一环。

2. 乡村电子政务的作用

乡村电子政务的核心作用如下：

(1) 促进基层政府职能转变，提高行政效率。

乡村电子政务能够实现网上办公，有效提高政府办事效率，减少办事流程，降低行政成本，实现"一站式"办公，切实做到为民服务，也能提高政府在群众中的威信力和凝聚力，树立政府形象。

(2) 实施政务透明公开，增强农村自治民主。

乡村政务与省、市政务系统互动连通，可消除信息源与决策层之间的阻隔，确保政务公开信息真实、持久,增加政务的公开度和透明度,保障村民的知情权和参与权,提高村民参政议政的积极性,实现民主自治管理,提高乡村地区政府的执政能力和决策能力。

(3) 带动农村电商发展,丰富农村精神文化生活。

一方面,乡村电子政务能带动电子农务、电子商务发展,及时给予农户所需信息,指导农业生产,促进农产品销售,从根本上提高农民收入,为乡村振兴奠定物质基础;另一方面,农村开展的"多网合一"丰富了农民的精神文化生活,有助于解决"三农"问题,并且加快了新农村建设的步伐。

4.3.2　乡村电子政务的发展模式

我国区域经济发展不平衡,在农村实行统一的电子政务建设模式不可行。发展乡村电子政务必须因地制宜,针对农村具体环境,以农村具体需求为导向,制订不同的发展战略和发展模式。

1. 社会化模式

社会化模式指由政府主导,调动和利用社会多方力量,综合多方实力,共同推进和完成电子政务建设的协同建设。多方实力引入,协同建设,有利于加快农村信息化基础设施建设,为村级电子政务建设奠定基础。

2. "先商后政"模式

"先商后政"模式是将政务信息平台和农业交易平台相结合,优先发展地方特色经济,以经济带动产业发展,逐步实现农业农村信息化。通过该模式,不仅解决了电子政务所需的资金问题,也能够使农民及时、准确地获得市场信息,享受村级电子政务带来的实惠。当村民熟悉电子政务后,可逐步实施商政分离,实现农业农村信息化。

3. 公私合作模式

公私合作模式也称 PPP(Public-Private Partnership)模式,指在公共服务领域,政府采取竞争性方式选择具有投资、运营管理能力的社会资本,双方按照平等协商原则订立合同,由社会资本提供公共服务,政府依据公共服务绩效评价结果向社会资本支付对价。它是政府与营利性企业或非营利性企业基于项目而形成的一种合作形式。PPP 模式下,市场化运作融资,投资主体多元化,不仅缓解了村级电子政务建设的资金压力,转移了政府风险,而且政企合作优势互补,充分利用企业技术和人才优势,弥补了农村地区电子政务建设缺乏人才、技术等劣势,保证了电子政务建设的质量和效率。

4. 云计算模式

云计算模式是指以集中部署为基础,把计算资源集中起来,对平台的功能共性进行归纳和提炼,统一搭建可扩展、可定义、可持续服务的各类平台,进而提供共享服务。云计算发展为村级电子政务建设解决了资金、技术等问题,避免了各部门重复建设。例如,电子政务云是依托政务专网,为政府各部门搭建的一个底层基础架构平台,它把现有的政务应用迁移到平台上或者在统一基础设施上开发定制新应用平台和系统,共享给政府各部门,提高了服务效率和能力。

4.3.3　数字技术在乡村电子政务中的具体应用

在"数字中国"与"数字乡村"建设的推动下，农村地区的数字化基础条件不断完善，"互联网＋社区""互联网＋政务服务"不断向农村地区延伸覆盖，提升了政府部门公共服务的效率，节约了农村居民的办事成本。例如，贵州省网上办事大厅覆盖省、市、县、乡、村五级，基本实现了全省政务、事务、商务服务"进一张网，办全省事"，实现了跨部门、跨地区、跨层级的数据共享交换、联动审批和全程追溯。中国移动"互联网＋村务"信息化服务平台——"村务通"，可以实现政府与农村居民互动化的信息传递，便于农村居民之间沟通了解，实现农村电子办公无纸化，加强党员之间的沟通与互动等。

1. 电子政务云平台

基于云计算理念的电子政务系统在分布式云平台上工作，采用 B/S 架构设计系统的逻辑框架。按照系统的设计需要，电子政务云平台分为三层框架结构，分别是应用层、服务层、基础设施层。首先，应用层为使用者提供了人机交互接口和操作界面，用户能够通过应用界面在平台和终端上进行具体的电子政务管理操作，如登录操作、注册操作、公文管理操作、政策和公告发布操作等；其次，服务层负责整合电子政务平台上的各类应用信息，包括管理请求信息、政务服务发布信息、政务数据反馈评价信息等，在对这些信息进行归类后，利用云平台上的分布式大数据计算功能进行运算，确保对口信息能够得到精准化的处理；最后，基础设施层云平台提供各类分布式的软硬件资源，如云计算服务器集群、数据库、通信技术等。

如图 4-3 所示，应用层、服务层和基础设施层构成了乡村电子政务云平台的整体架构体系，在具体的软件和硬件系统搭建中，可根据地方政府电子政务处理业务的差异化需求，继续增添其他逻辑业务。例如，在应用层可增加农业政策、党建管理、农业资源环境、村务管理、农业技术及市场供需等逻辑业务，并相应地增添对应的云计算逻辑框架。

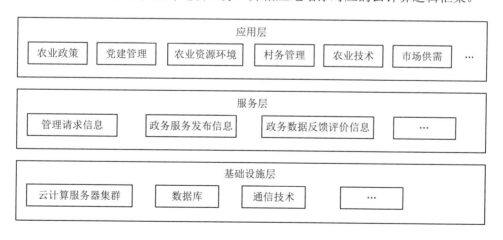

图 4-3　乡村电子政务云平台整体架构

例如，武汉乡聚信息产业有限公司结合湖北省的实际情况，按照县(市、区)统一规划，采用"镇为中心、以镇带村、村镇融合、城乡互动"的总体思路，搭建湖北信息进村入户综合服务平台(见图4-4)，构建电话、网站、App、微信、微博"五位一体"的平台支撑体系和省-市-县-乡-村"五级联动"的信息服务体系；分类推进县(市、区)级运营中心、益农信息社乡镇站(标准站)和村级站(专业站和简易站)的建设；以镇为中心，通过移动互联网、大数据技术和农业专家及信息员，将信息化服务延伸到村，拓展到户，为农户和新型农业经营主体提供公益、便民、乡村旅游、电商、培训体验等各类服务，构建"需求导向、政府扶持、市场运作"的可持续发展机制。

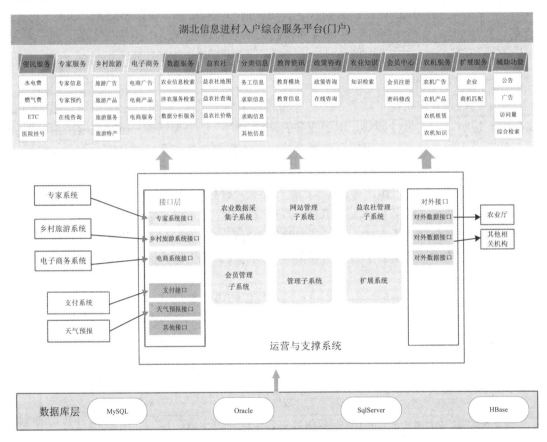

图 4-4　湖北信息进村入户综合服务平台

(1) 统一标准，分类推进益农信息社站点建设。益农信息社作为信息进村入户的核心，重点实现公益、便民、培训体验、乡村旅游、电商和农业信息化应用等服务功能。根据功能定位不同，在试点地区分别建设县级运营中心和镇级(标准型)、村级(专业型和简易型)益农信息社，并根据实际需求，对每一类益农社的服务功能、软硬件配置、外部装修、人员配置等进行详细规定，制定建设标准。

(2) 完善制度，规范信息进村入户的运营管理。按照农业部试点工作要求，结合湖北省实际情况，先后制定完善了湖北益农社选点、加盟、信息员申报等制度及流程；建立了益农社服务职能、信息员工作职责、信息站服务公约、服务流程、监督考核等制度；建立了信息员、专家考核管理标准等一系列管理制度，规范了信息进村入户的服务和运营。

(3) 强化培训，提升信息员服务能力。通过定期举办信息员培训班、远程视频培训等多种形式，提升信息员的服务能力，重点培训其利用各类平台和终端开展信息采集、处理和信息服务咨询等。

(4) 整合资源，推动信息进村入户可持续发展。积极争取省农业厅及各级农业主管部门重视，推动财政资金对信息进村入户公益性服务的投入，在此基础上，联合各类市场主体参与信息进村入户工作，充分利用各类信息平台和益农社站点开展多种经营性服务，探索打造信息进村入户可持续发展的商业模式，充分发挥平台和站点自身的造血功能，建立湖北省农业信息化长效机制。

(5) 创新思路，探索信息进村入户服务新模式。积极探索以湖北 12316 公益性服务为依托，以乡镇益农社为抓手，以村级益农社为触角，以信息员为核心的支撑服务体系，将信息化贯穿于农业生产、经营、管理、服务全过程。通过接入电信运营商、综合服务商、金融服务商等服务商家，为农户和新型农业经营主体提供多元化的信息服务，打造"1 + 2 + N"路服务模式，即一个综合服务平台，运营管控和数据处理两个中心，企业、组织和农民等 N 个应用单元，推动信息化服务在基层的全面落地。

(6) 创新商业模式，促进乡游与电商服务的融合与发展。立足试点地区的益农信息社和当地乡村旅游资源，加快互联网与乡村旅游、农业产业、农特产品电商等领域的融合发展，重点打造一批互联网乡游小镇，形成集"信息服务、旅游服务、农业电商、生活服务"为一体的乡村"互联网＋"生态环境，以益农信息社为服务依托，通过乡村旅游带动本地农特产品销售和农业产业发展。

2. 电子身份管理

我国电子政务身份管理已普遍存在于公民的日常生活中，如户籍、护照、医疗、招聘等。各类政府机构推进网上服务，逐步实现"一网通办""不见面审批"等服务模式。2022 年 2 月，国务院办公厅印发《关于加快推进电子证照扩大应用领域和全国互通互认的意见》，提出在 2022 年底前要基本建立全国一体化政务服务平台电子证照共享服务体系，推动电子证照全国互通互认，以及进一步强化电子证照应用平台支撑。

然而，传统电子政务身份管理中还存在以下问题：

(1) 单点故障处理与恢复：传统的身份认证系统所有应用依赖强中心化的单点登录系统，单点登录系统成为整个系统中常见的单点故障易发节点。

(2) 安全完全依赖统一认证服务：通常的应用系统中，统一认证服务是应用系统的入口，只需攻破统一认证服务就可以攻破所有应用系统，统一认证服务对于应用系统的安全至关重要。

(3) 可信运维审计或司法鉴定难：若日志仅保存在统一认证服务的数据库，则容易被非法篡改或删除，造成运维事故且不能被有效溯源记录，同时也很难形成司法鉴定依据。

针对上述问题，建设基于区块链的单点登录电子政务身份管理系统的目的就是解决"互联网＋政务服务"体系建设中跨域信息共享和业务协同的问题，形成中心化管理和去中心化服务相结合的数字身份技术系统，可有效提高政府、社会、企业、个人等层面的隐私安全，确保信息安全，避免单点故障，同时满足大规模用户的轻量化管理，有效降低政府管理成本。图 4-5 所示为区块链电子政务身份管理系统的业务架构。

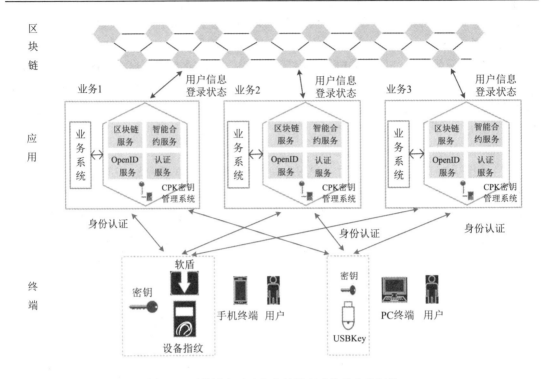

图 4-5　区块链电子政务身份管理系统的业务架构

电子政务身份管理系统框架包括用户层、展现层、接口层、服务层和数据层，如图 4-6 所示，具体功能如下：

1) 用户层

用户层是对外服务的窗口，电子政务身份管理系统面向政务工作人员、社会公众提供可信身份认证服务，并且向管理者提供分级管理和授权服务。不同角色的用户均可以通过 PC 端或移动终端访问政务服务平台的应用。

2) 展现层

展现层主要包含区块链浏览器、管理后台及身份管理系统认证门户。认证门户是公众进入平台的统一入口，可通过用户名、密码和数字证书的方式登录；系统可以通过管理后台设置相关信息，确认用户可以获取哪些信息。

3) 接口层

接口层包含内部接口及外部接口，用来对接平台上的各个服务模块。外部接口主要是给需要和本系统对接的第三方提供的接口，包含注册接口、认证接口、证书接口、登录接口、合作接口和验证接口；内部接口是系统内部服务调用的接口，包括 Web 接口、移动接口、服务接口、应用接口和鉴权接口。将外部和内部接口进行封装，以便用户或服务模块调用所需接口。

4) 服务层

服务层将各种应用与底层服务通过微服务设计进行统一管理。微服务内的各个功能模块互相独立，与其他模块的交互少，每个模块单独运行。微服务架构在设计上能够实现去中心化,将区块链、管理系统、转发系统进化为更小、更容易改变的服务模式,服务之间使用轻量级的通信模式进行通信协商。

5) 数据层

数据层是最底层,可以访问分布式存储数据库、关系型数据库、键值数据库、文件系统、二级缓存等进行数据操作,主要是对数据进行封装、存储和传输。

| 用户层 | PC端 | 手机端 | | | |

图 4-6 电子政务身份管理系统框架

4.4 乡村智慧应急管理

《数字乡村发展战略纲要》明确提出构建乡村数字治理新体系,并以此作为提升乡村治理体系和治理能力现代化水平的重要手段。农村应急管理是乡村治理的重要内容,农村应急管理数字化应成为乡村数字治理新体系的有机组成部分。

4.4.1 智慧应急管理的概念

应急管理指为了预防与应对自然灾害、事故灾难、公共卫生事件和社会安全事件,将政府、企业和第三部门的力量有效组合起来而进行的减缓、准备、响应与恢复活动。应急管理包括四个阶段,即减缓(Mitigation)、准备(Preparedness)、响应(Response)、恢复

(Recovery)，分别代表应急管理中的四种活动。

乡村智慧应急管理指通过物联网、云计算、大数据和人工智能等新一代信息技术，对突发事件的事前预防、事发应对、事中处置和善后恢复进行管理和处置，实现灾情有效预防、应急事件迅速解决、应急资源高效利用，最大程度保证乡村居民人身和财产安全。乡村智慧应急管理主要包括乡村自然灾害应急管理和乡村公共卫生安全防控等内容。

1. 乡村自然灾害应急管理

乡村自然灾害应急管理利用智慧应急广播、移动指挥车、电视机顶盒、专用预警终端以及手机 App、短信等发布灾害预警，让群众做好相应的应急防范，形成具备"天-空-地-地下"立体化监测、综合数据智能运算分析、全渠道及时传输预报或预警信息能力的多灾种预警系统，对地质灾害、洪涝灾害、林区森林火灾或草原草场火灾等灾害进行有效、稳定、可靠的预报或预警；利用应急管理平台实时了解自然灾害发生范围内的防灾资源信息，根据防灾资源做好资源调配，实时了解各安置点、街道、乡村、社区的人员疏散情况，开展针对性指挥调度，维护人民生命财产安全。

2. 乡村公共卫生安全防控

乡村公共卫生安全防控通过建立覆盖全面、实时监测、全局掌控的乡村数字化公共卫生安全防控体系，解决乡村地域广阔带来的人员管理不便、公共卫生事件发现滞后等问题，引导村民开展自我卫生管理和卫生安全防控，构筑乡村公共卫生安全数字化防御屏障；建立统一的突发事件风险监测与预警信息共享平台，及时向群众传达最新的公共卫生政策和突发公共卫生事件进展等信息。

4.4.2　数字技术在乡村智慧应急管理中的典型应用

1. 大数据追踪疫情传播路径

由于我国移动通信用户普遍采取实名制注册，通过基站定位、服务定位来判断移动设备持有人位置信息，在新冠疫情防控中对获取人员行踪信息起到了关键性作用。一方面，通过基站定位对判断可疑人员的位置信息具有实时性特征，手机在使用的过程中需要连续接收基站发出的测量信号，而移动通信蜂窝网络的半径较小，更新速度在秒级，具有强大的实时优势；另外，全球卫星导航和数字化地图在手机中的普遍使用，可以提供更为精准的定位信息。这对梳理新冠感染确诊人群的生活轨迹、锁定潜在感染人群提供了重要的信息来源。健康码的应用就是基于这种方式。

除了移动运营商外，许多大型互联网企业开发的应用软件，如打车软件、社交平台、电商平台、外卖平台等，也可以通过手机软件授权调用用户的出行记录、住址数据、移动支付信息等，并作为定位信息的有效补充。通过大数据技术追踪位置变化轨迹，可以在突发公共事件的应急响应中建立有效的个体关系图谱，从而精准掌握疫情传播途径，避免疫情向更大范围扩散。将不同时间段的个体授权位置数据进行纵向串联和整合，还能够清晰地显示群体流动的特征，标志出人员从疫情高发区流入和流出的信息、动态变化和规模，比如基于授权数据，百度和腾讯等互联网公司制作了春运期间的国内人口迁徙地图。人员迁徙数据有利于定位新冠疫情输出的主要区域、人群密度，并预测相关地区的疫情发展态势、潜在染病人群，为疫情防控部门及地方政府分类制定相关人员返程规划、出台交通管制措施等提供决策依据。

2. 电子化健康评估系统——疫情防控健康码

自新冠疫情暴发以来，我国相关管理部门针对人民群众出行安全，推出了疫情防控健康码。以实际数据为基础，由市民或者返工返岗人员通过自行网上申报，经后台审核后，即可生成属于个人的健康码。该二维码作为个人在当地出入通行的一个电子凭证，实现一次申报，全市通用。

健康码最主要的是基于手机号码的手机定位，基于身份证号码下的消费记录、乘车及飞行记录，以及填报行程信息或者扫描场景位置登记等，结合疫情进行大数据分析后的结果展示。各种健康码基本都是对接的"通信大数据行程卡"，不受地域限制，只要输入手机号码，就能基于通信网络数据获取过往 14 天内的出行信息。

为保障健康码产品的正常运行和服务的常态化，需建立配套的一体化平台，也就是防疫健康信息服务平台，该平台的大致框架如图 4-7 所示。

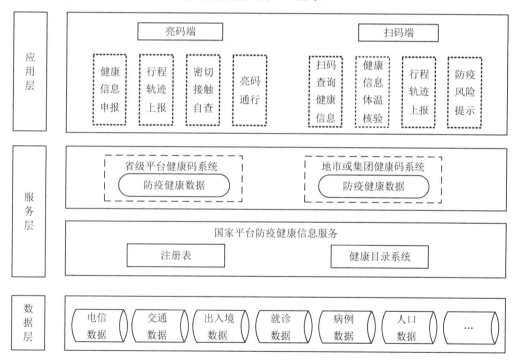

图 4-7　防疫健康信息服务平台

防疫健康信息服务平台自底向上分别是数据层、服务层和应用层。数据层主要包括电信数据、交通数据、出入境数据、就诊数据、病例数据、人口数据等与防疫相关的数据信息。这些数据信息通过互联网相互关联起来，由服务层中的防疫健康平台调用，并提供相应的健康数据。应用层中，用户可使用"健康码"小程序打开自己的健康码进出各类场所，扫码端可扫码查看他人的健康码信息。其中，健康码产生示意图如图 4-8 所示。

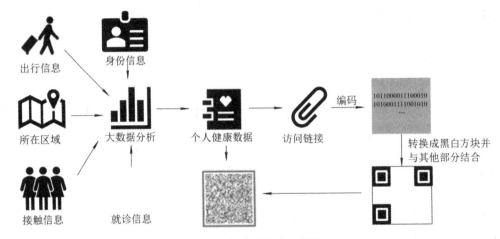

图 4-8　健康码产生示意图

以支付宝 App 中国家平台下的防疫健康信息码为例,当用户使用健康码时,用户手机上的支付宝则成为亮码端,同时向身份认证平台认证用户的身份、向健康码服务系统发送制码请求以及向健康信息服务系统查询用户的健康信息。健康码服务系统中的健康码引擎会将用户的个人身份信息通过公安数据库转化成系统中储存的唯一代码,即临时网证。健康码系统向手机返回这段代码的同时生成了用户的制码记录。图 4-9 所示为健康码使用流程示意图。

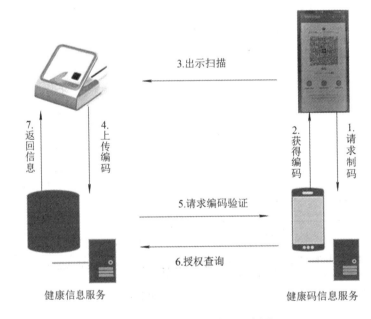

图 4-9　健康码使用流程示意图

3. 灾情防范应急响应系统

数字技术赋能灾情防范应急,根据乡村地区自然灾害抢险救灾业务需求,综合应用互联网、卫星通信、GIS 等多种技术,进行遥感、导航数据的互通、分析和挖掘,调动多个部门资源,实现对应急灾害的跟踪、处置,形成完整的决策分析、命令部署、联动指挥管理体系，实现应急事件管理工作的规范化、科学化、信息化。

图 4-10 所示为灾情防范应急管理系统框架。经过遥感影像数据处理、交通数据分析、多源数据融合，并对多类型数据进行处理运算和分析后，专题分析的结果可分类存储到多个数据库中，包括基础地理信息数据库、遥感影像数据库、分析结果数据库、监控信息数据库等，为应用系统提供地图服务和数据调用，让来自业务部门的数据服务于业务部门。

图 4-10　灾情防范应急管理系统框架

本 章 小 结

乡村治理能力现代化是促进乡村全面振兴的重要抓手，数字化时代的到来，为乡村治理能力现代化向纵深发展提供了保障。本章从数字治理的概念入手，首先介绍了乡村数字治理的特点、优势和重点；其次介绍了乡村智慧党建中的数字技术及其主要应用案例，介绍了乡村电子政务；最后通过具体应用介绍了乡村智慧应急管理。

思考与练习题

1. 简述数字治理的概念及优势。
2. 简述智慧党建的概念。乡村智慧党建的典型应用有哪些？
3. 简述电子政务的概念，我国电子政务应用的特点及优势。
4. 简述智慧应急管理的四个阶段。
5. 我国乡村数字治理的发展趋势是什么？面临的挑战是什么？

扩展阅读　西安为农业注入科技力量——数字政府 2.0

　　智能农业平台为传统产业注入科技力量。整合阿里旗下的信用贷款、电商平台、旅游度假等资源，与政府合作开展产业扶贫。政府提供组织协调、产业引导、贷款贴息等政策支持，并整合扶贫公益等相关资源。西安市结社成片开创农业扶贫产业园，建设"奔小康基地"，打造科技产业扶贫的西安模式。在西安市全市范围内，以周至、蓝田等贫困、涉贫县为重点，以村为单位，将贫困地区的农民变成创业农民、产业农民。

　　依托大数据支撑，促进精准农业发展：基于阿里巴巴对消费者购买习惯、消费偏好的深入理解，依托数据智能与精准农事相结合，帮助企业在生产过程中全面分析和监测作物生长趋势，精细化种植，有效识别和防治病虫害，最终实现高产高质。

　　依托农产品销售渠道，助力政府精准扶贫：构架区域特色农产品销售通道，依托阿里智能技术及现代供应链等培育新增长点、形成新动能，促进"一县一品"产业提档，实现精准帮扶、精准脱贫。

　　依托互联网体系，推动农民创业致富：通过科技手段，优化种植环节，并建立一整套种植知识库，指导果农播种、施肥和耕作，提供最优决策，帮助农民实现精细化种植；依托阿里体系提供的金融、营销、物流服务，助推农民群众勤劳务农、科学致富。

　　依托区块链技术，保障百姓食品安全：通过精细化种植管理，保障施肥、打药、灌溉不过量，减少对自然环境的污染，保障食品安全；基于区块链等先进技术实现农产品的全链路溯源，让消费者买得放心、吃得安心。

第5章　智慧绿色乡村建设

 【学习目标】

◇ 掌握绿色乡村、智慧绿色乡村的概念和特征；
◇ 熟悉智慧绿色乡村建设的主要内容；
◇ 了解智慧绿色乡村建设的典型案例。

 【思政目标】

◇ 弘扬智慧绿色乡村建设对国家乡村振兴战略的重要意义；
◇ 培养智慧绿色乡村建设中的社会责任与家国情怀；
◇ 增强科技自信与民族自信。

案例引入

紫石社区：数字技术赋能农村生活垃圾分类智能化

在柴桥街道前郑村，家家户户门口放着一组垃圾桶，绿色放置厨余垃圾，灰色放置其他垃圾，如图 5-1 所示。每个垃圾桶上贴着一张采集芯片，内置姓名、地址和采集二维码，只要将垃圾桶放置到 AI 智能识别电子秤上，拍照、称重后分类数据自动后台录入，村民垃圾分类情况有迹可循。智能电子秤可以通过拍照在后台对垃圾分类进行评价打分，并且工作人员可以登录生活垃圾大数据平台查看本村垃圾收集情况，如清运了多少垃圾，分类情况如何，有哪几户村民需要重点关注引导等后台数据一目了然，实现了农村生活垃圾从"自治"走向"智治"，提升了农村生活垃圾分类精准化、精细化和长效化管理水平。

图 5-1　紫石社区农村生活垃圾分类智能化

智慧绿色乡村建设是乡村振兴战略中生态振兴的主要途径，是乡村振兴战略可持续发展的重要保障。

本章首先阐述绿色乡村和智慧绿色乡村的概念，然后介绍智慧绿色乡村的主要特征，最后从智慧绿色农业生产、智慧绿色农村生活和乡村生态保护数字化三个方面详细说明智慧绿色乡村建设的主要内容。

5.1　智慧绿色乡村的概念及特征

5.1.1　智慧绿色乡村的基本概念

绿色乡村是指具备了一定的符合生态、环保要求的硬件设施，建立了较完善的环境管理体系和公众参与机制的乡村。绿色乡村的建设应以绿色发展引领生态振兴，统筹山水林田湖草系统治理，加强农村突出环境问题综合治理，建立市场化多元化生态补偿机制，增加农业生态产品和服务供给，实现百姓富、生态美的统一。

智慧绿色乡村是指通过遥感、大数据、云计算、物联网、人工智能等数字技术，实现低碳环保的农业生产和农村生活，以及乡村生态保护。

5.1.2　智慧绿色乡村的主要特征

1. 网络全面覆盖

网络的全面覆盖是实现智慧绿色乡村的前提和基础，通过网络可以将不同数字技术与绿色农业生产、绿色农村生活、乡村生态保护有机结合，有效地传输智慧绿色乡村建设相关数据信息。

2. 数字技术深度融合

数字技术渗透于智慧绿色乡村建设各项内容，深度融合绿色农业生产、绿色农村生活、乡村生态保护的各个环节，发展农业面源污染监测、饮用水水源水质监测、农村生态系统监测等新的农业生产、农村生活和乡村生态保护技术手段。

3. 绿色生态可持续

在农业物联网的应用以及现代农业设施的发展下，农业实现绿色规模化发展，对农业投入品实施信息化监管，化肥、农药减量应用得到普及；信息技术和传感设备广泛应用于农村饮用水水源水质监测保护，农村污染物、污染源全时全程处于被监测状态。

5.2　智慧绿色农业生产

智慧绿色农业生产是指利用遥感、大数据、云计算、物联网、人工智能等数字技术，在不影响农业生产的前提下，对农业生产过程中水、农药、化肥等生产要素进行监测、调控和管理,从而实现节约资源和减少污染的目的。

5.2.1 绿色农业生产平台建设

我国农村环境形势不容乐观,农业生产过程中的秸秆焚烧,化肥农药使用超标,畜禽粪便,农村生活垃圾、污水处理不达标等问题对农村环境产生了较大的负面影响。为此,实现农村现代化就要统筹山水林田湖草系统综合治理、保护和修复乡村生态,建设生态宜居的美丽乡村;大力发展绿色形态的新产业、新业态,全面推广绿色导向的集成技术和发展模式,不断完善绿色发展的制度体系和长效机制。农业绿色发展要成为乡村振兴的内在要求,通过农业绿色发展来加快实现农业农村现代化。图 5-2 所示为农村绿色生产平台的建设内容。

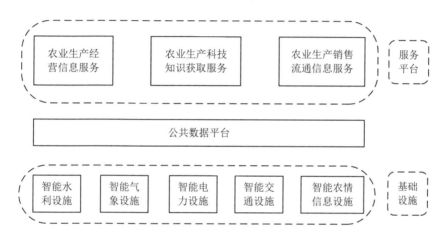

图 5-2 农村绿色生产平台的建设内容

如图 5-2 所示,农村绿色生产平台建设主要分为服务平台、公共数据平台和基础设施三部分,其中服务平台是指基于不同服务内容,按需利用公共数据平台存储和管理的数据进行相关数据的统计、趋势预测及信息提取,实现农业生产经营信息、科技知识获取和销售流通信息的服务;公共数据平台是指利用大数据、云计算等数字技术对基础设施所采集的数据进行预处理、存储和管理;基础设施是指通过人工智能、物联网等数字技术建设的水利、气象、电力、交通和农情信息采集监控系统。

1. 服务平台建设

服务平台建设的主要内容包括:农情咨询、农具及农资网上采购、农机作业服务网上预约等农业生产经营信息服务,农业生产技术培训、信息技术使用技能培训、农业科技信息推送等科技知识获取服务,网上代购代卖、农产品供销信息对接、农产品及特色资源网络营销推广、网店开办辅导等销售流通信息服务。

1) 农业生产经营信息服务平台

农业生产经营信息服务平台由主控程序、农业生产经营信息数据库、农业生产经营信息服务知识库三部分组成。平台系统架构如图 5-3 所示。

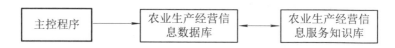

图 5-3　农业生产经营信息服务平台系统架构

在图 5-3 中，主控程序主要利用 PB 工具开发，通过系统分析、采用模块化开发出各模块功能，再将各功能组合成为一个完整的系统；作为系统的核心，主控程序实现了业务流程对数据库中信息检索、添加、删除、更新及系统授权和数据备份与恢复，以及为用户提供相应的帮助信息。农业生产经营信息数据库主要应用数据库原理，从减少数据冗余和提高数据操作速度两方面考虑开发，使数据库结构清晰；其主要包含从外界采集的信息，经过相应的处理，把这些信息存储到相应的信息数据库中。农业生产经营信息服务知识库主要包含业务流程所需专业知识和财务知识；系统知识有些固化在开发软件中，有些以类别信息方式存储于数据库中，增强了系统的适用范围。

2) 农业生产科技知识获取平台

农业生产科技知识获取平台，即知识管理系统在农业生产中的应用。其中较为典型的代表为互动式农业生产知识管理系统，其在提高农业知识的科学化、标准化和利用效率等方面具有重要的意义。图 5-4 所示为互动式农业生产知识管理系统流程。

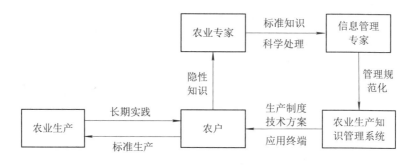

图 5-4　互动式农业生产知识管理系统流程

在图 5-4 中，农户包括农技人员、种养大户、普通农户等，他们在长期的农业生产实践中积累了丰富的经验、诀窍和农谚等隐性知识，农业专家深入农业生产产区，将这些隐性知识通过采集、判断、整理和重新组织、提炼等方式转化为农业科学知识即显性知识，并在转化过程中注意剔除错误知识、纠正知识，然后通过计算机将所掌握的农业科学知识反馈给信息管理专家，由信息管理专家经过科学解释、标准编码和合理分类等信息化技术，将知识处理操作转化为可管理的农业科学知识，存储到知识管理系统中。农技人员、种养大户、普通农户等可通过计算机、信息机、触摸屏等终端浏览、查询知识管理系统，或通过报刊、墙报等得到生产决策和技术方案，指导农户进行更为高效、科学的农事活动，实现农业标准化生产。

3) 农业生产销售流通信息服务平台

通过农业生产销售流通信息服务平台，农产品从生产完成到批发商到零售商再到最终消费者，整个流通链上的流通轨迹以及实时分布情况的信息可以准确、实时地展现出来，提高了农产品流通对市场供需变化的快速反应能力，实现了农产品销售流通过程的全程可视性。图 5-5 所示为农业生产销售流通信息服务平台架构。

图 5-5　农业生产销售流通信息服务平台架构

　　平台采用数据中心、服务端、客户端(包括生产商、销售商和大众消费者)三方联网结构，能够以 Web Service 的应用软件开发模型为基础，基于 Windows 2003 Server、SQL Server 2008、Microsoft .NET4.0 等平台开发，采用 B/S 加 C/S、MSMQ 等软件开发技术及分布式架构设计，开发组件化二次开发软件平台，实现业务功能与数据操作安全隔离，极大地提高了系统的可扩展性及安全性。

2. 基础设施数字化升级

　　基础设施主要包括水利、气象、电力、交通、农情设施等基础设施，通过引入物联网、大数据、人工智能等新一代数字技术，实现数字化、智能化改造升级，为农业生产经营提供更为便利的条件。

　　1) 农村地区智能水利设施建设

　　农村地区智能水利设施建设是指通过建设全要素动态感知的水利监测体系，实现涉水信息动态监测和自主感知，提高水利设施的管理效率。图 5-6 所示为农业用水监测系统拓扑结构。

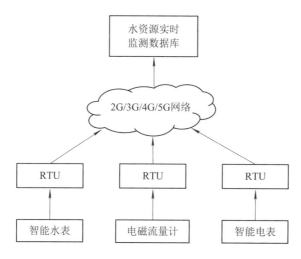

图 5-6　农业用水监测系统拓扑结构

　　由图 5-6 可知，农业用水监测系统主要由监测仪表、数据采集传输终端(RTU)和服务器三部分组成。监测仪表是指各灌区的智能水表、电磁流量计和智能电表，且均带有 RS 485 通信接口，可与采集端相连接，实现数据的实时传输。采用喷微灌溉的灌区，智能水表安装位置前直管段长度大于管径的 10 倍，仪器安装位置后直管段长度大于管径的 5 倍。采用低压管道灌溉的灌区，电磁流量计前直管段长度大于管径的 5 倍，仪器后直管段长度大于管径的 3 倍。对于不适宜安装智能水表和电磁流量计的灌区，可安装智能电表，并观测同期的耗电量，进而确定耗电量与取水量之间的关系，并通过智能电表获取每日取水所用电量，最终换算出每日取水量。

2) 农村地区智能气象设施建设

农村地区智能气象设施建设是指应用新一代数字技术，打造具备自我感知、判断、分析、选择、行动、创新和自适应能力的智能气象系统，服务于农业生产。图 5-7 所示为智能气象为农服务业务系统数据信息流。

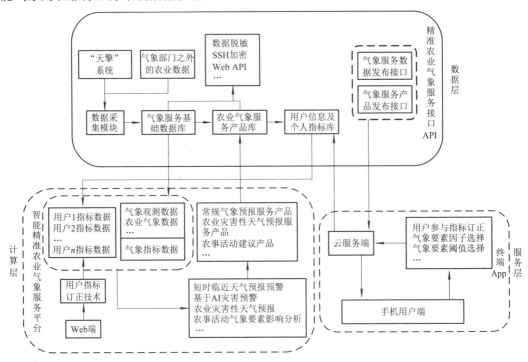

图 5-7　智能气象为农服务业务系统数据信息流

智能气象为农服务业务系统采用数据层、计算层和服务层三层逻辑构架，实现数据存储、数据计算分析、服务产品加工制作和终端用户服务。数据层以基础数据标准化整合为目的，建立集中统一的农业气象服务后端基础数据环境，开发标准化的精准农业气象服务接口，为中间计算层和前端服务层提供可靠的集约化数据环境支撑。计算层依托数据层，针对气象实况和预报产品，通过精准感知获取用户需求信息，引进机器深度学习、数理算法等，开发智慧精准农业气象服务平台，进行农业气象服务产品的加工制作，形成精细服务产品，为省市县三级气象部门提供业务服务支撑。服务层面向用户端的交互应用，开发App 智慧为农服务客户端，实现面向用户的便捷精细服务。

3) 农村地区智能电力设施建设

农村地区智能电力设施建设是指通过加大农村电网建设力度，推进多种可再生能源上网，利用数字化技术对电网进行监测、保护、控制和计量，实施用电量预警，实现电力灵活调配，保障农业生产、农产品加工的用电需求。

农村电力监测系统可以连接多个基站监测计算机，使多个不同远近的村庄用电信息传输到一个管理中心监测管理。图 5-8 所示为农村电力监测系统架构，其包括信号采集层(村庄电力监测终端)、监控层(基站监测计算机)、管理层(远程管理中心)、传输层(GPRS通信和RS 485通信)四部分。系统首先将村庄电力监测终端采集到的电力参数通过RS 485通道传输至基站监测计算机，然后利用GPRS通信技术实现远程管理中心和基站监测计算机的信息交互，最后通过GPRS通道实现客户手机和远程管理中心的数据交互，达成利用手机终端对农村电力情况的监测。此系统将GPRS数据传输技术引入农村电力网监测系统中，克服了村落距离疏远、管理系统烦琐等弊端，实现了实时、可靠的电力参数监测与状态控制。

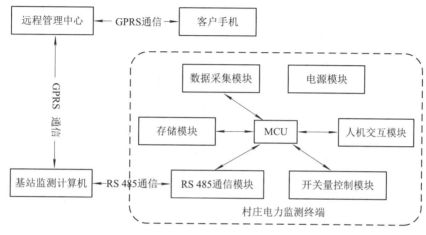

图 5-8　农村电力监测系统架构

4) 农村地区智能交通设施建设

农村地区智能交通设施建设是指统筹建设面向农村居民的公共出行服务平台，构建农村公路管理系统，将农村道路(含村内道路)建设管理养护纳入省市一体化路网管理体系。图 5-9 所示为基于 WebGIS 的农村公路基础数据管理系统架构。

图 5-9　基于 WebGIS 的农村公路基础数据管理系统架构

系统采用 B/S 架构模式，包括应用层、服务层与数据层三个部分。其中，应用层是系统的功能实现层，为系统用户提供操作界面，用户通过相应的操作，发送请求，并将请求结果在 Web 界面中展示；服务层也被称为应用组件层，起到连接数据层与应用层的作用，提供系统功能用到的服务，为应用层提供服务支撑；数据层对整个系统起到支撑的作用，利用云计算、物联网、人工智能和大数据等数字技术对数据进行采集、管理与存储，该层由空间数据库与属性数据库两部分组成，为系统提供数据支撑。

5) 农村地区智能农情设施数字化升级

农村地区智能农情设施数字化升级是指通过建设农业物联网平台，在农业生产场景中布设传感器，形成农业监控网络，并通过对各类信息的采集，实现农业生产在线监测和生产过程精准管理。图 5-10 所示为智慧农业监测系统框架。

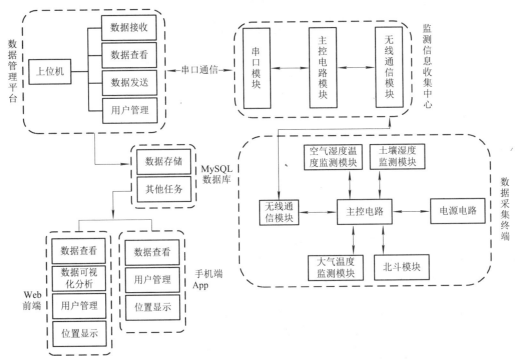

图 5-10　智慧农业监测系统框架

图 5-10 所示的智慧农业监测系统首先通过不同传感器监测模块进行大气温度、空气湿度、土壤情况、位置信息等相关的数据采集；然后通过无线通信技术发送给用户，以便用户实时了解情况；最后用户针对不同的情况采取不同的解决方案，以提高农业生产管理效率。系统主要分为五个部分：数据采集终端进行数据采集并通过无线通信模块发送至总下位机，其中包括大气温度、空气湿度、土壤湿度、地理位置等数据；监测信息收集中心用于通过无线通信模块接收数据采集终端发送过来的数据，最后通过串口模块将数据发送到数据管理平台(PC 端)；数据管理平台可以使用串口通信接收总下位机发送的数据，查看数据，将数据打包发送至指定的邮箱或者发送短信；MySQL 数据库用来存储数据，方便后续对数据的开发；Web 前端站和手机端 App 可实现人机交互。

3. 公共数据平台建设

构建服务"三农"的公共数据平台，融合结构化和非结构化数据，着重解决数字乡村生产相关数据的汇聚、管理和应用问题。图 5-11 所示为农业大数据管理服务综合平台的技术架构。

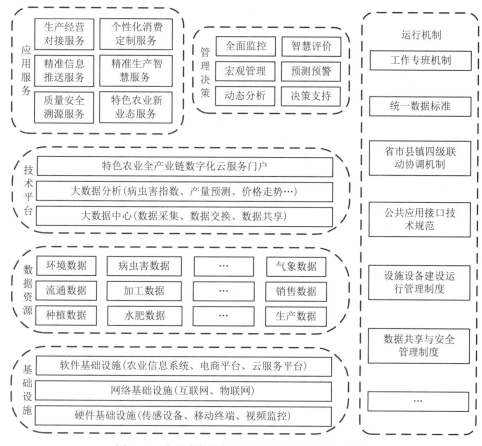

图 5-11　农业大数据管理服务综合平台的技术架构

由于农业全产业链数据分散在不同区域、不同部门、不同业务系统、不同智慧终端，因此，农业大数据管理服务综合平台采用分布式架构设计的云服务模式，如图 5-11 所示。综合平台提供对海量农业大数据全生命周期的管理和支持，包括基础设施、数据资源、技术平台、应用服务、管理决策和运行机制六大功能模块。

针对不同来源的数据类型，公共数据平台采取不同形式的数据采集存储方式。对各类智慧农业应用系统，由于大多数属于结构化数据，因此可通过数据接口协议进行实时或离线读取，并利用数据库存储。对农业遥感影像数据、视频数据、物联网传感器设备数据等非结构化数据则采用外部表接口来批量加载和卸载数据，并使用分布式系统进行数据存储。对传感器、遥感影像数据等海量并发数据，可采用实时内存数据库进行实时数据采集和交换，同时通过消息队列进行连接并对数据进行集成和调度。对采集到的源数据可进行整理、汇总、分析、计算，最终生成基础资源库、农业主题资源库和共享资源库。

结合农业智慧应用需求，公共数据平台充分运用数字化建模技术以及数据挖掘、深度学习、关联分析等大数据核心技术探索建立农作物生产与产量形成机制模型、农产品消费行为与消费量变化动态模型、基于多代理系统的农业智能仿真模型以及多品种市场关联预测模型等，充分挖掘出农业大数据的内在价值和有用信息；同时，充分利用交互式数据可视化技术，通过对高频农产品生产和销售数据的处理，实现多品种、多地域、多类型农产品生产过程和销售市场变动的内在规律、波动周期以及发展趋势进行可视化立体图表呈现。

公共数据平台开发生产经营智能对接服务系统、精准生产智慧服务系统以及领导驾驶舱等农业大数据智慧产品，支持用户用可视化图形方式对指标进行多维度、多角度分析和预测，支持用户开展特色农业大数据运营智能评估，帮助用户精准了解各个指标的既有现状和发展趋势，帮助管理者掌握特色农业的整体状况；同时，采用认证技术，实现大屏、PC、智能终端多平台单点登录，并通过综合展板形式为用户提供不同功能板块的自由订阅组合。

5.2.2 智慧绿色农业生产典型案例

1. 背景介绍

新疆生产建设兵团走在我国农业现代化的前沿，在集约化程度、规模化水平、农机装备水平、现代农业技术应用等方面，多年来一直处于全国领先水平，已经初步形成了现代植棉业的架构。同时，兵团棉花生产领域多年来积累了大量数据，棉花大数据关键技术研究与应用将有效整合农业数据资源，统一数据管理，实现数据共享，不仅使农业大数据创造出真正的智慧，同时实现了农业大数据技术和产业在重点领域的示范与布局，助力于大数据产业的持续发展，不断推进农业经济的优化，实现可持续的产业发展和区域产业结构优化调整，对推动农业现代化进程、提升我国棉花产业链的健康高效发展具有重要的意义。图 5-12 所示为棉花生产农业大数据平台的总体架构。

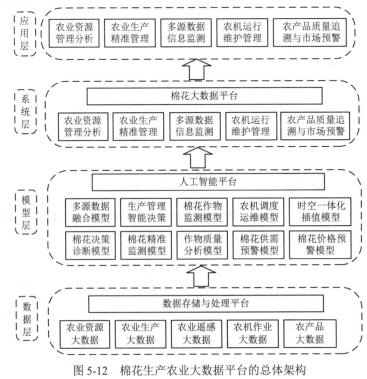

图 5-12　棉花生产农业大数据平台的总体架构

2. 实施方法

1) 数据层

数据层主要进行棉花生产农业数据的采集、存储和处理。首先通过不同方法获取不同类型的数据,如利用调研、购买等手段获取农业资源数据,通过物联网技术获取棉花生产过程中的农田数据,利用卫星遥感、无人机遥感和地面遥感技术可以获取棉花种植的空间信息;然后利用统计、人工智能和数据可视化等数据处理方法对所获取的棉花生产农业数据进行处理,如结合图像处理技术和机器学习算法对棉花生产农业遥感数据进行预处理、滤波、分类等操作,得出棉花生产种植信息及空间分布情况;最后利用存储、大数据和人工智能等技术对处理后的数据进行存储和管理。

2) 模型层

模型层是对数据层中不同数据的进一步处理。基于棉花生产农业大数据,利用回归分析、机器学习等建模方法建立棉花生产过程中不同生产环节的专业模型,或基于理论模型和实际数据建立改进的应用模型,以便对棉花生产过程中的不同环节进行分析、预测和诊断,如利用三次样条插值算法对非连续数据进行插值,利用回归分析或机器学习算法建立作物需水、产量模型,基于水分胁迫指数建立棉花缺水诊断模型等。

3) 系统层

系统层是对数据层和模型层的升华,即基于数据层和模型层,利用大数据、云计算、嵌入式和地理信息系统等数字技术,实现棉花生产过程系统的监测和管理,如棉花群体长势监测系统首先将由数据层获取的棉花长势数据进行存储,并将长势数据与棉花农田中的地理位置一一对应,实现棉花长势数据的可视化和信息化;此外依据模型层的棉花长势监测模型对棉花长势进行实时监测和趋势预测,以便及时发现棉花在生长过程中的潜在问题。

4) 应用层

应用层是将数据层、模型层和系统层"落地"的部分,即基于数据层、模型层和系统层实现棉花生产过程中的某一应用,如农业生产精准管理首先利用由数据层获取的棉花生产过程中的水、肥信息,然后将水、肥数据代入模型组,对棉花生产过程中的水、肥进行分析、诊断和预测,当棉花需要水、肥时,由系统层控制施肥和灌溉设备,根据模型组决策结果精准施肥、灌溉,实现棉花生产的精细化管理。

3. 取得的成效

平台采用多源遥感数据时空融合技术和时空数据模型,对全国棉花空间分布进行了提取,在新疆实地调查进行棉花识别精度验证,准确率为83%;实现了棉田复杂背景下棉蚜的快速准确计数,提出了一种先彩色分割、后自适应结构元素及阈值的棉蚜计数方法,计数平均准确率为86.47%,在图像处理过程中极大地降低了算法对阈值的依赖性,有效地解决了棉蚜图像粘连分割的问题,为平台的虫情监测服务提供了坚实的基础。新疆生产建设兵团构建的棉花生产农业大数据平台利用农业遥感、农业物联网、农业大数据、人工智能等多种数字技术,实现了棉花生产农业大数据管理共享、作物生长监测、农机具运维、种业生产管理、水肥药智能决策服务、农产品质量追溯等,完成了棉花精准化生产、管理、收获,极大地节省了农业生产投入,减少了农业生产过程中的环境污染。

5.3　智慧绿色农村生活

智慧绿色农村生活是指利用大数据、云计算、物联网、人工智能等数字技术，对农村生活垃圾和污水、人居生活环境、饮用水水源水质进行监管，从而实现对农村生活污染物、污染源全时全程监测，创建乡村健康生活环境。

5.3.1　绿色农村生活平台建设

绿色农村生活平台建设主要包括人居环境综合监测和饮用水水源水质监测两部分，如图 5-13 所示。其中，人居环境综合监测指利用高清视频监控、物联网、大数据、人工智能、遥感等数字技术进行农村生活垃圾收运监管、农村生活污水治理监测和村容村貌监测；饮用水水源水质监测主要利用不同的传感器对水源水质的温度、色度、浊度、pH 值和电导率等指标进行监测，然后将监测的数据通过无线或有线的方式传输到管理站，为管理人员实时监测水源水质提供技术支持。

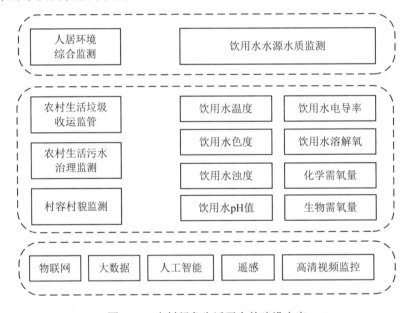

图 5-13　农村绿色生活平台的建设内容

1. 农村人居环境综合监测

农村人居环境综合监测是指利用高清视频监控、物联网、人工智能、图像识别等信息技术手段，对农村地区垃圾收运、污水治理、村容村貌等进行监测分析，为农村人居环境整治提供监管依据。

1) 农村生活垃圾收运监管

农村生活垃圾收运监管是指利用物联网、人工智能等信息技术手段，对农村生活垃圾收集、运输、回收、处理等全过程进行监测分析，实时监测垃圾清运数量，提高处理收运效率。图 5-14 所示为基于物联网技术的垃圾清运管理体系。

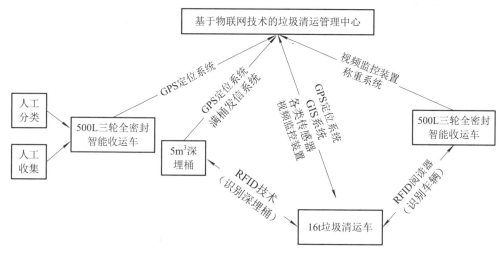

图 5-14　基于物联网技术的垃圾清运管理体系

图 5-14 所示的垃圾清运管理体系由垃圾清运管理平台(前端人工保洁收集)、信息传输与识别单元、管理平台构成。5 m³ 深埋桶上装有满桶发信系统装置和 GPS 定位装置，该满桶发信系统包括传感器信息采集模块、信息处理模块和通信模块。满桶发信系统通过移动无线网络实时把采集到的信息发送到垃圾清运管理中心，当深埋桶达到满桶时，清运管理中心立刻发出该深埋桶报警信号，并调度 16 t 垃圾清运车前往清运 5 m³ 深埋桶里的生活垃圾。

每一个 5 m³ 深埋桶配装具有唯一识别码的 RFID 标签，当 16 t 垃圾清运车进行收运时，其车上搭载的 RFID 阅读器自动识别该深埋桶的信息，记录深埋桶的位置、编号、收运时间等信息。清运车把获得的信息实时回传垃圾清运管理中心，系统自动生成报表存入数据库。16 t 垃圾清运车上装有车载称重系统，车载称重系统能够在调度屏上实时显示该车现在载重多少、还能继续载重多少等信息，同时把这些信息实时传送到垃圾清运管理中心。驾驶员可以根据这些信息判断能否继续清运下一个深埋桶的生活垃圾。垃圾清运车上还装有 GPS 定位系统、GIS 系统、速度传感器、油耗传感器、调度屏、视频监控装置等，这些系统装置实时把信息发送到垃圾清运管理中心，在清运车的调度屏上实时显示要清运的 5 m³ 深埋桶的位置以及最优路线，垃圾清运车根据调度屏上的信息把已满的深埋桶清运以后，直接送往垃圾填埋场或垃圾焚烧厂。

给每一个 16 t 垃圾清运车配装具有唯一识别码的 RFID 标签，在垃圾填埋场或焚烧厂配装 RFID 阅读器，当 16 t 垃圾清运车进入厂区时，RFID 阅读器自动识别 16 t 垃圾清运车的信息(如车牌号、车载垃圾质量、出入时间等信息)，同时把这些信息传送到垃圾清运管理中心，系统会自动统计生成报表，为每月垃圾处理费用提供参考依据。

2) 农村生活污水治理监测

农村生活污水治理监测是指利用物联网、卫星遥感数据、无人机、高清视频监控等技术，对农村生活污水处理设施的运行情况进行实时监控和智能预警，开展过程管控、水质监控和设施运营状态评估。图 5-15 所示为基于物联网技术的农村污水处理系统架构。

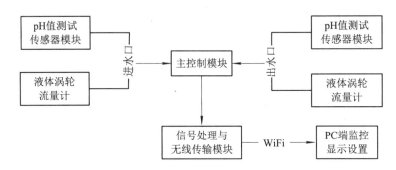

图 5-15　基于物联网技术的农村污水处理系统架构

由图 5-15 可知，该系统主要由 pH 值测试传感器模块、信号处理与无线传输模块、液体涡轮流量计、主控制模块、PC 端监控显示设置组成，从进水口以及出水口处的模块获取流量和 pH 值电信号，由主控制模块将所得电信号转换成相应的数字信号。主控制模块将处理后的数据通过信号处理与无线传输模块以数字信号的形式传输到 PC 终端。PC 终端将接收到的有序的数据存储在数据库中。同时管理人员也可以通过电脑显示屏看到各污水处理节点的数据，根据流入/流出量的起伏数据判断处理过程是否存在异常。若判断异常则系统通过声音和图像报警，并标出显示问题的部位和异常数据。

3) 村容村貌监测

村容村貌监测是指利用物联网、人工智能、无人机等信息技术手段，对农村地区房屋、道路、河道、特色景观等公共生活空间进行监测，为消除乱搭乱建、乱堆乱放、乱贴乱画等影响村庄环境的现象，保持乡村面貌的整洁提供管理依据。图 5-16 所示为基于深度学习的耕地违建自动提取方法技术路线。

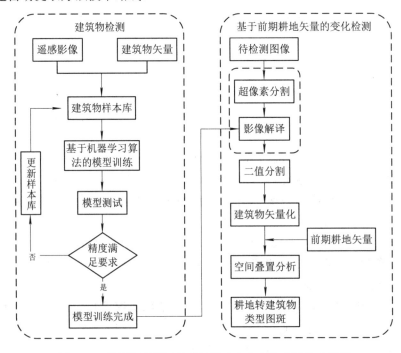

图 5-16　基于深度学习的耕地违建自动提取方法技术路线

　　基于深度学习的耕地违建自动提取方法主要包括样本制作、模型训练、建筑物提取与矢量优化以及基于前期耕地矢量的变化检测等步骤。首先，基于已有的地理国情普查矢量和对应影像，选择建筑物类型的矢量作为标记数据进行样本库制作。其次，对样本进行训练并测试模型的提取效果，测试数据需涉及不同区域特征的影像，将提取的建筑物结果与同一区域人工提取的建筑物进行比对并计算查全率和准确率，指标均达到设定阈值方可停止模型训练，若指标总是达不到设定阈值，则需核查样本库，通过剔除错误样本或增加样本更新样本库并继续训练，直至指标达到设定阈值为止。再次，对待解译影像进行超像素分割，再基于已训练好的模型进行建筑物识别。由于深度学习模型的解译结果为概率图，因此需借助二值分割算法对预测结果进行二值分割。由于乱占耕地的建筑物检测需要与前期耕地矢量进行空间叠置分析，因此需对二值分割结果进行矢量化。最后，基于前期耕地矢量的新增建筑物的提取，将得到的建筑物图斑与前期耕地矢量进行叠置分析，从而得到最终结果。

2. 农村饮用水水源水质监测

　　农村饮用水水源水质监测是指在农村河流、水库、地下水、蓄水池(塘)等饮用水水源采样点设置数据采集点，对温度、色度、浊度、pH 值、电导率、溶解氧、化学需氧量和生物需氧量进行综合性在线自动监测。图 5-17 所示为基于 WebGIS 的农村饮用水监测系统架构。

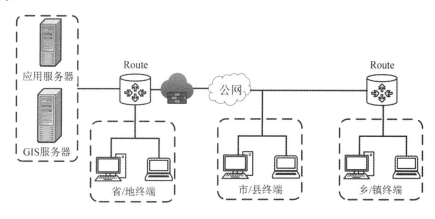

图 5-17　基于 WebGIS 的农村饮用水监测系统架构

　　如图 5-17 所示，农村饮用水监测系统的功能主要包括：终端管理用户将农村居民饮用水取样点数据的材料输入数据库，获取授权的乡/镇终端进行数据输入并实时提交到服务器端；各类终端用户可根据授权等级访问数据库，实现对农村饮用水源的现状数据、历史数据的查询和浏览，数据内容包括与农村饮用水质量详查有关的文本报告、数据表册、统计数据、具体图斑数据和电子图件等；按各乡/镇区域或任意选定范围，进行农村居民饮用水数量统计、水质污染情况统计、水质变化的有关数据统计等，在统计数据的基础上进行水源情况动态变化等分析工作；可对农村居民水源的水质变化趋势、地下储水含量趋势和水资源与地面环境变化情况进行辅助预测；在研究农村水源问题的基础上进行抽象化和模型化，并将辅助决策模型软件化，为同类农村水源监测中遇到的问题提供技术辅助，并逐步扩充和增强决策辅助功能。

5.3.2 智慧绿色农村生活典型案例

1. 背景介绍

浙江省市县农村饮用水工程监管部门主要通过平台实现对工程的监督管理以及对农村饮用水达标提标行动进展情况的管控，关注的重点是工程的水质、水量、水压等指标是否合格和工程的综合运行情况，以及工程出现问题后如何监管等；运行管理单位(统管单位)关注的是工程的运行管理情况、实时监测监控信息，通过平台开展运行管理工作，对工程的运行状况进行实时远程监测和控制等。案例中的平台能够提供 App 端，便于日常管护人员开展现场工作时使用，App 端能够与 Web 端平台数据实时互通，并实现在 App 端的实时消息提醒。图 5-18 所示为农村饮用水安全管理平台的总体框架。

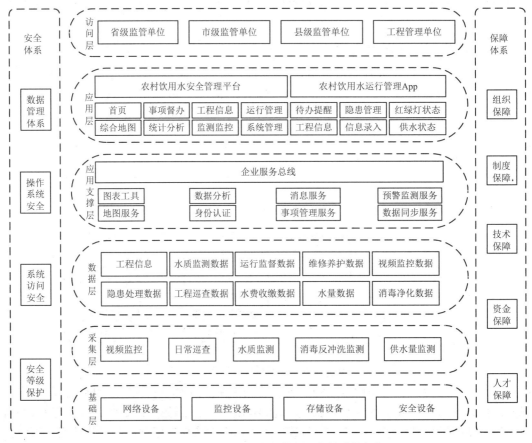

图 5-18　农村饮用水安全管理平台的总体框架

2. 实施方法

(1) 基础层：搭建平台的基础保障，包括基于有线/无线传输技术的网络设备搭建，基于传感器、高清视频技术的监控设备布控，基于存储技术的存储设备建设、安全设备建设等，通过全面的基础设施的搭建，为整体应用系统的全面建设奠定良好的基础。

(2) 采集层：负责系统数据的采集，包括利用不同传感器或视频设备进行的视频监控、日常巡查、水质监测、消毒反冲洗监测、供水量监测等数据的采集和人工数据的整编录入。

它主要以服务应用程序类型实现后台自动运行,将数据以统一的格式通过网络存储到对应的数据库中。例如,进行水质监测时,将不同的传感器布设在水源地,实时监测水源水质的温度、pH 值和电解质等信息,并将相关数据通过 GPRS 无线传输技术发送到工作站进行保存。

(3) 数据层:首先通过数据预处理方法对不同数据进行过滤、归一化等操作,实现数据的分类、组织、编码、存储、维护等;然后针对不同类型的数据建立相关的数据库,实现数据的有效管理,从而建立资源的共享机制。

(4) 应用支撑层:提供信息及软件资源支撑服务,构成数据服务体系,提供共享基础信息的数据服务资源的集合。它通过统一的总线服务实现相关应用组件(包括工作流、表单、统一管理等)的有效整合和管理,对下汇集数据资源,对上支撑应用服务。

(5) 应用层:管理平台的建设层,包括平台和 App 两部分。农村饮用水安全管理平台包含首页、综合地图、事项督办、统计分析、工程信息、监测监控、运行管理、系统管理等模块,农村饮用水运行管理 App 包含待办提醒、工程信息、隐患管理、信息录入、红绿灯状态、供水状态等模块,为省市县监管部门和工程管理单位提供综合信息服务。

(6) 访问层:平台的用户层,由省、市、县、工程管理单位四级用户组成,不同用户的访问权限不同,所能调用或查看的数据类型和数量不同,功能界面也不同,省级监管单位的级别最高。

(7) 安全体系:利用计算机安全技术对系统网络部署区域按照等级保护的标准进行防护,主要包括数据管理体系、操作系统安全、系统访问安全和安全等级保护。

(8) 保障体系:对系统的日常运行和维护的管理进行保障,包括组织保障、制度保障、技术保障、资金保障和人才保障。

3. 取得的成效

平台已在浙江省内余姚、常山等多个县(市、区)应用,提升了当地农村饮用水工程的监督管理和运行管理水平。浙江省建立的农村饮用水安全管理平台通过对农村饮用水的水质、水量、水压等指标实时监测,极大地提升了农村饮用水的监督和运维,在保障饮用水安全的同时,一定程度上改善了饮用水浪费问题。

5.4　乡村生态保护数字化

乡村生态保护数字化是指通过物联网、人工智能、卫星遥感、高清视频监控等数字技术,对农业农村生态环境的现状、变化、趋势进行综合监测分析,助力推进农村生态系统科学保护修复和污染防治,持续改善农村生态环境质量。

5.4.1　乡村生态保护平台建设

乡村生态保护平台建设指利用物联网、大数据、人工智能和遥感等技术进行山水林田湖草沙系统监测、农业生态环境监测及农村生态系统脆弱区和敏感区监测等,实现农村生态资源综合治理、农田环境智能管理、农村生态系统修复和地质灾害风险应急管控等,如

图 5-19 所示。

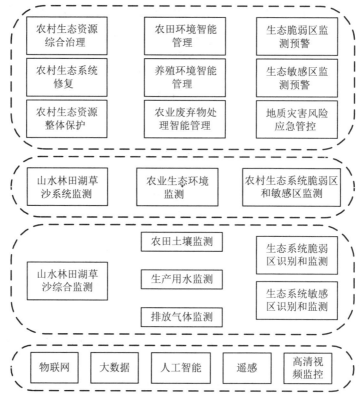

图 5-19　农村生态保护平台的建设内容

1. 山水林田湖草沙系统监测

山水林田湖草沙系统监测是指基于统计调查技术、遥感技术和地理信息系统，对山川、湖泊、森林、草地、湿地、沙地等进行综合监测，汇集系统治理数据，为农村生态资源整体保护、系统修复和综合治理提供决策参考和数据支撑。图 5-20 所示为山水林田湖草沙生态保护修复遥感信息服务平台的功能架构。

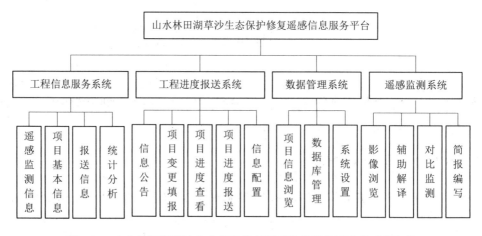

图 5-20　山水林田湖草沙生态保护修复遥感信息服务平台的功能架构

系统总体结构主要包括工程信息服务系统、工程进度报送系统、数据管理系统和遥感监测系统四个功能模块。

1) 工程信息服务系统

工程信息服务系统可实现项目信息查询浏览、项目进度监管、数据统计分析等功能，为工程监管和职能管理获取实时的项目信息。该系统主要包括遥感监测信息、项目基本信息、报送信息和统计分析四大主功能。遥感监测信息功能可实现各工程项目遥感监测简报的快速检索与文字导出；能够对任意两期影像进行分视图对比显示；提供便捷的量测工具，用户可以在遥感影像中实现任意点、线、面的坐标、长度、面积的量测；能够实现项目上报信息与遥感监测信息的对比显示，并将对比结果进行文字导出。项目基本信息功能可实现山水林田湖草沙工程项目快速检索功能，包括目录树查询、关键字查询、类别等过滤条件检索；能够对项目基本信息进行可视化浏览；实现遥感影像、工程范围的一体化显示，支持影像的缩放、移动、坐标显示等基本视图功能。报送信息功能对工程承担单位的报送情况进行实时监控，列表显示各工程承担单位的最新上报情况；实现各承担单位的上报项目信息的快速检索和可视化浏览；支持对上报信息的文字导出。统计分析功能能够对任意行政区的工程项目按治理状态(分为已验收、已治理待验收、正在治理、未动工四大类)以及工程量完成百分比进行分类统计；提供工程项目上报情况和遥感监测简报情况的统计，并对统计分析结果进行图表导出。

2) 工程进度报送系统

工程进度报送系统用来实现工程项目终端报送，由各工程项目承担单位自行报送各工程进度及完成情况，主要功能包括信息公告、项目变更填报、项目进度查看、项目进度报送和信息配置。

3) 数据管理系统

数据管理系统是整个平台的核心软件，负责数据组织、数据维护、数据服务、数据安全等。数据库优先考虑开源数据库，建立以遥感影像为底图，工程部署空间信息和治理目标等属性为一体的工程项目数据库，以项目类型、行政区划、功能分区等字段作为属性结构的数据字典，便于项目的查询和监管。该系统主要包括项目信息浏览、数据库管理、系统设置三大主功能。项目信息浏览能够实现项目基本信息、工程承担单位报送信息和遥感监测信息的查询与显示；提供项目范围内两期影像前后对比显示；实现简报的编写与上传；实现不同条件下的数据统计，并自动计算图表。数据库管理功能可实现项目基础信息、遥感影像、动态监测矢量、项目报送信息等数据的查询、新增、变更、删除等功能。系统设置功能能够实现政府管理部门、工程承担单位、数据管理员和技术人员四种角色用户的设置；提供系统日志，记录系统访问和操作情况；提供系统操作说明文件。

4) 遥感监测系统

遥感监测系统以 ArcGIS 为支撑平台，主要负责工程施工空间信息的加工处理工作。加工处理后的卫星影像和监测信息需经过脱密处理，才能在工程信息监管系统中进行影像信息的发布服务。该系统主要功能包括影像浏览、辅助解译、对比监测和简报编写。影像浏览可实现从遥感监测数据库中加载和叠加相关数据；提供卫星影像的显示、放大、缩小等基本浏览功能；提供图形渲染方式自定义设置、图形和属性双向查询、窗口有序排列等。辅助解译能够提供对山水林田湖草沙工程项目施工区域人工解译的工具(包括新建矢量图层，编辑点、线、面等)；提供对已有专题解译成果数据的编辑修改功能；支持解译结果以Shape 文件格式输出。对比监测可支持多幅不同时相的影像叠加显示(叠加影像的显示范围可以上下左右拉动)；通过"卷帘"功能实现工程进度的对比监测，以及与承担单位报送工作量的对比分析。简报编写能够将遥感监测与承担单位报送工作量的对比分析情况形成简报，实现简报各内容的编写与导出。

2. 农业生态环境监测

农业生态环境监测是指利用物联网、卫星遥感、人工智能等信息技术手段，对农田土壤、生产用水、排放气体中的主要污染参数进行监测，实现对农田环境、养殖环境、农业废弃物处理利用等领域的智能化管理。图 5-21 所示为猪舍生态环境监测和清洁控制的系统架构。

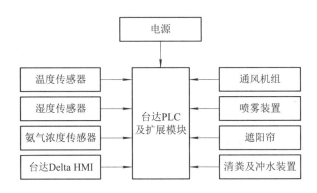

图 5-21　猪舍生态环境监测和清洁控制的系统架构

图 5-21 所示的系统以台达控制器为核心，采用了模拟量扩展模块，实现远程监测、动态显示等功能。系统温湿度数据采集使用 AM1011 型传感器，该传感器可以同时输出 1 路温度信号和 1 路湿度信号。氨气浓度检测采用氨气浓度传感器。数据传输采用 RS 485 接口。风机采用交流负压风机，既用于降温防暑，又用于除湿和降低猪舍内的氨气浓度。喷雾装置用于降温和加湿。遮阳帘用于冬季采光升温，夏季遮阳降温。无论平地养殖还是高架养殖，猪舍内的粪便是产生臭气(主要成分是氨气)的主要来源，其清理和收集是极费人力的一项工作。此系统控制器可根据氨气浓度大小决定刮粪板拖动电机的启停，实现自动清粪动作。在清粪若干次后喷水阀门自动开启，实现冲洗，有效解决了猪舍的清洁和节水之间的矛盾。

3. 农村生态系统脆弱区和敏感区监测

农村生态系统脆弱区和敏感区监测是指利用卫星遥感、5G、无人机、高清视频监控技术等手段，基于多源融合数据，根据脆弱区和敏感区的评价指标，对农村地区生态系统脆弱区和敏感区进行识别、监测和预警。图 5-22 所示为生态脆弱区农村居民点用地演变与土地盐碱化的空间耦合关系技术路线。

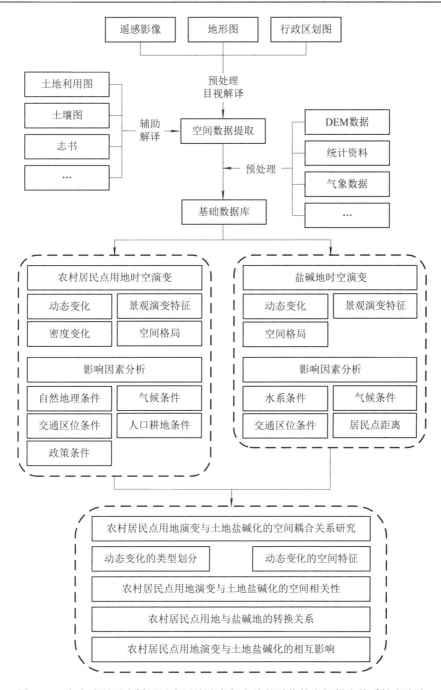

图 5-22　生态脆弱区农村居民点用地演变与土地盐碱化的空间耦合关系技术路线

图 5-22 所示的技术过程可概括为基础资料的获取、近 50 年来人类活动强度变迁和土地盐碱化的发展趋势、农村居民点用地演变与土地盐碱化的空间耦合关系研究三部分。

首先，依据遥感影像和其他辅助数据，通过目视解译的方法获取不同时期土地利用矢量数据，重点获取农村居民点用地和盐碱地的空间数据；同时，收集土地利用空间数据，省县级地方志、统计年鉴、调查报告，DEM 数据，气象数据，并进行一定的预处理；融合空间数据和非空间数据，形成后续分析所用的基础数据库。

其次，基于前面获取的农村居民用地和盐碱地的空间数据，以农村居民点用地的时空演变过程表征人类活动强度的变迁，以盐碱地的时空演变过程表现土地盐碱化的发展趋势，分别从动态变化、密度变化、景观演变特征和空间格局方面，分析人类活动强度变迁和土地盐碱化的发展趋势；并分别从自然地理条件、气候条件、交通区位条件、人口耕地条件、政策条件等方面，分析不同尺度的影响因素对农村居民点用地和盐碱地演变的作用机制。

最后，运用空间分析和空间统计分析等方法，结合影响因素的分析结果，从动态变化的角度，探究农村居民点用地演变与土地盐碱化的空间相关性；并结合土地利用转移矩阵，明确农村居民点用地的转换特征，进而分析农村居民点用地扩张对生态环境的影响和土地盐碱化加剧对农村居民点用地的影响。

5.4.2 乡村生态保护数字化典型案例

1. 背景介绍

湖州吴兴区数字乡村项目通过打造乡村物联网感知应用，向农业农村局和大数据局提供各类数据，如视频监控、环境监控、自动预警和远程控制等物联网感知数据，通过农业大数据平台展现，为政府对乡村生态保护提供决策依据。

2. 实施方法

智慧果蔬大棚系统大屏展示、农业大数据、VR全景展示子系统和LED显示子系统的建设，对保护乡村生态、打造休闲农业品牌、增强休闲农业体验、引领带动休闲农业产业的发展具有重要的意义。系统主要包含VR全景展示子系统、LED显示子系统、环境监测子系统、视频监控子系统、土壤检测检验仪器子系统、虫情监测子系统和水肥一体化子系统，功能架构如图5-23所示。

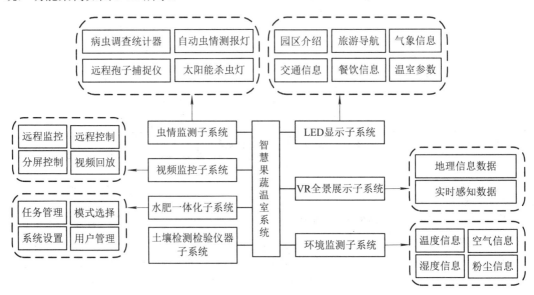

图 5-23　智慧果蔬大棚系统功能架构

1) VR 全景展示子系统

VR 全景展示子系统网络拓扑架构如图 5-24 所示。系统将 VR 设备及视频监控设备所采集到的数据通过移动网络存储在数据服务器集群中,结合综合管控平台和存储服务器集群,利用 VR 云景服务器、大屏拼接器和液晶拼接屏将全景信息展示出来,利用 VR 增强现实技术,增强实时感知数据与地理信息数据的结合,建设以虚拟仿真体验、农业大数据、农业物联网、农产品安全追溯为主体的线上、线下体验区。

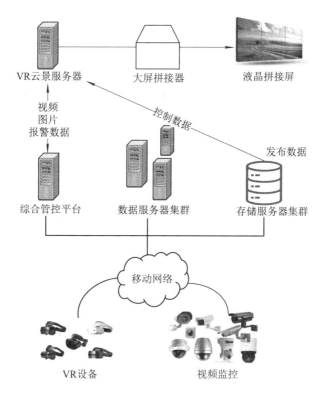

图 5-24　VR 全景展示子系统网络拓扑架构

2) LED 显示子系统

系统通过 LED 显示子系统提供园区介绍、旅游导航、气象信息、交通信息、餐饮信息等,同时还将重点展示在自动化体系下的大棚生长实时参数。该系统与物联网平台进行互联,基于自动化体系来展示运营。如图 5-25 所示,LED 显示子系统主要包括控制模块、行驱动模块、列驱动模块、电压调节模块和 LED 阵列。

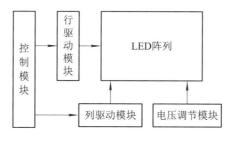

图 5-25　LED 显示子系统

3) 环境监测子系统

环境监测子系统如图 5-26 所示。系统通过终端传感器实现大棚内温度、湿度、气压、光照、气体、粉尘等信息的定时检测、自动监测和告警。其中，利用温湿度传感器可以全方位、实时地了解农作物的种植环境，以便调整农作物种植环境(通风、遮阳、防潮等)，促进农作物健康生长；通过在大棚内敷设气体检测仪可实现大棚内空间含氧量、二氧化碳浓度和其他特殊气体状态的检测；架设粉尘检测仪表传感器实现 PM2.5、PM10 等粉尘数值的检测。同时，系统通过把数据同步到农艺种植专家平台和终端，为科学化指导种植、优化种植，以及生态保护提供数据依据。另外，该系统采集的数据与农产品质量安全追溯系统互通，为追溯系统提供不可篡改的、客观真实的全产业链物联网数据。

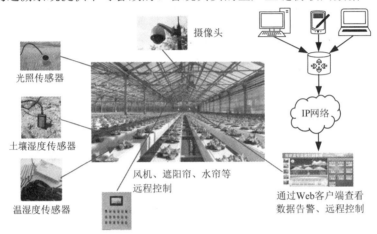

图 5-26　环境监测子系统

4) 视频监控子系统

视频监控子系统通过配置高清红外摄像机可实现大棚内无监视盲区和全天候实时获取苗情、病虫害、灾情等视频信息，并通过大屏幕进行集中显示，且能够实现图像信息的远程访问和录像回放。多路视频数据实时回传到"自动化"智慧农业云平台的管理中心，在管理中心的管理人员可以远程操作和设置每一台网络摄像头。视频监控子系统的功能架构如图 5-27 所示。视频远程终端单元(Remote Terminal Unit，RTU)通过移动通信技术(2G/3G/4G/5G)将采集的不同类型摄像头视频数据发送到管理中心，实现大棚内视频信息的实时获取。

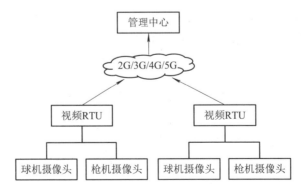

图 5-27　视频监控子系统的功能架构

5) 土壤检测检验仪器子系统

土壤检测检验仪器子系统如图 5-28 所示。系统配备《专业测土配方施肥评价系统》软件，可对 70 多种农业、果树、经济作物的土壤氮、磷、钾、有机质、酸碱度、含盐量、微量元素、矿物质(铁、锰、铜、锌、硼、钼)需求量进行数据分析，为用户在化肥使用量、土壤酸碱度、含盐量的评估与调节及水肥控制等方面的决策提供数据参考，同时对作物所处土壤环境进行评价，并将上述数据生成数据库。

图 5-28 土壤检测检验仪器子系统

6) 虫情监测子系统

虫情监测子系统的功能架构如图 5-29 所示。系统利用现代光、电、数控技术，实现了在无人监管的情况下虫情监测和对孢子的捕获，主要包括病虫调查统计器、远程孢子捕捉仪、自动虫情测报灯和立杆式太阳能杀虫灯等。其中，病虫调查统计器一次记录 25 种病虫数据，设有昆虫名称、采集地点、分类数量等项，可随时录入、存储病虫的调查统计数据资料，从而实现统计、分析自动化和标准化；远程孢子捕捉仪可检测随空气流动、传染的病害病原菌孢子及花粉尘粒，主要用于监测病害孢子存量及其扩散动态，为预测和预防病害流行、传染提供可靠数据；自动虫情测报灯实现了虫体远红外自动处理、接虫袋自动转换、整灯自动运行等功能，能自动完成诱虫、杀虫、收集、分装、排水等系统作业；立杆式太阳能杀虫灯可用于诱杀农、林、果树、蔬菜等的 1 287 种害虫。

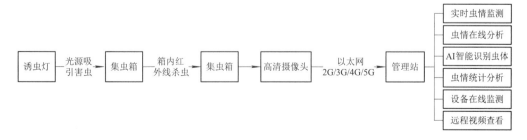

图 5-29 虫情监测子系统的功能架构

7) 水肥一体化子系统

水肥一体化子系统的功能架构如图 5-30 所示。系统可根据作物不同生长期的需肥特点和土壤特点，自动对水、肥进行检测调配和供给，提高水肥利用率。系统依托土壤湿度传感器实现土壤湿度的智能感知、智能预警、智能分析、智能控制，通过控制电磁阀、水泵等灌溉设备对作物土壤湿度自动调节，实现灌溉作业的无人值守自动化运行。水肥一体化子系统主要由主水泵、恒压智能变频控制柜、离心/砂石过滤器、叠片过滤器、施肥部分(水肥一体机)、保护计量设备(流量计、压力传感器、EC、pH、阀门系列等)、输水管网系统、智能控制系统和田间灌水器系统等组成。

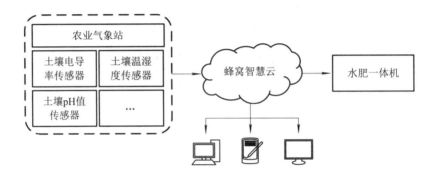

图 5-30　水肥一体化子系统的功能架构

3. 取得的成效

智慧果蔬大棚项目作为吴兴区数字乡村发展的一部分，将物联网、云计算、大数据等技术与传统农业生产相结合，打造农田智能化大棚、智能化温室、智能灌溉系统、水肥一体化系统等，对农田的气象条件、土壤状况、农作物生长情况等实现 7×24 小时全天候监控，帮助农业主体推广科学化生产、标准化管理与自动化监控，在保护生态的前提下，实现劳动生产率的大幅度提高和农村土地价值的快速提升，助力现代农业降本增效，有力地推动了吴兴区的数字乡村建设。

本 章 小 结

绿色发展是理念，更是实践。推动乡村建设绿色发展是一项系统工程，需要坐而谋，更需要起而行。正如习近平总书记指出的：“在我们这样一个拥有近 14 亿人口的大国，实现乡村振兴是前无古人、后无来者的伟大创举，没有现成的、可照搬照抄的经验。”推动乡村建设绿色发展，需要融入遥感、物联网、大数据、云计算等一系列数字技术，深刻把握新发展阶段、贯彻新发展理念，需要国家的顶层设计，需要在实践过程中的地方创新创造和农民主体作用的发挥，需要保持恒心和耐心，不断探索、实践符合中国特色的乡村建设绿色发展道路，奋力谱写乡村振兴的新篇章，绘就新时代“各美其美、美美与共”的“富春山居图”。

本章从智慧绿色农业生产、智慧绿色农村生活和乡村生态保护数字化三个方面详细说明了智慧绿色乡村建设的主要内容。

思考与练习题

1. 什么是绿色乡村？什么是智慧绿色乡村？
2. 智慧绿色乡村的特征是什么？
3. 智慧绿色乡村建设的主要内容是什么？
4. 智慧绿色农业生产平台建设包括哪些内容？
5. 绿色农村生活平台建设包括哪些内容？
6. 乡村生态保护平台建设的内容是什么？

扩展阅读　江山市水利局确保农村饮用水安全

为保障农村饮用水安全，江山市水利局以水源安全为核心，供水规模"应延尽延"：积极应对水源安全隐患问题，在峡口水库、碗窑水库等重要水源地设立警示标志和界标，安装 160 余个高清监控探头；以峡口水库为主水源地、碗窑水库为备用水源地，尽可能扩大规模化供水覆盖范围，让更多的老百姓实现"同质用水"。

该局还以水量保障为基础，数字供水"应智尽智"：大力推行增源并站，最大限度地合并中小水站、拓展供水水源，保障水源水量充足；对新改造的农村水站全部配置自动加药、进出水调度、反冲洗、深冲洗等功能，实现远程实时监控、实时监测、实时预警，打造"无人值守""少人值守"的农村供水工程数字化操控平台，真正做到水站建设标准化、水量供应多源化。

截至目前，全市规模化水厂管网覆盖 19 个乡镇(街道)，66 个单村供水站全部完成膜处理设备改造和信息化建设，完成投资 3 亿多元，实现 29.2 万人农村人口饮用水的达标提标，全市自来水普及率达 99.2%，规模化供水覆盖率达 94.2%。

第6章 乡村数字文化

【学习目标】

◇ 掌握乡村数字文化的概念和作用，以及乡村数字文化资源的概念、特征和分类；
◇ 掌握乡村文化数字化技术及应用；
◇ 了解基于传播学的创新扩散理论；
◇ 了解乡村数字文化传播方法及乡村数字文化共享下的知识产权保护；
◇ 了解乡村数字文化未来的发展趋势。

【思政目标】

◇ 培养学生人文情怀、家国情怀、民族责任感；
◇ 夯实乡村文化数字化建设的根基，奠定学生文化自信、科技自信的强大底气；
◇ 培养学生严谨治学态度、工匠精神以及爱国主义精神。

案例引入

乡村文化在数字时代熠熠生辉

2017年，山西首家乡村阅读中心——良户书院在中国历史文化名村良户村挂牌，以此为基地，开启了传统文化复兴的求索之路。

良户书院成立5年以来，通过创新模式和方法，利用新一代数字化技术驱动传统书院发展，以"互联网+"的数字化创新模式，利用线上平台、直播平台、短视频、微信公众号等方式，讲述乡村故事，打造书香村落，弘扬和传播传统文化，引领乡风文明，书院给千年古村带来了新的生机和机遇(见图6-1、图6-2)，经过不断探索，积累了许多宝贵经验。

图 6-1　良户古村——蟠龙寨

图 6-2　良户书院弘扬和传授传统文化

　　基于时代记忆平台(由中国文学艺术基金会时代记忆基金、荣程集团和清华大学互联网产业研究院联手打造)，利用三维全景技术、地图制作技术，秉承挖掘、传承、记录、弘扬中华文化使命，通过线上平台和线下空间相结合，采用"互联网＋文化＋地图＋场景＋支付"的 O2O 模式，从源头处着手，将良户历史的来龙去脉、人文景观同现有的自然景观有效结合，将传统文化，融合乡村振兴、民俗文化保护、手工技艺传承、农耕文明挖掘等，围绕乡土文化、乡村知识、乡间手艺、乡村生活，在全景式输出中华民族优秀文化的同时，整合全国非遗资源和物产资源，搭建以"品牌＋、文化＋、互联网＋、资本＋"为核心特色的平台载体，共建文化交流、技艺传承、商品交易平台，倡导东方审美、塑造国际元素、输出生活方式、引导价值标准，进而开创了以东方文化创意引领产业升级、以健康生活方式引导消费升级的新模式。

　　良户书院时代记忆平台推动了古村蟠龙寨第一、二、三产业融合发展，从发现乡村价值、重构乡村价值，到输出乡村价值、重建城市与乡村之间新的价值交换体系，探索和完善了一种文化带动乡风文明、引领乡村振兴的新出路。

　　良户古村只是缩影，在当今中国的广袤乡村，耕读传家的风尚、友善和睦的乡邻、尊老爱幼的传统，都在得到立体全面的呈现。

乡村文化概括为在农业社会中，由农民集体创造的，以符合乡村共同体发展要求的知识体系、民间风俗、文化观念、心理认知、行为习惯为主要内容，以乡村公共娱乐活动为主要形式的文化。优秀乡村传统文化是中华民族的根脉，是实现民族复兴的自信之根，具有极为广泛的群众基础，在民族心理和文化传承中有着独特的作用。只有大力实施乡村文化振兴，才能为乡村振兴提供"精神动力、智力支持和人才支撑"，才能让广大农民过上更加幸福美好的生活。

随着数字技术的进步和高速发展，为实现乡村文化的保护和传承，需要对乡村文化进行新的文化记录、存储、传播，乡村文化数字化建设成为发展乡村经济、提升乡村活力的重要内容。同时，为了丰富乡村数字文化的内容，需要加大对乡村文化的深入挖掘，建立多种形式的乡村数字文化，实现数字文化对产业经济的促进作用。

本章主要内容是如何利用前沿数字化技术对乡村文化进行数字化建设、展示、传播和保护，以及未来乡村数字文化的发展趋势。

6.1　乡村数字文化

6.1.1　乡村文化

1. 乡村文化的概念

学者们通常会根据自身的学科背景和研究目标来界定乡村文化。费孝通先生习惯用乡土文化意指乡村文化，认为乡村文化的独特性就在于它是从乡土中孕育而成的。亦有学者从更广泛的意义上来定义，认为乡村文化是乡村居民与乡村自然相互作用过程中创造出来的所有事物和现象的总和。在农村社会学研究中则通常将农村作为整个社会的一部分来考量，通过强调文化的主体——农民，文化的使用渊源——小传统，来界定乡村文化的独特内涵。

乡村文化是乡民在农业生产与生活实践中逐步形成并发展起来的知识体系、道德情感、社会心理、风俗习惯、是非标准、行为方式、理想追求等，表现为民俗民风、物质生活与行动章法等，以公共娱乐、言传身教、潜移默化的方式影响人们，反映了乡民的处事原则、人生理想以及对社会的认知模式等，是乡民生活的主要组成部分，也是乡民赖以生存的精神依托和意义所在。

2. 乡村文化的分类

乡村文化从本质上说是一种地域文化，地域文化中最小的要素是文化因子。文化因子是指作用于文化形成和发展的各种自然和人文要素，具有相对的独立性，与文化成长的环境息息相关，既可指某个行为因素，也可指某种生产工具，某种思想、观念等。文化因子又组成不同的文化层，一般可组成物质文化层、制度文化层、精神文化层三个部分，三个层次在文化体系中既相对独立，不同文化层表现各自的特征，彼此间又相互依存和制约，构成一个有机联系的包含物质文化和非物质文化的文化整体。通常乡村文化的分类如图 6-3 所示。

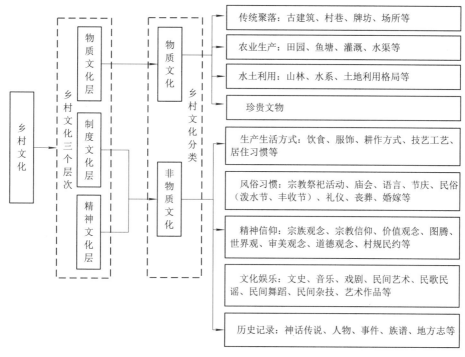

图 6-3　乡村文化的分类

1) 乡村物质文化

乡村物质文化指为了满足乡村生存和发展所创造出来的物质产品所表现出来的文化，包括自然景观(自然演变形成)、生产种植型文化景观(田地、果园)、空间肌理、乡村建筑(庭院、胡同、祠堂、学校等村庄建筑)、生产工具等。更为详细具体的乡村物质文化可分为：

(1) 传统聚落：古建筑、传统民宿、乡村街道、特色村巷、牌坊、石窟、遗址、宗教场所等。

(2) 农业生产：梯田、田园景观、特色农业景观、鱼塘、运河、灌溉、引水渠等。

(3) 水土利用：山林、水系、土地利用格局等。

(4) 珍贵文物。

2) 乡村非物质文化

乡村非物质文化指人类在社会历史实践过程中所创造的各种精神文化，用于表达特定乡村地域的独特精神，包括节庆民俗、传统工艺、民间艺术、村规民约、宗族观念、宗教信仰、道德观念、审美观念、价值观念以及古朴闲适的村落氛围等。更为详细具体的乡村非物质文化可分为：

(1) 生产生活方式：饮食、服饰、耕作方式、工匠技艺(剪纸、皮影戏、杂技戏曲、踩高跷、赛龙舟等)、传统工艺、居住习惯等。

(2) 风俗习惯：宗教祭祀活动、庙会、语言、节庆、民俗(泼水节、丰收节)、礼仪、丧葬、婚嫁等。

(3) 精神信仰：宗族观念、宗教信仰、价值观念、审美观念、世界观、图腾、村规民约、道德观念等。

（4）文化娱乐：文史、音乐、戏剧、民间艺术、民歌民谣、民间舞蹈、民间杂技、艺术作品等。

（5）历史记录：神话传说、人物、事件、族谱、地方志等。

乡村文化形态彰显了人们的生活方式和精神意识，见证了先民改造自然的尝试和努力，印记了乡村的兴衰荣辱和沧桑变化，从而成为具有历史价值、文化价值、科学价值和教育意义的实物见证。

6.1.2　乡村数字文化

1. 乡村数字文化的基本概念

数字文化，即数字化文化资源或对文化资源数字化，是指以计算机、互联网以及数字化视频信息采集、处理、存储和传输技术对文化进行数字化共享。它是依托各公共、组织与个体文化资源，利用现代信息技术、数字技术、智能工具(大数据、云计算、人工智能)以及互联网、移动平台等实现文化传播的时空普及与内容升级，具备创新性、体验性、互动性的文化服务与共享模式。

乡村数字文化，即数字化了的乡村文化。

2. 乡村数字文化的作用

乡村数字文化的作用主要体现在三个方面，如图6-4所示。

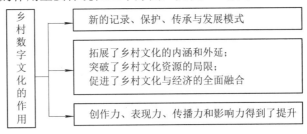

图 6-4　乡村数字文化的作用

"互联网+"时代背景下，大数据、云计算、人工智能、虚拟现实、图像处理、5G、6G、7G 等现代高新技术快速发展，数字化使乡村的传统文化有了新的记录、保护、传承与发展模式。

通过数字化技术来记录民间节庆、戏曲、乡风民俗以及地理风貌、物产、生产与生活状况，可以让人们了解农村的文化瑰宝，增强乡村文化自信，助推乡村振兴。

数字化极大拓展了乡村文化的内涵和外延，突破了乡村文化资源的局限，促进了乡村文化与经济的全面融合。

数字化使乡村传统文化的创作力、表现力、传播力和影响力得到了提升，让乡村文化建设呈现出丰富多彩的新气象。

6.1.3　乡村数字文化资源

1. 乡村文化资源的基本概念

文化资源是一个涵盖很广泛的概念，可以说除了自然资源，就是文化资源了。文化资源不能完全等同于文化,加了"资源"就意味着它已经拥有过去时态(时间性)、可资利用(效用性)等含义。因此,可以认为:文化资源是指人类文化中能够传承下来,可资利用的那部分内容与形式。文化资源是人类劳动创造的物质成果及其转化的一部分。乡村文化资源与乡村文化及资源的关系如图 6-5 所示。

图 6-5 乡村文化资源与乡村文化及资源的关系

乡村文化资源是根植在农村的文化存在的对象,具有浓烈的乡土气息和时代特征。其主要内容如图 6-6 所示。

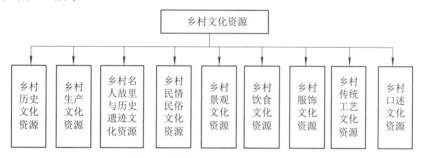

图 6-6 乡村文化资源的主要内容

乡村文化资源的主要内容包括乡村历史文化资源、乡村生产文化资源、乡村名人故里与历史遗迹文化资源、乡村民情民俗文化资源、乡村景观文化资源、乡村饮食文化资源、乡村服饰文化资源、乡村传统工艺文化资源、乡村口述文化资源等。

2. 乡村文化资源的基本属性和基本点

乡村文化资源包括三个基本属性和两个基本点,如图 6-7 所示。

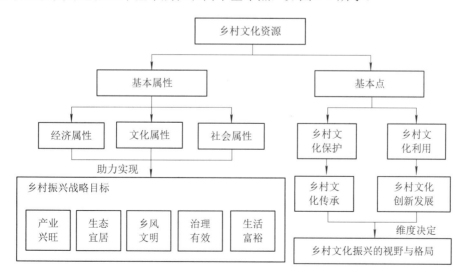

图 6-7 乡村文化资源的基本属性和基本点

1) 乡村文化资源的三个基本属性

乡村文化资源的基本属性包括经济属性、文化属性和社会属性。这些基本属性决定了其与乡村振兴战略"产业兴旺、生态宜居、乡风文明、治理有效、生活富裕"的总要求具有紧密联系。

经济属性是通过产业化开发利用，实现乡村文化资源向文化资本和经济资本的转换，能够生成经济价值，助力"产业兴旺"和"生活富裕"。

文化属性是传统文化、地方性知识、生活逻辑、生态观、职业伦理、民族特色文化的载体，对于实现"生态宜居"、涵养"乡风文明"具有重要意义。

社会属性是乡村文化资源通过向社会资本的转换，能够通过社会网络互惠共生，协调利益关系和社会矛盾，发挥社会治理功能，促进乡村社会"治理有效"。

2) 乡村文化资源的两个基本点

对乡村文化的"保护"与"利用"是审视乡村文化资源的两个基本点，是乡村文化传承和创新发展的基本要义。

乡村文化资源的"保护"与"利用"既是乡村振兴的基本任务，也是重要推动力。乡村文化资源保护与利用的维度决定了乡村文化振兴的视野与格局。

3. 乡村数字文化资源

乡村数字文化资源就是利用现代数字技术、智能工具(大数据、云计算、人工智能等)、互联网及移动网将乡村文化资源进行数字化。

乡村文化资源数字化改变了乡村文化资源的存在方式、商业模式，甚至改变了乡村文化资源的整个生态系统，乡村数字文化资源产业链的效率得到极大提升，带动了整个生态体系的发展。

6.2　乡村文化数字化建设

乡村文化种类繁多，异常丰富，不同的乡村文化类别可利用不同的数字技术进行数字化记录、存储、展示与传播。乡村文化数字化建设一般包括乡村文化数据采集技术、数据预处理技术、数据存储及管理技术、数据展示与应用技术(数据检索、数据可视化、数据应用、数据安全与保护等)。

6.2.1　乡村文化数字化建设的基本流程和整体架构

1. 乡村文化数字化建设的基本流程

乡村文化数字化建设的基本流程如图6-8所示。

1) 乡村文化类别分析

首先应根据前文对乡村文化的分类，对不同的乡村文化类别进行分析，然后根据不同的分类进行相应的数字化方案的设计。

2) 数字化方案设计

数字化方案设计应首先从乡村文化基础结构单元的解构着手，研究其语义和内涵的标

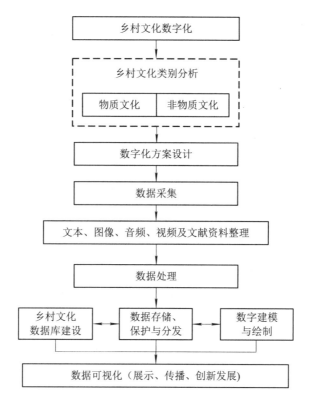

图 6-8　乡村文化数字化建设的基本流程

准化制订。数字化的语义标准化过程是文化遗产数字化的基础，也是数字化方案设计的关键。

3) 数据采集

数据采集是对所确定的乡村文化数字化对象进行内容的采集，利用输入仪器将模拟信号转化为数字信号的过程，通常包括文本采集、图像采集、音频采集、视频采集、文献资料收集整理等。数据采集是乡村文化数字化过程中的基础环节，是科学开展物理保护、展示传播的前提条件，是以收集计算机识别信号为主要目的，对不断遭受破坏的乡村文化进行数字化数据采集和保存的过程，数据采集本身就是一种有意义的保护措施。针对不同环境、不同条件、不同对象采集图片、音频、影像时应采用不同的设备和方法。

4) 文本、图像、音频、视频及文献资料整理

通过数据采集对应的文本采集、图像采集、音频采集、视频采集、文献资料收集整理等，获得相应的文本、图像、音频、视频及文献资料等，并对其进行归类和整理，为后续数据的存储和保护、数据库的建设及数字建模与绘制打下基础。

5) 乡村文化数据库建设

从数字技术的角度来看，乡村文化数据库是基于网络技术、数据分析技术、数据库技术、可视化技术、地理信息技术等，集分类、整理、归纳、分析、检索于一体的综合性数据库。通过对乡村文化数据库的建设，我们不仅能够有效保存并保护乡村文化，为民众提供了解和学习乡村文化的便捷平台，为乡村文化的推广普及提供技术支持，而且能为乡村

文化的研究者提供相关数据，进而扩大对乡村地域文化、特色产品的宣传效应。同时，这也有助于推广乡村文化体验旅游，并为乡村经营管理、乡村文化建设等乡村振兴的具体举措提供有力的后台支持和综合的平台展示。

6) 数字存储、保护与分发

要将海量的乡村文化数据存储在数据库中，且必须保障安全、快速和高效存储，既要确定采用什么方式将数据长期保存起来，又要考虑以哪种方案组织管理数据以及供业务查询使用，还得权衡是否需要以内存存储、管理来提高性能。

乡村文化数据资源面向用户的应用而发生的数据读取和传输，需要根据网络用户、移动用户、固定终端用户的不同需求，建立相应数据读取、分发格式和协议，目前广泛应用的是数据读取的文本、图像、音频和视频文件格式，以及在网络传输中应用的网络数据传输协议。

7) 数字建模与绘制

数字建模与绘制指利用数字化的模型建构和数字绘制技术，将采集处理后的数据按照特定的方式加以整合，从而将乡村文化在虚拟数字环境中复原出来。数字建模是对某一具体乡村文化的语义标准化数据在计算机中用一定算法建立二维或者三维的模型，复原出文化遗产的造型和结构。数字绘制是在建模的基础上，通过软件辅助进行造型、色彩、光线、纹理、剖面、衔接方式等绘图，呈现出接近文化遗产真实的数字图像效果。对于一些动态的图像，还应当通过动态模型的设计和绘制方法完成。此外，在数字化绘制时，还应根据不同文化类别的特点而加上图像和声音无法表达的内容，这些可以用关联的文字在适当地方以适当的方式呈现，也可以在图像中以图表的形式绘制。

8) 数据可视化

数据可视化是指通过将数据或信息编码为图形中包含的可视对象来传达数据或信息的技术。这是数据分析或数据科学中的步骤之一，可借助机器学习、深度学习等大数据分析方法对数据进行分析处理，并使用可视化技术对数据进行展示。数据可视化的主要目标是通过图形化手段清晰有效地传达信息。

数据的可视化还应考虑到面向不同应用者的需求，能够让专业的使用者了解到局部和细节，也能让普通使用者进行知识性的了解和欣赏。因此，在可视化的基础上，应辅助更多的应用功能。

2. 乡村文化数字化建设的整体架构

乡村文化数字化建设，整体架构可分为五个层级，如图6-9所示。

(1) 数据采集层为多源异构数据的持续提供者，主要包括乡村物质文化和非物质文化的基础数据资料、视频音频、全景照片、文本信息等。

(2) 数据处理层主要包括实时数据处理和离线数据处理，用于数据清洗、过滤、去重、归一化处理等，对缺失数据、异常数据，要将其按照一定方法补全或者剔除。大数据处理可通过MapReduce程序进行处理，对多源异构数据要整理成为统一格式数据，对一些文本型数据做量化处理，将其转换成数值型数据。

(3) 数据存储是对前面采集处理后的数据进行统一存储和相互调度、高效管理，并进行必要的数据质量控制。数据存储层是数据采集层与服务层之间的过渡层，要确保数据的准确性与可靠性，为存储部分和质量控制部分，为后续构建统一规范的共享机制提供良好的数据支撑。同时还需要针对多源异构乡村文化数据的不同特点，利用适当的存储方式进行存储，并建立统一的乡村文化可视化管理与查询示范应用。

（4）数据服务层主要是对存储的数据进行分析、挖掘和展示。经过大数据分析和挖掘可获得更多有价值和意义的乡村文化资源。数据可视化的意义是帮助人们更好地分析数据，信息的质量很大程度上依赖于其表达方式。该层还可以将数据和功能资源打包成API 服务。

（5）数据应用层通过访问服务层的 API 服务即可对乡村文化数据存储系统进行间接访问。客户端包括政府企业客户端、学者游客客户端，针对两种客户端不同的功能需求，分别读取服务端中的对应 API，通过网页渲染等，可构成各种服务平台客户端。

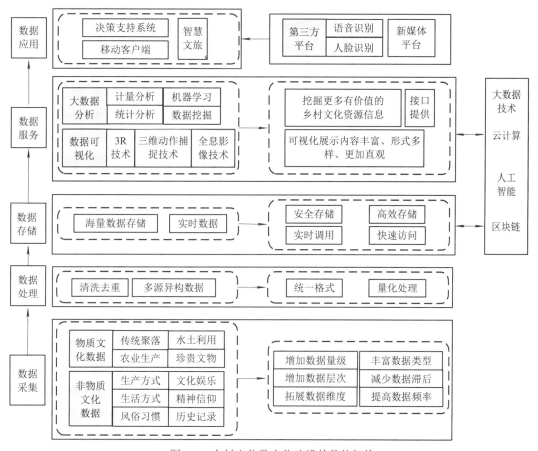

图 6-9　乡村文化数字化建设的整体架构

6.2.2　数字技术在乡村文化中的应用

针对乡村文化的不同类别，可利用不同的先进数字化设备和技术，采集各类物质及非物质文化资源数据信息，以数字化形式进行资源存储、管理、分析、挖掘、利用、展示，实现乡村传统文化的保护、传播和创新发展。乡村文化数字化、展示与传播详细过程如图6-10 所示。

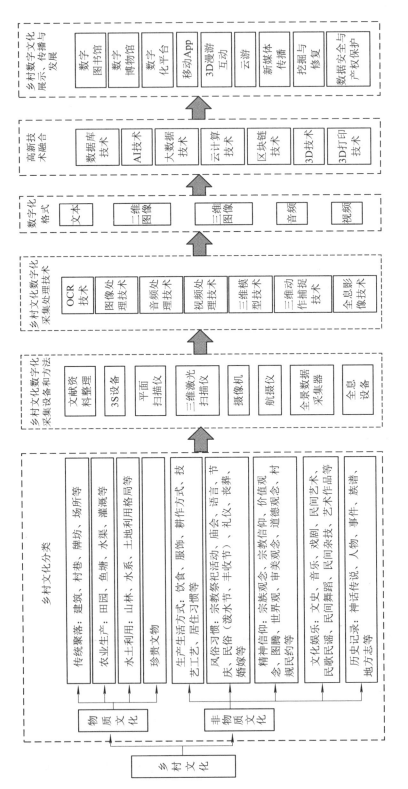

图 6-10　乡村文化数字化、展示与传播详细过程

1. 数据采集

对不断遭受破坏的乡村文化及古村落本身进行数字化数据采集和保存的过程，本身就是一种有意义的保护措施。针对不同环境、不同条件、不同对象采集图片、音频、影像数据时，应采用不同的方法。根据图 6-10 所示，乡村文化数据采集用到的主要数字技术，包括 OCR 技术、图像处理技术、音频处理技术、视频处理技术、三维模型技术、三维动作捕捉技术、全息影像技术等。

1) 文献资料采集

采集文献资料即利用图像处理技术、音频和视频处理技术、OCR 技术、三维模型技术等，把原有的资料转译成数字化信息，并与对应的音频、视频、图像资料等结合起来，存储或创建为完整丰富的基础资料数据库。整理文献资料包括通过图书馆、档案馆、博物馆借阅古籍文献，查阅历史，采集文本、音频、视频等典故、传说故事等内容。这类工作不是简单的分类整理，而是在解析优化处理的基础上提取和展示文字所表达的重要信息，实现数字化文字资料与古村落相关信息的有机结合，便于后期查找和使用。例如，对宗族族谱(如图 6-11 所示)进行拍摄和扫描时，由于族谱是"活态性"乡愁的载体，因此应对其采取抢救性、开发性的数字化手段。抢救性的数字化手段就是对族谱的数字化进行高清拍摄或扫描，得到数字成果以利于永久保存；开发性的数字化手段就是将族谱数字化，如制作影视、开发电子游戏、进行文学创作等，以利于网络传播和共享。

图 6-11　孔子世家谱

2) 图形图像资料采集

采集图形图像资料即使用高清数码摄像机、平面扫描仪、无人机航拍、全景数据采集器等将乡村的各类场景、原有图片资料转换为可存储、可编辑的数字化文本、图形图像资料。针对古村落中的文物、建筑、环境表演、剧组场景、节庆礼仪、民间手工艺、传承人等资源，拍摄时应注意拍摄内容的完整性和构图的整体感。部分使用高端相机全方位、多角度拍摄的古村落建筑资料，可作为后期虚拟模型制作(如利用三维建模技术和动画制作技术向观众进行展示)中重要材质的贴图来使用，这类照片应构图对称，内容单纯完整，素材纹理清晰。

　　对于现存的古籍资料、绘画作品、乐曲乐谱、图案纹样、老照片等二维图像，可采用平面扫描方式获取图形图像，该方法后续处理相对简单，已成为常规的技术手段，如图6-12所示。

图6-12　东北地区的一个乡村(三个女孩在院子里跳皮筋)

3) 古村落建筑数据采集

　　采集古村落建筑数据，可运用高清数码摄像机、平面扫描仪、三维激光扫描仪、无人机航拍、全景数据采集器等对乡村古村落建筑进行拍摄，再利用图像处理技术、音频和视频处理技术、三维模型技术等，获得乡村古村落建筑物的图像、视频等基础资料。由于乡村主体建筑规模庞大，外形不规则，构造比较复杂，因此数据采集可使用三维激光扫描仪。其工作方式是通过主窗口、上窗口、反射棱、数码相机激光测距系统、控制器对乡村村落或建筑进行水平扫描和垂直扫描，借助无人机和非接触、速度快、精度高的三维激光扫描仪扫描出更多扫描点(扫描间距在亚毫米级)，将获取的海量点云数据制作成完整的视频，这已成为古村落空间数据获取的重要手段。对于古建筑雕刻、绘制的纹理图案，可利用高清拍摄+扫描技术进行拍摄、扫描，获取高清图像数据；对于传统建筑的各个部分、各个零部件名称、几何形状、位置关系等，可利用高清拍摄+三维扫描获得高清基础素材。例如，对清朝中期建筑群落的拍摄如图6-13所示。

图6-13　古建筑门楼墙壁精致的雕花、飞檐翘角和高高的马头墙

对建筑三维数据进行数字化存档后，专业人士可进行信息读取、研究或再设计等。另外，还可通过对三维数据的处理分析，找到古建筑变形、残缺的地方，结合计算机技术，对建筑进行变形修缮、破损修补或模拟复原等操作。

根据不同应用场景的需求，通过三维数字化科技手段进行古建筑数字化展示，既对古建筑进行了保护，也让人们了解古韵文化，使历史文化得到了传播。

4) 乡村珍贵文物、文化演出、民俗活动、民间工艺等数据采集

采集乡村珍贵文物、文化演出、民俗活动、民间工艺等数据，即运用高清数码摄像机、三维激光扫描仪、无人机航拍、全景数据采集器、全息设备进行全景、中景和近景拍摄，得到乡村古村落更为直观的见证材料，与古村落的文字、图片资料共同构成完整的详细档案库，便于后期交互系统的解说和全景漫游的制作，让观众更全面、更直观地了解乡村。

5) 乡村空间数据采集

采集乡村空间数据，即运用高清数码摄像机、三维激光扫描仪、无人机航拍、全景数据采集器、遥感设备等对乡村古村落的三维地理空间数据进行采集，再利用图像处理技术、音频和视频处理技术、三维模型技术、遥感 3S 技术等，获得乡村古村落空间图像、视频、勘测等数字基础资料。传统村落本身是一种物理空间意义上的特殊景观，且村落中的民居、古建筑、文物等物质性遗产都具有显著的地理空间特性，可通过收集古村落大面积的空间基础信息数据和动态数据，获取村落空间形态特征，从而对空间图像进行解译。随着数据要求的提高，早期卫星平台遥感已经不能满足古村落保护的需求，而低空无人机遥感测绘技术具有操作灵活方便、使用成本低、续航时间长、效率高的优点。遥感 RS 设备自带控制系统，可实现低空自由飞行，并搭载高分辨率数码相机或扫描仪来采集空间信息数据，这样可以减少再次勘测对古村落的二次破坏。计算机技术与遥感技术的结合将进一步提高古村落数据管理和分析的效率。

2. 数据存储

在对乡村文化进行数字化开发时，经过前期的数据采集和数据处理优化，乡村文化数字展示平台中有大量的图片、视频、文本等数据需要存储，此时应建立相应的数据库，并进行管理和调用。数据存储需要用到数据库技术，海量数据存储则需要用到大数据存储技术。

1) 数据库技术

若要构建以网络数据库为主要形式的数字化平台，则需要基于学术基础和大量珍贵文献建设相关的数据库。

乡村文化数字化数据库设计主要包括数据库结构设计、基本表设计、数据库关系设计、视图设计等。根据逻辑分析，可使用数据库语言设计得到数据库和数据表。每个数据库都有一个或多个不同的 API 用于创建、访问、管理、搜索和复制所保存的数据，以及使用关系型数据库管理系统(RDBMS)来存储和管理大数据量。所谓关系型数据库，是建立在关系模型基础上的数据库，它借助集合、代数等数学概念和方法来处理数据库中的数据。

2) 大数据存储技术

大数据存储的发展历程如图 6-14 所示。

图 6-14　大数据存储的发展历程

大数据存储的发展历程包括从本地存储到网络存储(尤其是以 NAS 和 SAN 为代表的分布式存储),再到以对象存储为实施标准的云存储,未来的发展方向是软件定义存储,通过软件定义存储来实现低成本、高效率、高灵活性以及高度可扩展性。软件定义存储(SDS)是一种数据存储方式,所有与存储相关的控制工作都仅在物理存储硬件相应的外部软件中进行。这个软件不是存储设备中的固件,而是在一个服务器上或者作为操作系统(OS)或 Hypervisor 的一部分,它是从硬件存储中抽象出来的,这也意味着它可以变成一个不受物理系统限制的共享池,以便于最有效地利用资源。它还可以通过软件和管理进行部署和供应,以及通过基于策略的自动化管理来进一步简化。

3. 数据可视化

乡村文化数字化的主要目标之一是通过数字化技术生动、有效地展示和传播乡村文化,让乡村文化得到更好的保护、传承和发展。乡村文化数字化的数据可视化,应考虑到面向不同的需求,能够让专业使用者了解到局部和细节的专业知识和技能,也能让普通使用者进行知识性的了解和欣赏,因此,在可视化的基础上应辅助更多的应用功能。

6.2.3　乡村文化数字化体系及发展路径

1. 乡村文化数字化体系

乡村文化数字化建设必须要进行科学的计划、大胆的实践、积极的作为,围绕重点问题持续创新,沿着正确的方向不断前进。乡村文化数字化体系的建设可以从搭建文化资源数字化平台、发展文化资源数字化技术、开发文化资源创意产业等几方面进行,如图 6-15 所示。

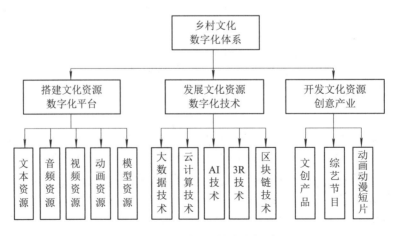

图 6-15　乡村文化数字化体系

(1) 搭建文化资源数字化平台包括数据采集处理后存储于数据库中的文本、音频、视频等基础数据和后期开发制作的动画、模型等数据。

(2) 发展文化资源数字化技术包括构建乡村文化数字化系统所需的主要数字技术。图 6-15 中仅列举了几项前沿高新技术。

(3) 开发文化资源创意产业包括制作、开发与乡村文化相关的文创产品、综艺节目以及动画动漫短片等。

2. 乡村文化数字化发展路径

(1) 借助数字化技术，充分挖掘和展示乡村文化。

借助最新的数字化技术，包括大数据、云计算、人工智能、3R 技术、全息投影、3D 漫游、区块链等技术，将静态的生态风光、农业生产、乡邻关系等场景转化成动态的信息流和超文本，通过微博、微信、短视频、直播、影视等进行跨媒介、立体化传播，充分挖掘和展示乡村美丽、朴实、原生态的特点，这既是平衡乡村地区文化输入和文化输出的重要手段，也是增强乡村文化自信的重要途径。数字内容与农业生产的结合，催生了另外一种拉动乡村经济增长的模式。首批"中国农民丰收节推广大使"李子柒，借助移动互联网、新媒体短视频技术，通过优质的短视频将中国乡村田园生活进行场景化传播，唤起了大众对乡村的消费热情，同时增加了全世界对中国乡村的了解和关注。

(2) 发展乡村文化数字化产业，提升乡村文化附加值。

乡村文化资源产业是典型的绿色经济、低碳产业，引领着未来经济的发展方向和价值导向，应注重文化产品服务理念和故事的深度挖掘，将高质量文化产品或服务内容(包含明确优质的价值观念内涵)视为核心竞争力，有效传达某个故事或某种理念。不但要将高质量内容以数字化形式呈现，还要通过创意和演绎，进行创造性转化和创新性发展，以数字创意提升乡村文化的核心竞争力，整合优秀农耕文化资源，开发反映农村题材、深受乡村居民欢迎的具有民族性、通识性的乡村文化资源数字化品牌，给予受众在情感共鸣、价值共识、话语共情等方面更为新颖良好的体验效果，为广大人民群众带来丰富别样的文化体验。

6.2.4　乡村文化数字化平台建设

乡村文化数字化平台主要包括前端和后台管理系统。前台主要是乡村文化的数字化展示，后台是多源数字资源管理系统。下面以玩转三秦乡村文化资源数字化平台为例进行介绍。平台的基本模块图结构如图 6-16 所示。

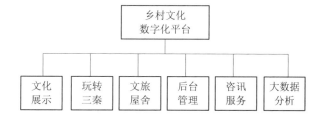

图 6-16　玩转三秦乡村文化数字化平台的基本模块

玩转三秦乡村文化数字化平台的主要模块有文化展示、玩转三秦、文旅屋舍、后台管理、咨询服务及大数据分析。该平台详细的功能模块结构如图6-17所示。

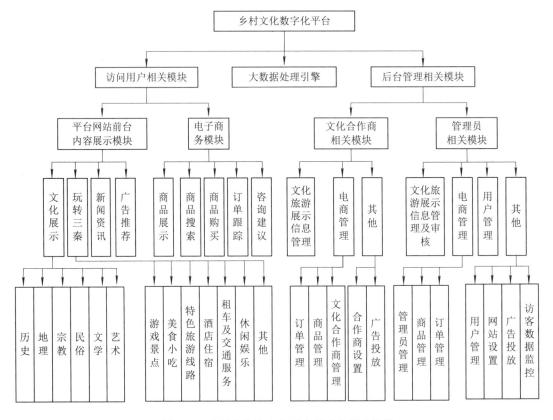

图 6-17　乡村文化数字化平台的功能模块结构

整个平台可以分为访问用户相关模块、大数据处理引擎和后台管理相关模块。其中大数据处理引擎提供协同推荐和访客分析功能。

访问用户相关模块主要包括平台网站前台内容展示模块和电子商务模块,后台管理相关模块主要包括文化合作商相关模块和管理员相关模块。

1. 平台网站前台内容展示模块

平台网站前台内容展示模块借助先进的三维空间信息采集术、实景三维 GIS 以及数据挖掘等技术,建立了乡村民俗活态文化可视化展示平台(涵盖历史、地理、宗教、民俗、文学、艺术等),并在数字虚拟场景中混合了视频、音频、图像及文字建立场景的混合模型。该展示平台能够对混合了多源数字文化资源模型进行展示,支持场景漫游、民俗文物欣赏。玩转三秦模块包括游戏景点、美食小吃、特色旅游线路、酒店住宿、租车及交通服务、休闲娱乐等。该平台还可包括新闻资讯、广告推荐等功能。

2. 电子商务模块

借助电子商务模块,用户可以查看商品展示,搜索、购买商品并对订单进行跟踪。

3. 文化合作商相关模块

(1) 文化旅游展示信息管理模块:作为数字化虚拟展示平台的后台管理系统,对公众网站的所有数据资源(如图片、音频、视频、三维、全景、文字描述等)进行支撑。通过技术攻关,该模块可实现支持数字资源录入、数字资源加工、知识产权加工、资源查询检索、资源对比统计等功能。

(2) 电商管理模块:包括订单管理、商品管理、文化合作商管理等功能。

(3) 其他模块:包括合作商设置、广告投放等功能。

4. 管理员相关模块

管理员相关模块主要包括文化旅游展示信息管理及审核、电商管理、用户管理及其他。其中,其他模块主要包括用户管理、网站设置、广告投放及访客数据监控等。

5. 大数据处理引擎

1) 大数据处理引擎结构图

大数据处理引擎作为独立的单元开发和建设,整体构建在 Linux 服务器上,可用 MySQL 数据库作为数据集成方案,平台大数据处理引擎结构如图 6-18 所示。

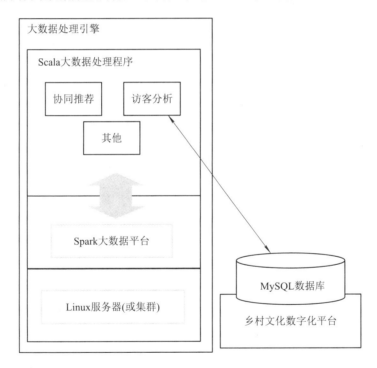

图 6-18　平台大数据处理引擎结构

2) Spark 大数据平台的计算模型

在操作系统之上部署的是 Spark 大数据框架。Apache 官方提供了支持不同 Hadoop 版本的 Spark 软件下载,平台选用的是 Spark 1.5.1 bin for Hadoop 2.6。由于目前平台的数据量有限,需要承载的大数据任务有限,因此平台并不需要采取分布式 Spark 集群及 HDFS 这样的架构进行搭建。随着平台访客数量的不断增加,大数据分析任务也在不断增加,Spark 大数据可以采用从单机向集群过渡的演进方案。Spark 大数据平台的计算模型如图 6-19 所示。

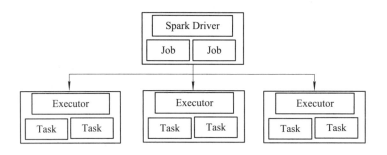

图 6-19　Spark 大数据平台的计算模型

　　在 MapReduce 计算模型中，每次需要执行的任务(Application)可以从宏观上划分为一个个 Job，Spark Driver 将计算任务分配给一个个 Executor，并行执行，最终汇总形成结果。Spark 平台对大数据的高性能计算的优势在于其对中间结果采用弹性分布式数据集，在内存中进行管理，而不是像 Hadoop 一样依赖于 HDFS，这使得其对于多轮迭代的数据集计算的优势明显。

　　依托"新基建"，乡村文化产业迎来了数字基础设施建设和文化大数据体系建设，有力推动了乡村文化资源的创造性转化和利用，新兴数字技术赋予了传统乡村文化变革的重大机遇。由于数字经济本身具有的平台化特征，数字化平台建设将有利于保持乡村文化资源生产要素的开放共享。

6.2.5　乡村文化数字化建设的原则

1. 开放共享

　　互联网技术使得全球信息的传播面更广、传播速度更快。利用数字化信息平台和互联网技术可以将数字文化信息、民众的理解和体验与他人分享，开放共享的平台有利于扩大数字文化的传播范围，触及更多对文化遗产感兴趣的民众。民众可以在平台上下载感兴趣的内容，也可以分享自己的想法、提出建议、发表对文化保护的构想。

2. 数字媒介

　　科技、文化和艺术并不是三条平行线，它们的创新融合将更好地助力文化遗产的保护、传承及活化，甚至创造出巨大的商业价值和社会价值，因此提出合理利用信息媒介的数字化保护原则势在必行。腾讯提出的"新文创"战略就是以 IP 构建为核心，以尊重文化自身气质为前提，挖掘、演绎和再创作数字文化，利用不同数字媒介提出的一整套乡村文化资源数字化解决方案。

3. 信息互动

　　大多数文化遗产具有不易陈列性，利用数字展示技术能较好地解决这一问题。另外，对民众而言，传统的文化遗产展示更偏向于被动地接受和感知，互动参与让民众能主观感知文化的魅力，有助于民众进行深层次的理解与认知。将文化遗产进行重构并挖掘其深层次的文化含义，把握人的生理和心理的需求，利用交互技术，设计出多感官、多角度的体验场景，可以使体验者在营造的场景中感知文化遗产的魅力。例如，3D 虚拟紫禁城的交互功能让体验者沉浸在清朝宫廷中，虽然是虚拟展现，但视觉震撼不减，体验者同样能体验到皇家生活并感受到皇室成员对生活的态度。

6.3　乡村数字文化展示、传播与保护

乡村数字文化的展示、传播与保护是弘扬优秀传统村落文化，提供乡愁数字服务，全面振兴乡村文化融合、跨界发展，丰富乡村文化范围和内涵，甚至改变乡村文化资源的整个生态系统，为乡村文化振兴及经济振兴注入新的动能。

6.3.1　乡村数字文化展示

由于乡村文化资源的地理固有特性，可采用丰富多样的表达方式将多维度的乡村活态数字文化资源信息还原展现出来，针对不同类别的乡村文化要素，采用不同的展示方法与手段，从而实现全维度可视化展示。

1. 乡村数字文化网站开发

乡村数字文化网站交互平台是集展示、搜索、交流、管理于一体的综合性平台，可以全面、系统地展示乡村的文化资源。例如，建立特色古村落历史文化网站，向民众及游客展示古村落的历史渊源、建筑特色、乡间小路、田园风光等，从而让民众及游客更多地了解古村落的特色风光。图 6-20 为福建永定土楼历史文化网站。

图 6-20　福建永定土楼历史文化网站

2. 乡村数字文化实景虚拟漫游展示

乡村数字文化实景虚拟漫游展示指基于 720° 全景展示模型，记录民俗艺术文化开展的场景，利用二维和三维技术对手工工艺品进行数字化辅助设计，根据不同的手工技艺特色，建立一套有效的输入、模型生成、编辑、修改的系统功能，建立典型的手工技艺、工艺品素材库，再通过引入故事描述，配合多种音乐或环境要素，呈现出手工技艺、戏曲音乐的历史发展演变，并对之进行模拟，呈现出民间艺术的"活态性"。在实景展示中添加增强现实功能，呈现手工技艺制作或戏曲表演过程，使人们能更好地参与到情节发展中，非常有利于这些无形文化的展示与传播。

3. 乡村数字文化数字图书馆、博物馆展示

数字图书馆，是用数字技术处理和存储各种图文并茂文献的图书馆，实质上是一种多媒体制作的分布式信息系统。它把各种不同载体、不同地理位置的信息资源用数字技术存储，以便于跨越区域、面向对象的网络查询和传播。

数字博物馆，是通过数字化信息获取、多媒体虚拟场景建模、虚拟场景协调展示、网络和人机交互等技术手段，利用三维建模、修复仿真、动画模拟、音频仿真等方法，通过文字、图片、录音解说、立体 Flash、全景漫游、高空俯瞰等多种方式，全景展示中国传统乡村独特价值、丰富内涵和文化魅力，让人们在互联网上就能观赏到乡村丰富的历史遗存文化和产品，如身临其境般感受乡村厚重的历史文化沉淀，极大丰富了用户的感官体验，同时更加便捷地获取乡村文化信息和知识，集知识性、趣味性、实用性、可视性于一体。在"互联网＋数字博物馆＋"的背景下，实现乡村数字化博物馆在计算机端和手机端同步呈现，让人们随心所欲地"畅游"乡村。图 6-21 为中国传统村落数字博物馆网站。

图 6-21 中国传统村落数字博物馆网站

6.3.2 乡村数字文化传播的现状和基础条件

1. 数字传播的概念

数字传播又叫网络传播，是以电脑为主体、以多媒体为辅助的能提供多种网络传播方

式来处理包括捕捉、操作、编辑、贮存、交换、放映、打印等多种功能的信息传播活动。由于数字传播是把各种数据和文字、图示、动画、音乐、语言、图像、电影和视频信息组合在计算机上，并以此互动，所以数字传播是集合了语言、文字、声像等特点的新的传播途径，是为适应现代社会发展的需求而出现的。

著名传播学者麦奎尔曾断言："文化最普遍和最主要的特征可能就是传播，因为没有传播，文化就不能发展、生存、延伸和成功。"

传统乡村文化是孕育中华优秀传统文化的母体，是农耕文明最重要的文化遗产。其一经形成即通过人际传播、群体传播、实物和印刷传播等形式构筑着中华民族的精神家园，但上述传播方式相对而言形式单一、受众面窄、文化影响力有限。随着传统乡村文化抢救保护和利用的行动中数字化技术的普遍运用，形成了大量的数字化传统乡村文化成果，为其数字化传播奠定了坚实的资源基础。

2. 乡村数字文化传播的现状

瑰丽多彩的乡村文化是中华民族文化的重要组成部分，在历史长河中始终保持着长久独特的生命活力。由于当前乡村文化个性化逐渐缺失、文化传播缺少源泉上的支持(包括缺少优秀的文化作品、缺乏专业原创人才)，没能较好地适应新媒体传播的时代节奏，使得乡村文化对外传播受到限制，十分不利于传统优秀文化的发扬光大。综合创新扩散理论与乡村文化传播问题，在网络发展的大环境下乡村文化应该积极寻求发展的突破口。

3. 乡村数字文化传播具备的基础条件

乡村数字文化传播具有很好的基础条件，主要包括：

(1) 政策牵引。乡村振兴、文化遗产保护等政策以及数字文化产业创新战略部署是乡村文化资源数字化发展的有力支撑。

(2) 青年力量。青年这一互联网的原住民作为受众群体和二次创造者是乡村文化资源数字化传播的中坚力量。

(3) 社群传播。社群传播具有多层次、多维度的特性，是乡村文化资源数字化传播的关键节点。

(4) 技术迭代。技术迭代使得数字化技术不断发展、智媒体平台日益多样，成为乡村文化资源数字化传播在科技上的强大支撑。

移动互联网时代，传统的传承方式使得乡村文化在获得生存和发展所必需的社会环境和物质条件的同时，也要借助新技术、新媒介培养并发展乡村文化传播的创新能力。

6.3.3　乡村数字文化传播的策略和方式

结合创新扩散理论机制的各因素特点与需求，掌握事物发展的 S 曲线进程，为乡村数字文化制订合理有效的传播机制，走出传播困境，推动自身不断向前发展。

1. 传播策略

乡村文化传播综合创新扩散理论与乡村文化传播的特征与问题，在互联网 + 发展的大环境下，积极寻求发展的突破口。根据创新扩散理论的含义及创新扩散理论的 S 曲线传播规律，可制订乡村文化传播的策略：

(1) 乡村文化应该在种类繁多的文化消费市场中进行自身发展的定位。

(2) 寻求乡村文化传播的新渠道。互联网时代，先进的数字化技术让乡村文化数字化的传播更为直观、便捷，传播的方式与手段更为多样化。要想对乡村文化进行更好的数字化传播，多渠道传播是必不可少的，所以应加强统筹指导，完善协调机制，鼓励各行各业和各个社会群体广泛参与到对外传播中去，充分发挥不同主体的作用，积极构建全方位、立体式、多元化的对外传播体系。

(3) 创作优秀的吸引大众的优秀作品，贴合市场的需求，逐渐实现乡村文化创作类型的创新。例如，通过官方微博、微信公众号进行智能即时推送，通过专业有序管理的论坛，掌握大众对乡村文化的接受程度及为其发展提供的诸多良好的建议，从而创作出优秀的、有创意的作品。

(4) 将鲜明的民族个性与大众的广泛需求相结合，扩大受众范围与乡村数字文化的影响力。广泛的传播可以使大众认识、了解乡村文化独特的魅力，为乡村文化在社会进一步传播开拓新的局面。

2. 传播方式

当前，对乡村文化进行多渠道、多元化传播的主要方式如下：

(1) 文化+技术。新一代数字技术包括大数据、云计算、人工智能、3R 技术、Web 3D 技术、一体化数据库等技术。新技术、新方法及其融合加强了对乡村文化的"记录""存储""复活"和"展示"等。

(2) 文化+互联网。借助互联网便捷高效的特点，创建展示乡村文化的网站、平台，建立起乡村文化资源的大数据平台。

(3) 文化+平台。搭建乡村文化公众展示、传播和内部管理运营系统平台。

(4) 文化+新媒体。为扩大乡村文化传播范围，创建"两微"或"三微"官方账号进行传播，抖音、短视频也方兴未艾，尽力扩大乡村文化的传播范围。

(5) 文化+博物馆。形成一座线上乡村文化数字博物馆，储存、展示和传播优秀特色乡村文化，打通博物馆内文物资源和业务数据的互联互通。

(6) 文化+体验馆。体验馆里可以陈列各种特色文化艺术作品(如苏绣、皮影、竹编等)、名家专题陈列等。

(7) 文化+游戏。乡村文化与网络游戏合作。例如，《王者荣耀》与浙江小百花越剧团跨界合作，推出游戏角色上官婉儿的限定皮肤——越剧"梁祝"款。

(8) 文化+App。文化 App 里面包含了丰富的文化意义，通过不断的传承变化已经成为一种虚拟的形式，是一种精髓、一种象征。我们通过 App，可以了解各种文化知识及其特点，将乡村文化传承下去并发扬光大。

除了上述的乡村数字文化传播贴合大众需求的定位分析之外，乡村文化的健康传播与发展也需要结合其他方面要求，如下所述。

(1) 对于乡村文化创作人、传承人需要给予充分尊重与重视。

(2) 对于优秀的乡村文化作品在宣传与保护机制上加以区别对待，对其传播以保护为主，但不排斥与其他文化之间的交融互生。

(3) 乡村文化的传播离不开教育的力量，其目的是培养乡村文化的传播者与受众者；

而乡村文化的教育又离不开对原生环境的体验，它更突出强调的是情景式实地体验，所以在教育过程中应该注重"田野式"的教育体验模式。

（4）遵循信息互动的原则，通过不同的方式及其融合技术，让静止的、小众的文化活起来，如通过 3R 技术及 3D 全息投影等数字化展示技术为游客提供更真实、更有趣味的体验，达到更好的传播效果。

图 6-22 所示为二里头夏都遗址博物馆・数字馆。该馆以数字技术助力转型升级，制作三维数字影片，深层次展现二里头夏都作为"最早中国"的风貌。该馆是在原遗址博物馆的基础上全新打造的数字展馆，全面复原展示了以二里头遗址为核心的二里头文化面貌。

图 6-22　二里头夏都遗址博物馆・数字馆

6.3.4　加强乡村数字文化知识产权保护的重要作用及主要措施

文化遗产是一种文化财产，它并不是单一的文化财产，而是文化多样性的价值体现。当前乡村文化遗产的生存环境越发严峻，对文化遗产资源的保护与传承显得尤为重要。证明版权归属、有效保护文化财产的安全、保护传承人的利益是对乡村数字文化保护的重要手段，也是文化遗产法律保护的一项重要任务。

乡村数字文化资源充足丰富，但乡村数字文化知识产权创新驱动力与乡村振兴不相匹配，存在创新力不足、发展不平衡不充分、经济活跃度不高、保护力度不够等问题。我们应加强政策宣传引导，激发产权法人的创新力，拓宽乡村数字文化知识产权转化渠道，提升优质乡村数字文化创意产品和品牌认证制度管理水平，确保知识产权在乡村振兴战略实施中发挥"引擎"作用。

1. 乡村数字文化知识产权的重要作用

（1）以知识产权为核心的创新驱动发展模式，是国家经济绿色发展的重要推力。乡村数字文化知识产权是乡村振兴持续发展的助推力量，有利于提高乡村经济、文化的竞争力及其产业综合效益，促进农民就业、增收，延伸生产链，提高乡村文化、农业创意产品价值链，加速各产业有机融合。

(2) 乡村数字文化知识产权的发展为乡村振兴战略的实施起到了重要推动作用。实现农村产业兴旺、生态宜居、乡风文明、治理有效、生活富裕离不开文化及农业知识产权的创造、转化和保护，知识产权与乡村振兴战略相伴实施，能促进乡村经济结构调整升级，给农民带来物质生活富裕、文化生活丰富多彩的宜居生态文明。

(3) 知识产权是农村和农民的宝贵财富，不同类型的知识产权在助推乡村振兴中发挥着各自独特的作用。

第一，农业现代化，种子是基础，植物新品种权有利于育成和推广植物新品种，推动我国的种子工程建设，解决农作物种子"卡脖子"问题。

第二，农产品商标有利于培育特色农业品牌，壮大新型农业经营主体，提高农产品的市场竞争力。

第三，地理标志通过对特色文化及农产品的宣传推广，不仅能促进区域经济高质量发展，提高农民经济收益，成为农村实现全面小康的重要产业，还可以打造地理标志公共文化及农产品品牌，提高区域知名度，增强农民对家乡农产品的自信心和自豪感，使之成为农村精神文明、物质文明建设的基础。

第四，乡村文化艺术专利、农业技术专利等有利于提高乡村数字文化、农业科技创新力，打造升级文化和农业科技创新平台，加快科技成果在实际生活、生产实践中的转化应用，促进乡村文化及农业转型升级，推动乡村数字文化及农业高质量发展。提高特色优质乡村数字文化知识产权保护水平，将乡村特色文化、农业知识产权深度融入农民生活、生产中，能够有效地推动我国农业参与国际竞争，提早实现我国乡村振兴战略。

乡村振兴战略是乡村加快经济、文化发展的历史机遇，政府要积极统筹谋划，调整优化经济、文化产业结构，强化优质乡村文化产品认证及品牌后续管理，稳步推进数字文化知识产权的创造、应用和保护，利用科技创新，使乡村知识产权在助推乡村振兴过程中源源不断地输出强劲动力。

2. 加强乡村数字文化知识产权保护的主要措施

(1) 注重数字文化知识产权的宣传培训，营造浓厚氛围。农村的科技文化落后、法治意识淡漠，应加强乡村数字文化及农业知识产权法治宣传教育，把知识产权法治意识融入乡村数字文化治理措施中，提高人们尊重、保护知识产权的自觉性，助推乡村振兴战略实施。政府可以举办知识产权讲座、比赛，引导创办农业知识产权网站，开辟知识产权专栏，充分利用微博、微信和抖音等新媒体，强化宣传教育引导，实施典型带动知识产权宣传进村、进社区，深入开展多角度、深层次宣传。

(2) 强化科技创新，加速创新成果转化。强化科技创新是乡村现代化发展和乡村产业振兴的重要支撑，深入调研乡村数字文化发展对科技的需求点，强化农村与高等院校、科研院所及高新企业的对接，加速乡村数字文化科技产业的研发与孵化，鼓励支持科技成果转化服务，不断提升科技创新力；持续推进品牌实施计划，打造乡村文化、农业生产领域的自有品牌，挖掘可地理标志化的潜在资源，推进以地理标志为核心的区域文化和农业公共品牌建设；简化创新创意产品申报、登记备案流程，加速创新成果向新品权的转化。

(3) 拓展运用渠道，提高乡村数字文化知识产权转化率。知识产权转化是促进乡村经济、文化可持续发展的重要渠道。深化科技领域制度改革，落实科技创新、科技成果转化的激励政策，探索科研单位和高新企业对乡村不同知识产权的转化新模式，提高知识产权的转化率，制订促进乡村数字文化知识产权转化的保障措施，创建知识产权转化交易市场，完善高新技术推广体系，确保乡村数字文化新技术、新品种、新方法能够真正为乡村振兴战略实施提供技术支撑。

(4) 完善法规政策，构建良性发展机制。乡村数字文化知识产权的良性发展离不开法规政策的制度保障。知识产权保护在农村相对薄弱，侵权、售假现象屡禁不绝，因此要制定和完善知识产权法律法规，提升侵权行为的惩罚力度，加大侵权、售假违法成本，有效遏制侵权、售假行为，保护产权人、企业和产权使用人的合法权益，强化地理标志、产品商标和优质品牌的保护，确保知识产权在乡村振兴战略实施中持续、健康发展。

(5) 增强责任意识，提高管理水平。知识产权认证过程中，产权法人需要投入大量的人力、物力和财力，政府必须增强责任意识，准确把握知识产权的发展重点和方向，引导产权法人牢牢把握质量安全主线，严格把控产品生产质量，坚持地理标志产品立足于乡村传统特色和特殊资源，科学划定地理区域，规范产品等级认证，提升产品品质特色和品牌价值，只有政府做好管理过程的监管工作，才能确保知识产权认证和发展步入良性循环。

6.4 乡村数字文化发展趋势

2022 年 3 月 21 日，为全面贯彻乡村振兴战略，落实《中共中央、国务院关于做好 2022 年全面推进乡村振兴重点工作的意见》，以文化产业赋能乡村经济社会发展，文化和旅游部、教育部、自然资源部、农业农村部、国家乡村振兴局、国家开发银行联合印发《关于推动文化产业赋能乡村振兴的意见》(以下简称《意见》)。

《意见》站在我国乡村振兴战略的高度，为未来数字文化赋能乡村振兴提供了发展的路径和方向。乡村数字文化发展赋能乡村振兴战略，就是要以文化产业赋能乡村人文资源和自然资源的保护利用，促进第一、二、三产业融合发展，传承发展农耕文明，激发优秀传统乡土文化活力，助力实现乡村产业兴旺、生态宜居、乡风文明、治理有效、生活富裕，为全面推进乡村振兴作出积极贡献。

数字技术赋能乡村文化资源、创意、生产、传播和体验，有利于培育新供给，促进新消费，推动文化产业与数字经济的深度融合、科技创新与文化创意的融合发展，借助科技驱动力，充分发挥数字文化势能，赋能乡村产业高质量发展。

当前，5G 技术正在世界范围内逐渐普及应用，世界各国都在加速 6G、7G 技术的研发，4K/8K 超高清技术、AI 技术、3R 技术、全息互动投影技术、无人机表演、夜间光影秀等将在不久的未来融入各产业链，尤其是乡村旅游和文化创意产业，以此推动乡村数字文化的振兴发展。未来，乡村数字文化发展，在产品、产业发展方面，朝着特色精品化、品牌化、产业联盟化的方向发展；在展示、传播方面，朝着可视化、智慧化、可持续化的方向发展。这些并不是独立发展的，而是相互交融、相互促进的。

6.4.1　乡村数字文化在产品、产业发展方面的发展趋势

乡村数字文化在产品、产业发展方面将朝着精品化、品牌化、产业联盟化的方向发展。

1. 精品化

乡村数字文化依托互联网平台与技术，将其所蕴含的价值内容与数字技术的新形式、新要素整合起来，打造乡村数字文化精品，丰富乡村数字文化表现形式，提升文化体验水平，满足人民文化需求，增强人民精神力量；通过本土化、多样化的线上数字文化产品传播，提升乡村地区的品牌知名度和社会影响力，不断为乡村振兴注入新的活力。

2. 品牌化

乡村要实现振兴，依然要回归价值本身。乡村地区借助互联网新技术形态，推动优秀传统文化资源进行数字化转化与内涵挖掘，打造独具特色的乡村文化品牌 IP，建成一批特色鲜明、优势突出的文化产业特色乡镇、特色村落，推出若干具有国际影响力的文化产业赋能乡村振兴典型范例，从而使优秀传统乡土文化得到有效激活，乡村文化业态丰富发展，乡村人文资源和自然资源得到有效保护和利用，乡村第一、二、三产业有机融合，文化产业对乡村经济社会发展的综合带动作用更加显著，对乡村文化的支撑作用更加突出。

3. 产业联盟化

乡村数字文化重点领域协调融合发展，形成产业联盟，鼓励数字文化企业发挥平台和技术优势，加快参与乡村数字精品内容创作，传播展现乡村特色文化、民间技艺、乡土风貌、田园风光、生产生活等方面的数字文化产品；规划开发线下沉浸式体验项目；打造优秀传统文化资源活化与品牌 IP，促进农村产业结构调整；充分运用动漫、游戏、数字艺术、知识服务、网络文学、网络表演、网络视频等产业形态，挖掘活化乡村优秀传统文化资源，打造独具当地特色的主题形象，带动地域宣传推广、文创产品开发、农产品品牌形象塑造；推广社交电商、直播卖货等销售模式，促进特色农产品销售，以此带动乡村文化展示、传播和消费。

6.4.2　乡村数字文化在展示、传播方面的发展趋势

乡村数字文化在展示、传播方面将朝着可视化、智慧化、可持续方向发展。

1. 可视化

可视化主要是指借助图形化手段，清晰有效地传达与沟通信息。可视化与信息图形、信息可视化、科学可视化以及统计图形密切相关。而且，为了便于人们理解及视觉上的美感，可视化也包含有相当多的美学成分，需要在设计、美学与实用功能之间寻找平衡。

2. 智慧化

近年来，随着大数据智能化发展，在高度重视大数据智能化发展的背景下，人们生活越来越"智慧化"。在这样的背景下，乡村智能化发展也成为必然趋势。乡村文化数字化与智能化交互发展，同时具备、共建共生，应当着力借助科学技术建设"智慧乡村"，应当采取"区块链技术＋大数据＋人工智能"进行驱动，让乡村文化更加智能地服务于乡村

振兴。在乡村整体智慧化的进程中，乡村文化的智慧化也一同跟进，融入其中，并发挥"领头羊"的作用。

3. 可持续

1) 数字技术方面

乡村文化数字化需要乡村数字化大系统的支撑。大数据发展必然要求做到数据的开放性、流通性和易获取性。乡村数字信息化成功的关键是不要让数据信息碎片化，要有信息全局性思维，进行数据集成，大数据可在唯一的系统、平台上运营，实现数据的实时共享。

乡村文化数字化是一个完整的系统工程，只有消除城乡"数字鸿沟""数字孤岛"，打通信息"最后一公里"，才能实现城乡文化均等化。乡村文化数字化要久久为功，在实践中更要克服急功近利的思想，在软硬件建设及布局上要有一定的前瞻性和可持续性，做到功在当代、利在千秋。

2) 资源保护利用方面

根据本地区实际情况，在当地党委政府的统一领导下，加强部门协同，协调各方力量，统筹各类资源，加大支持力度，扎实推进乡村数字文化产业赋能乡村振兴工作。

统筹县域城镇和村庄规划建设，通盘考虑土地利用、历史文化传承、产业发展、人居环境整治和生态保护，加强自然环境、传统格局、建筑风貌等方面的管控，注重生态优先、有序开发，合理规划布局乡村文化和旅游发展空间。

在有效保护的基础上，探索乡村文化遗产资源合理利用的长效机制，防止盲目投入和低水平、同质化建设，避免大拆大建、拆真建假，保护好村落传统风貌，留得住青山绿水，记得住乡愁，推动乡村经济社会更高质量、更可持续发展。

本 章 小 结

乡村文化源源不断地为中华文明提供精神营养，使中华文明以其独有的方式屹立于世界民族之林，具有重要的历史意义；乡村文化在乡村振兴中具有重要的文化价值和经济价值导向的现实意义，是乡村振兴的基础和关键。

本章首先介绍了乡村数字文化及其分类，其次阐述了数字技术在乡村文化数字化建设中的应用，再次介绍了乡村数字文化的展示、传播和保护的方式、方法和策略，最后介绍了乡村数字文化的发展趋势。

数字技术使乡村文化艺术的呈现形式越来越丰富，让乡村文化艺术欣赏不再受到时间、空间的限制，乡村美术馆、博物馆中的艺术品通过数字化高清细腻的显示，生动展示在观众面前，进入千家万户，满足大众对乡村文化质朴、纯净的美的需求。

思考与练习题

1. 什么是乡村文化？试说明乡村文化体系中的三个层次。三个层次构成的文化整体可分成哪两个部分？

2. 乡村文化数字化会应用哪些典型数字技术？

3. 目前应用较多的数据库系统有哪些？

4. 目前具有代表性的 3D 设计软件和虚拟现实软件有哪些？

5. 搭建乡村文化数字化管理平台主要包括哪两大部分？

6. 试设计并开发一个你喜欢的乡村数字文化平台。

7. 当前乡村数字文化传播方式有哪些？

8. 利用数据库技术、3D 设计软件和虚拟现实软件设计并开发你喜欢的古村落三维虚拟漫游展示平台。

扩展阅读　中国首家乡愁乡情数字馆——印迹乡村文化数字云平台

2020 年 4 月 19 日，印迹乡村(见图 6-23)文化数字云平台上线直播活动成功举行，这场别开生面的云端启动会吸引了线上线下共 3 万多人，共同参与并见证了中国首家乡愁乡情数字馆的启动。

图 6-23　印迹乡村

中华文明植根于农耕文明，乡愁是每个人对家乡情感的寄托和希望，是人类社会几千年农耕文明传承下来有记忆、有价值的东西，是一种温厚力量，是文化脉络，留住乡愁成了国人共同的心声。

"印迹乡村文化工程"主要包含三部分内容：一是通过建设印迹乡村数字文化档案馆，为个人和机构提供乡愁档案的分享、存储和交流的数字平台；二是挖掘乡愁情感的文化内涵，组织印迹乡村文化之旅，把城市居民引到农村来，体验乡村文化，参与乡村建设；三是组织实施印迹乡村发现计划，通过组织印迹乡村文创大赛，挖掘乡村文化资源，通过印迹乡村文创＋活动，为传统乡村产业转型升级赋能。

"印迹乡村文化工程"依托印迹乡村文化数字云平台，加大对平原的乡风民俗、文化资源、产业经济、名人乡贤的推介力度，广纳资源，广交朋友，共同推进乡村振兴。

留住乡愁记忆，筑牢乡情纽带，发现乡村价值，助力乡村振兴，印迹乡村文化数字云平台的上线，必将成为中国乡村文化振兴的一个新的里程碑。

第7章　数字乡村信息惠民便捷服务

【学习目标】

◇　掌握乡村智慧养老、乡村智慧医疗和乡村智慧教育的基本概念；
◇　了解数字技术在各惠民便捷服务中的具体应用；
◇　熟悉乡村智慧养老服务和乡村智慧医疗面临的问题；
◇　理解乡村数字教育体系的建设方案。

【思政目标】

◇　加强理想信念，肩负起民族复兴的时代重任；
◇　了解国情社情，维护国家利益，肩负起推动社会进步的责任感；
◇　以针对性的问题为线索，提出问题和难点并找出解决方法。

案例引入

青岛即墨：智慧化养老守护"最美夕阳红"

近年来，面对老龄化程度加快的新形势，为了提高老人晚年幸福指数，青岛市即墨区结合全区城乡养老市场现状，以康复养老、居家养老、医养结合社会化服务为基础，探索创建"1＋18＋N"养老发展体系，通过"双招双引"引进港资企业青岛维普养老产业有限公司并依托即墨区 96711 社会服务热线和 96711-3 智慧养老平台，探索智慧养老新格局。据青岛维普养老产业有限公司负责人杨玉贤介绍，维普养老依托政府支持，结合市场现状，创建了"1＋18＋N"养老服务体系。"1"指的是即墨 96711 社会服务热线的智慧养老平台，实现线上接单，线下派单；"18"指在即墨的 18 个镇街构建 18 个微型养老院；"N"指的是以 2.4 公里为服务半径，设立 N 个线下服务站点，提供老人日间照料，同时给居家养老护理员们提供培训、开会、放置工具的场所。

即墨区政府推行"居家养老"上门服务新举措，为年满 80 周岁的老人购买医养结合康复养老社会化服务套餐，维普养老为符合条件的老人每周免费提供 2 次居家养老服务，服务内容包括按摩理发、助浴助洁、日间托老、紧急救助等。通过维普养老这个具有先进理念、高标准服务水平的专业服务机构，打通了乡村养老服务"最后一公里"，让更多的农村老人享受到政府和社会各界的关爱，真正实现农村的老年人所期盼的"人在家中坐，服务上门来"的养老梦想(见图 7-1)。

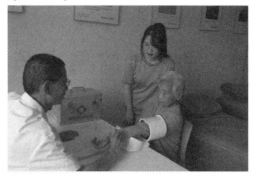

图 7-1　青岛市即墨区为农村老人提供乐享"智慧+"养老服务

本章将从乡村智慧养老、乡村智慧医疗、乡村智慧教育三方面对数字乡村信息便捷服务进行阐述，读者可以从中学习到乡村信息惠民便捷服务的基本概念。

7.1　乡村智慧养老

7.1.1　乡村智慧养老的基本概念及特点

1. 乡村智慧养老的基本概念

乡村智慧养老是指运用移动通信、互联网以及物联网等现代化信息技术，依托乡村社区、养老机构等主体，利用智能终端与各主体保持联系，满足乡村老年人个性化和多样化服务需求，利用大数据技术对老年人的现实需求进行分析，由经过培训的专业人员上门为老年人提供养老服务，并及时进行系统化的跟踪监控和规范化的管理，从而使乡村老年人安享晚年的一种新型智慧化养老模式。

乡村智慧养老模式为当前乡村老年人的差异化养老需求提供了新的解决途径，不但能够为乡村老人提供定制化的养老服务，而且能够依托乡村独特的环境优势发展相关产业，既能使老人体验集观光、旅游、健身、娱乐于一体的乡村生活，又能带动养老地所在乡村的经济发展，成为了实现乡村振兴的重要途径。

2. 乡村智慧养老的特点

(1) 智能性。智慧养老可以实现乡村老年生活的智能化，依托物联网技术，借助移动互联网技术远程监督老年人的生活起居；依据实时监控，监测老年人的各项健康指标和所在地理位置，为老年人提供更加细致的全方位监护。

(2) 准确性。智慧养老依托的是先进的互联网技术，通过智能养老终端或平台实现养老服务的精准化。智慧养老不仅是将物联网等新兴技术与传统养老服务进行简单融合，更是将传统养老服务向智能化、精准化、适老化和多元化方向去转型。

(3) 高效性。智慧养老服务侧重于高效率的信息传递、网络化的治理以及更为全面的资源共享，其从技术、内容、方法和模式等方面对传统养老服务进行革新。

7.1.2　乡村智慧养老的发展概况

当前中国正处于以物联网为基础的物理世界和以数字技术为依托的数字世界相结合的智能数字化环境中,数字设备以一种无处不在的方式嵌入现有的基础设施中,这些设备通过收集相关数据,可以有效地感知和预测用户的行为习惯,并通过向普通对象赋予一定计算能力来合并物理和数字世界。同时,人们也通过自己的主观情感来对事物及数据赋予个性化的意义。数字技术的发展为智慧养老的发展提供了基础。2018 年 7 月工信部、国家发改委联合印发《扩大和升级信息消费三年行动计划(2018—2020 年)》,指出要提升智能可穿戴设备、智能健康及养老产品的供给能力。2019 年 4 月国务院发布《关于推进养老服务发展的意见》,指出要加快新一代信息技术和智能硬件产品在养老服务领域中的应用。2021 年 10 月,工业和信息化部、民政部、国家卫生健康委等三部门联合印发《智慧健康养老产业发展行动计划(2021—2025 年)》,提出到 2025 年,智慧健康养老产业科技支撑能力显著增强,产品及服务供给能力明显提升,试点示范建设成效日益凸显,产业生态不断优化完善,老年"数字鸿沟"逐步缩小,人民群众在健康及养老方面的幸福感、获得感、安全感稳步提升。政策的密集型出台表明乡村智慧养老的发展得到了国家的大力支持并在社会中得到了广泛的肯定,乡村智慧养老对于未来乡村养老的支撑是强有力的和可预见的。乡村智慧养老可理解为三个层面:一是作用方式基于新一代信息技术;二是作用主体为乡村老年人;三是作用内容是为乡村老年人提供养老服务,服务主要包括生活照料服务、医疗护理服务以及精神慰藉服务等三个方面。乡村老年群体借助智慧养老技术所形成的多系统互动模型如图 7-2 所示。

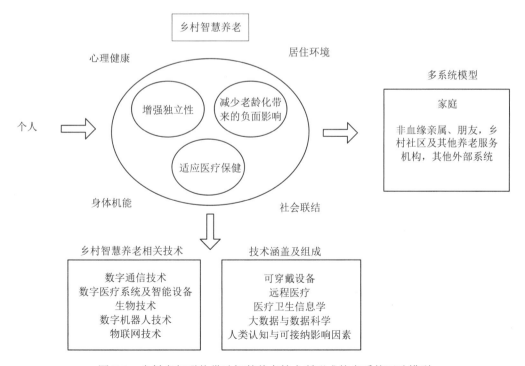

图 7-2　乡村老年群体借助智慧养老技术所形成的多系统互动模型

以数字技术为基础的乡村智慧养老发展主要涵盖以下四个领域,通过这些领域的数字化改革将显著提高老龄化群体的生活质量。

(1) 居住环境。利用智慧养老技术为老年人提供能够满足其基本生活需求的居住场所,对住房进行数字化改造,充分体现居住条件的适宜性。

(2) 心理健康。促进心理健康,可减少发生慢性身体疾病的风险,有助于老人健康长寿。

(3) 社会联结。通过数字技术将人们与远距离的亲戚、朋友或特定的拥有共同兴趣爱好的群体联系起来,便于交流信息,实现医疗、休闲、学习、社会服务、工作等方面的互动。

(4) 身体机能。身体机能是指身体健康状态和身体活动方面的状态。

新时代老龄化社会中,将充分利用数字技术,与社会进行更深层次的联结,形成多层数字养老模式。

(1) 成年子女通过智慧养老辅助技术承担照顾老人的主要责任。

(2) 利用数字化养老加强非血缘亲属或朋友之间的联结。

(3) 乡村社区及其他养老服务机构通过智慧养老平台进一步加强老年人与这些机构部门的联系与沟通。

(4) 其他外部系统,可能包括住宅护理设施、医疗服务提供者或行政管理机构等,利用数字技术做好养老服务工作。

乡村智慧养老技术大致可分为五大类:

(1) 数字通信技术:可支持老年群体更好地进行社会交流和社会联结,如老年群体可以通过通信技术联系看护人或医生。

(2) 数字医疗系统及智能设备:可监测家中老年人的健康状况。

(3) 生物技术:可改善生活系统和健康。

(4) 数字机器人技术:如使用护理机器人协助老年人更好地生活。

(5) 物联网技术:其作为连接电子世界和物理世界的高速通道,可实现人、机、物的高效互联。

乡村智慧养老大致包括可穿戴设备、远程医疗、医疗卫生信息学、大数据与数据科学、人类认知及可接纳影响因素等。其中,通过可穿戴设备或远程医疗技术,可收集与使用者相关的数据,包括生理、行为、环境和成像数据,并通过大数据技术对与健康相关的数据进行合理分析,可有效提高老年人群的医疗服务质量,并利于为其提供精准化、个性化的医疗和护理服务。

7.1.3　数字技术在乡村智慧养老中的具体应用

1. 建设乡村智慧养老服务网络

建设完善的乡村智慧养老服务网络是养老服务体系智慧化的基础步骤,也是实现智慧养老服务的前提。乡村智慧养老服务网络建设旨在建立安全可靠、功能完备的网络平台系统,为养老服务线上与线下、双边或多边的交流、互动与合作提供支撑,满足老年人及其家属的需求，并最大程度地快速响应这些需求和提供相应的服务。乡村智慧养老服务的总体架构如图 7-3 所示。

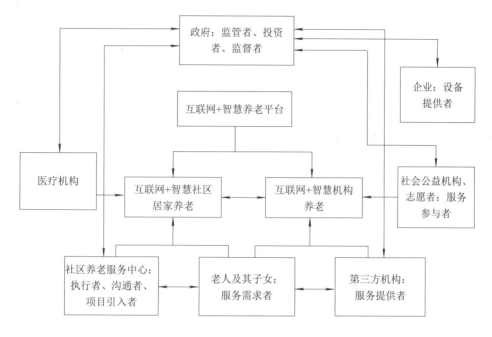

图 7-3　乡村智慧养老服务的总体架构

在功能方面，乡村智慧养老的基本特征包括资源多元性、体系多层次性、体系开放和优势互补性等，旨在为老年人提供全方位的个性化养老服务。随着乡村养老文化观念的不断升级以及数字技术的不断发展，乡村老人对智慧养老的接受程度将日渐增强，且随着生活水平的不断提高，人数将会持续增长。

乡村智慧养老指向的养老服务虚拟供给主体可以是相同的，但要求提供养老服务的现实主体却有分别。例如，老人在异地居住时，要求提供养老服务的最好是与老人同处一地的家人、服务机构医护人员和社区志愿工作者。之所以是"最好是"，而非"必须是"，是因为现实生活中中国老年人长期移居异国享受晚年生活的人数在增多，在这种情况下其户口或原工作单位所在地的社区或公立机构很难做到为其提供生活关注、紧急救助和关心关怀等物质性专属服务，但可以提供安全管控、健康管理等虚拟专属服务，为老年群体真正享受到养老服务普惠提供多方面支持。例如，可利用物联网、传感器、手表式 GPS、手腕式血压计等手段随时为居家老人提供远程健康监护服务。如果老人倒地或血压、心跳等出现问题，会立刻开启紧急救援呼叫系统，并直接呼叫其子女、亲属和约定的医护人员，并视情况提供远程诊断治疗；如果老人出门，可定位老人的具体位置和移动轨迹，提供防走失短信服务，进行远程跟踪，并提供主动关爱服务。

2. 建设智慧"居家 + 社区 + 机构"养老服务平台

智慧养老服务平台可以嵌入并整合智慧乡村养老、智慧机构养老的部分功能，从而构筑综合性的智慧"乡村 + 机构"养老服务体系。智慧养老平台架构如图 7-4 所示。

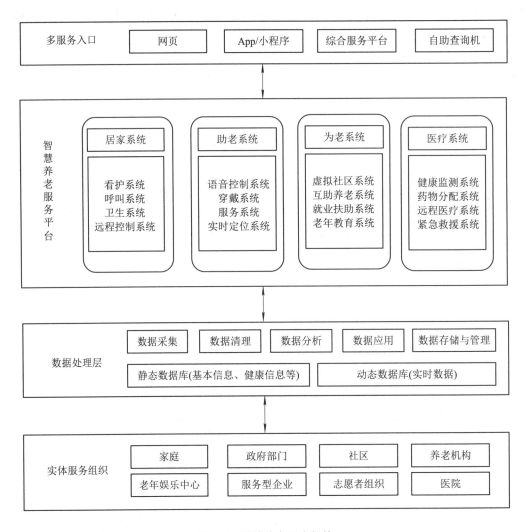

图 7-4　智慧养老平台架构

　　智慧养老服务平台架构的数据处理层主要包括五个环节：数据采集、数据清理、数据存储与管理、数据分析以及数据应用。此外，智慧养老服务平台由居家系统、助老系统、为老系统和医疗系统等子系统构成。其中，居家系统主要满足老年人居家养老服务的基本需求，保障老年人居家的便捷性和安全性，包括看护系统、呼叫系统、卫生系统和远程控制系统；助老系统主要满足老年人外出服务，包括语音控制系统、穿戴系统、服务系统和实时定位系统；为老系统主要满足老年人的物质生活、精神生活以及帮助老年人实现人生价值，主要包括虚拟社区系统、互助养老系统、就业扶助系统和老年教育系统；医疗系统主要满足老年人的健康护理需求，包括健康监测系统、药物分配系统、远程医疗系统和紧急救援系统。在此基础上，为保障所有服务相关方都可以了解养老服务进度，接受或提供养老服务，平台可设置多服务入口，包括网页、App/小程序、综合服务平台和自助查询机等。上述智慧养老服务平台的四个子系统是养老服务的重要环节，其服务过程介绍如下。

1) 智慧养老居家系统

居家系统旨在通过增强人机交互功能,在看护系统、呼叫系统、卫生系统和远程控制系统的帮助下,由智慧养老服务平台辅助老年人实现安全居家和舒适养老。看护系统主要由智慧养老监护设备组成,包括监测设备、康复设备、护理设备和家庭服务机器人。呼叫系统主要由呼叫机实现一键式呼叫,服务平台会第一时间作出反应,或依靠呼叫机的监测,自动呼叫平台提供紧急救援。卫生系统由扫地机器人、加湿器等设备组成,系统会自动监测室内卫生和湿度情况,在需要时自动安排扫地机器人打扫卫生或将湿度调至合适状态。远程控制系统能够实现服务平台对看护系统、呼叫系统以及卫生系统的实时控制,使居家系统操作更加便捷、工作更加高效。

2) 智慧养老助老系统

助老系统旨在帮助老年人特别是帮助半失能和失智老年人提高自理能力,实现自助养老。助老系统主要包括语音控制系统、穿戴系统、服务系统和实时定位系统四个子系统。很多乡村老年人由于身体条件限制,难以自主满足日常基本生活需求,而且由于家庭护理人员的缺失和昂贵的人力成本,大多数乡村老年人面临基本生活照料供给服务不足的问题。而语音控制系统可以通过场景式互动,利用智慧机器人等智慧设备为老年人提供所需要的服务。服务系统通过大数据计算、机器学习等计算可以提前预判老年人的相关需求,并提供相应的服务,大大避免了老年人因长时间得不到生活照料而带来身体不适或情绪低落等问题。

3) 智慧养老为老系统

为老系统的根本目的是帮助老年人实现老有所为,为其提供丰富多彩的精神娱乐活动。这一系统主要包括虚拟社区系统、互助养老系统、就业扶助系统和老年教育系统。随着信息技术的不断普及,乡村老年网民的数量日益增大,许多乡村老年人参与网络平台虚拟社区活动,获得了很多娱乐体验。但现在很多虚拟社区的设计实际上是按照年轻人的交流模式设计的,功能烦琐复杂,给大多数老年网民的使用造成了困难。为老系统下的虚拟社区系统重在以老年人为中心打造老年人虚拟社区,满足老年人网络娱乐体验。互助养老系统是在虚拟社区系统的配合下,以老年人自我养老为主要出发点,帮助老年人搭建更多互助养老平台,使老年人结交更多志同道合的朋友。就业扶助系统是为那些不满足于居家养老,而希望参与更多社会工作的老年人搭建的网络求职平台,以提高老年人再就业的比例,保障老年人再就业的权利。老年教育系统是保障老年人终身学习权利的重要平台,是为老服务的重点,它将根据老年人的学习能力和学习兴趣,为其匹配最切实的教育资源。

4) 智慧养老医疗系统

医疗系统应在老年人慢性病护理保健中发挥关键作用,如药物分配系统根据主治医生指令为老年患者分配合理的药物剂量并叮嘱其按时服用,以保障老年人健康。与此同时,在医疗系统中,每位老年人都应有一个唯一的身份标识,由物联网作为关键技术支撑组成的健康监测系统将实时监护老年人的健康情况,并生成监测数据,上传至大数据平台。大数据平台在对比海量老年人健康数据的基础上,分析每位老年人的真实健康状况,并对老年人进行自动化的健康评估。其中,情况较为复杂的老年人将由健康监测系统筛查后与主治医生共同开展评估工作。评估完成后,系统自动对老年人的健康情况进行确认。同时,对由健康监测系统选择出来的需要进行格外健康管理的老年人,应进一步制订和执行详细的健康方案，或接受升级版的智慧监测。

总体而言，建设智慧养老服务平台，能够满足乡村老年人的两种基本养老服务——常规养老服务与定制养老服务。这种服务的集大成者就是"嵌入式养老服务"，其主要特征就是打破了服务主体的服务壁垒，实现了资源共享，不仅节省了服务成本，还提高了服务效益，切实满足了老年人最基本、最主要的服务需求。

7.1.4　乡村智慧养老的发展趋势

1. 打破城乡二元结构

在"要坚持扩大内需这个战略基点，加快培育完整内需体系""加快发展现代服务业"的背景下，乡村智慧养老焕发出了强大的生机活力。乡村智慧养老充分利用大数据、互联网以及物联网等技术，结合乡村老年人的实际情况和服务需求为其提供健康、精神慰藉等养老服务，能够协调城乡发展之间的不平衡，兼顾公平和效率。在加速智慧养老消费升级的过程中重心逐渐向低线城市和农村下沉，更加迎合不同生活层次的老年人的养老需求，从而释放更多的消费潜力，在扩大内需方面贡献力量。

2. 优化公共老龄化基础设施和数字化服务设施

乡村智慧养老以数字化技术为基础，依托养老服务机构和养老服务产品，比传统家庭养老更加便捷，降低了远距离运输、交易的成本，弥补了传统养老服务业不能及时、快速为生活在异地他乡的老年人提供服务的缺点，实现了远程交互。在通过乡村智慧养老系统掌握老年人养老需求的同时，反馈在公共老龄化基础设施和数字化服务设施建设设计方面所存在的问题并及时对设施进行优化升级，从而为乡村老年人提供更加优质的服务，提升老年人在养老过程中的满足感、获得感和幸福感。

7.1.5　乡村智慧养老服务面临的挑战

中国的人口老龄化进程与信息技术的快速发展同步。然而，以智慧养老为基础的乡村养老服务体系尚未成形，乡村智慧养老作为新兴业态仍处于初级探索阶段，其发展仍面临诸多挑战。

1. 乡村智慧养老的定位问题

乡村智慧养老的定位涉及智能养老产品的设计理念和服务供给的发展方向。当前在网络基础上以数据为关键生产要素的数字化转型正逐步引发社会生产方式、组织结构形态、政策发展的变革与调整。关于乡村智慧养老技术发展的定位仍未明晰，技术的发展是取代人力还是给予人力辅助存在争议，并没有定论，由此带来了一定程度的"技术恐惧论"。

2. 乡村老年群体的电子接纳度问题

乡村老年群体的电子接纳度是智慧居家养老服务可持续供给的关键点，以人工智能、大数据、云计算、区块链等为基础的智慧养老服务供给正是互联网应用扩张到医疗和生命领域的体现，极有可能逐渐颠覆传统的养老服务供给方式。当代乡村老年人对新技术的接纳需要时间去适应，其电子接纳度亦呈现明显的代际差别特征。若在技术发展中未能充分考虑乡村老年群体，则会形成"技术鸿沟"和"电子隔离"，使乡村老年人无法充分享受到社会进步带来的数字福祉。

3. 智慧养老发展相伴随的隐私伦理问题

技术的发展会带来隐私伦理等系列问题，并会给原有的社会、道德、法律等带来影响和产生冲击。技术发展的背后呈现的是开发、使用技术的人赋予的伦理价值，如何促使科技养老产品发展与伦理意识、规范确立同步，践行"科技向善"的基本理念，加强老年群体对数字社会的信任，均为智慧养老发展需解决的根本问题。

7.2　乡村智慧医疗

7.2.1　乡村智慧医疗的基本概念及特点

1. 乡村智慧医疗的基本概念

2019 年，国务院印发《数字乡村发展战略纲要》，强调要大力发展"互联网＋医疗健康"，支持乡、村两级医疗机构提高医疗信息化水平，加快形成智慧城市、数字乡村一体化发展格局。现代意义上的乡村智慧医疗一般有广义和狭义之分。广义的乡村智慧医疗是指在乡村卫生健康领域内提供全链条、多主体的医疗模式；而狭义的乡村智慧医疗只是单纯指通过打造以电子健康档案为中心的村镇医疗信息平台，利用物联网等相关技术，实现患者与医务人员、医疗机构、医疗设备之间的互动，进而逐步达到全面智慧化的医疗模式。

2. 乡村智慧医疗的特点

相较于传统医疗模式，基于数字技术的乡村智慧医疗系统有互联互通、协作性、预防性、普及性、激发创新性以及可靠性等特点。

1) 互联互通

乡村智慧医疗通过物联网、网络信息以及云计算等技术，将从医院电子病历、各类医疗器械及传感器等收集的数据进行整合和存储，实现患者数据的持续性记录，患者可以自主选择更换医生或者医院，并且经过授权的医生能够随时查阅患者的病历、病史、治疗措施和保险细则。

2) 协作性

乡村智慧医疗可通过对数据进行标准化和规范化处理，保证系统的兼容性和拓展性，以实现医疗机构之间对医疗信息与医疗资源的共享，解决信息孤岛问题。

3) 预防性

基于数字技术对数据的捕获、感知、测量和传递，乡村智慧医疗可以通过边缘计算、云计算、大数据分析和人工智能等方式快速地对海量数据进行分析，从而更快地发现重大病症或者公共卫生事件的征兆，并及时响应和处理。

4) 普及性

乡村智慧医疗可通过将整个区域内的医疗资源进行整合，让乡镇医院无缝地连接到区域中心医院，以便实时地获取专家建议、安排转诊和接受训练，让患者在乡镇医疗机构就能获得权威诊断,从而更好地让优质医疗资源下沉,有助于推动科学、合理、有序的分级诊疗机制建设。

5) 激发创新性

乡村智慧医疗采用了大量高新技术,在弥补乡村医疗工作者技术短板的同时,也给予了创新的工具,目的是进一步提升相关人员的知识和过程处理能力。

6) 可靠性

乡村智慧医疗以物联网为基础,获取海量医疗数据,在云计算、大数据、区块链等技术的支持下,不仅可以让医生通过搜索、分析和应用大量数据来支持诊断,也可以确保患者的数据安全。

7.2.2　乡村智慧医疗系统模型

基于数字技术的乡村智慧医疗系统模型可以分为感知层、网络层、平台层和应用层四层架构,见图7-5。

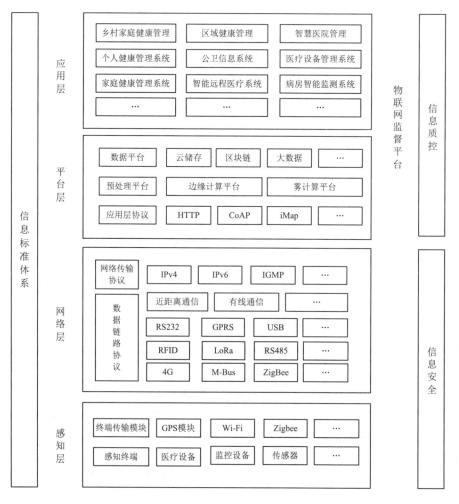

图 7-5　基于数字技术的乡村智慧医疗系统模型

1. 感知层

感知层实现对物理世界的识别感知和信息采集，是物理世界和数字世界沟通的重要桥梁。感知层包括负责感知、识别的感知终端以及负责传输数据的终端传输模块。作为物联网的基础，感知终端对环境、人和物进行监测及数据采集，为精细化管理提供了重要支撑。

2. 网络层

网络层的作用是实现数据传输，把数据从感知层传输至平台层。网络层根据数据传输的路径和协议又分为数据链路协议和网络传输协议。主流的数据链路协议可以分为四类：近距离通信、远距离蜂窝通信、远距离非蜂窝通信和有线通信。每种主流数据链路协议的优劣势如表 7-1 所示。通过对各协议优势与劣势的理解，可更好地选择适用特定协议的环境，如 NFC 协议可用于门禁管理系统等。

表 7-1　主流数据链路协议

技术方式	连接方式	主要优势	主要劣势
Ethernet	有线通信	传输速度快，安全性高	可移动性差
Wi-Fi	近距离无线连接	传输速度快，兼容性强	稳定性低，安全性较差
NFC	超近距离无线连接	安全便捷，能耗低，可重复使用	有效范围小，普及成本高
RFID	近距离无线连接	抗污染能力强，耐久性好	成本高，标准不统一，安全性低，兼容性较差
BlueTooth	近距离无线通信	安全性高，支持复杂网络	节点数量少
ZigBee	近距离无线通信	容量大，频率灵活	速率低，范围小，抗干扰能力差
5G	远距离无线连接	范围广，延时低	功耗高，覆盖率低

3. 平台层

平台层实现对终端设备和资产的"管、控、营"一体化服务，主要满足设备、数据和运营三个方面。平台层的运用能真正体现物联网的解决方案，既向下连接和管理感知层，向上又提供开发能力和统一接口。乡村智慧医疗系统的平台层自下而上分别为预处理平台和数据平台。感知层获取的数据通过网络层传输之后到达各区域的边缘网关，而边缘网关具有对数据进行筛选以及预处理的能力(即边缘计算，指利用靠近数据源的边缘地带来完成运算程序)，适合对实时的数据进行分析和智能化处理，能够更好地支持本地业务及时处理执行。通过感知层设备获取信息之后，边缘网关对实时、短周期数据进行分析以及优化，并且对数据进行筛选和脱敏，减少上传至雾计算(雾计算指将感知层的数据分散布置，由具有存储器的运算节点进行分析和处理)和云计算平台的无用数据。平台层的合理运用可以很好地避免大量数据上传导致的网络堵塞现象，并且在本地对数据进行筛选与存储，也可以保证医疗数据的安全性以及对云计算平台的有效利用。

4. 应用层

对平台层数据分析的结果进行应用的平台即为应用层。应用层的对象为终端用户，即医疗机构、个人、家庭、政府、企业和银行等。乡村智慧医疗的应用层根据对象和范围分为三个环境，即乡村家庭健康管理、区域健康管理和智慧医院管理。乡村家庭健康管理可以通过使用可穿戴设备及家用医疗设备等方式实现对乡村老年人的实时健康管理；区域健康管理将区域内的各级医疗机构、健康服务机构和其他公共卫生机构的数据进行对接，将医疗资源共享，从而对公共卫生信息进行管理和实现智能远程医疗；智慧医院管理通过对医疗设备、患者病房、院内资源、财务系统等进行统一化管理来减轻医务工作者的负担以及提升对患者的服务质量。

7.2.3　数字技术在乡村智慧医疗中的具体应用

近年来，中国实行的新型农村合作制度是国内推出的一项重大惠农利民政策，公共卫生信息化建设已初步具有规模，各省级定点医疗机构和各市县新农合经办机构的上万用户通过因特网搭建了新农合信息平台，包括参合登记、缴费办证、基金管理、补偿管理和统计分析等在内的新农合各项工作基本上实现了计算机管理。其目标是建立各级医疗卫生机构，实现覆盖城乡社区的高效、快速、通畅的信息网络系统；建立中央、省、市疫情和突发公共卫生事件预警和应急指挥系统，提高公共卫生管理、医疗救治、科学决策和应急指挥能力；加强法治和标准化建设，规范和完善公共卫生信息的收集、整理、分析，提高信息质量。随着《关于深化医药卫生体制改革的意见》和《深化医药卫生体制改革实施方案》的陆续出台，标志着新医改正式启动，这将对信息技术的应用提出了更高要求，包括建立实用共享的医药卫生信息系统，逐步实现互联互通；以建立居民健康档案为重点，构建乡村和社区卫生信息网络平台；以医院管理和电子病历为重点，推进医院信息化建设。新医改不仅在政策层面突出了信息化在医疗卫生事业发展中有重要作用，还为提高农村的健康水平提供了必要的保障条件：完善农村医疗的信息采集与传输体系，充分利用县级医疗的资源，开展移动医疗，加强医保体系管理，保障农民的医疗检查与治疗的质量。

1. 现代通信技术助推乡村医疗信息化

传感技术、计算机技术、通信技术一起被称为信息技术的三大支柱。信息技术与通信技术的融合正在给我们的社会生活带来巨大的变革。移动技术和互联网已经成为信息通信技术发展的主要驱动力，借助高覆盖率的移动通信网、高速无线网络和各种不同类型的移动信息终端，移动技术的使用开辟了广阔的移动交互的空间，并已经成为普及与流行的生活、工作方式。

移动技术实现了乡村医疗机构实时快捷的上门医疗服务，实时监控的基层医疗，全面接入现有有效信息，灵活方便的远程医护资源调度，实时快速的无线远程诊疗技术交流，安全方便的无线远程支付，使乡镇医疗水平得到极大提高，为乡村居民提供更加优质便捷的医疗服务。乡村医疗机构在构建实时高效的无线数据收集交互平台基础上，具有丰富快速的统计报表功能、易于使用的软件界面、方便扩展的标准接口、统一高效的远程终端管理、快速有效的客户定制开发等特点。图 7-6 形象地表现了乡村医疗移动信息化解决方案的结构。

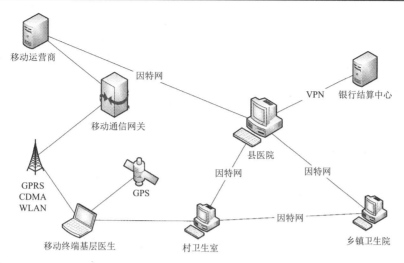

图 7-6　乡村医疗移动信息化解决方案结构示意图

移动功能的智能终端采用 2.5G 移动通信(GPRS\CDMA)与 WLAN 通信，满足大数据量实时交互的需求，降低数据通信成本，不受有线限制；集成 GPS、POS、磁卡、IC 卡、条码识别、拍照、RFID 识别、打印机等功能，不仅可以实时跟踪医生下乡治疗的行程并进行管理，还可与其他设备使用实时采集血压、脉搏、体温等信息，拍照把病人病征上报，征求后台专家意见。系统后台采用大规模关系数据库，实现县、乡、村医疗机构的数据交互与数据共享，并从其他系统获取信息；同时与 GPS、GIS 集成，用户可在地图界面实时了解医生出诊、各药物销售网点的各种信息，并加以管理；智能终端支持地图界面操作，进而实现了医院、卫生主管机构可直接与终端进行数据交互，下发各种信息，获取各种反馈信息；医生可直接在终端登录后台数据库，查询病人过往病史、治疗药物等数据，打印治疗方案；农民可直接在终端刷医保或银行卡，方便支付、查询。其具体解决方案如图 7-7 所示。

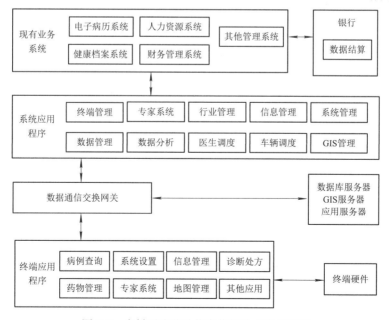

图 7-7　乡村医疗移动信息化解决方案示意图

综上所述，移动信息化是乡村医疗现代化的重要组成部分，是提高医院工作效率、提高医疗质量、服务水平和创新医疗服务模式的重要手段。乡村医疗移动信息化真正实现乡村医疗的实时化、信息化、移动化，提高基层医生的业务处理速度，提高其业务技术水平；通过智能终端，加强对基层医生的管理控制，杜绝虚开医药处方、加大病人负担的存在；通过实时的车辆与基层医生跟踪调度体系，加快救护的速度与准确性，杜绝救护反应迟缓等问题，加快救护运作效率；通过自助式医疗查询体系，提高基层医生的诊疗准确率；通过在线式专家系统，远程对病人进行诊断处置，提高医疗资源的利用效率；实时准确地采集病人信息，为诊疗结论提供准确数据信息；直观准确的数据分析系统，为医疗管理提供科学参考；实时高效的支付系统，提高医保系统利用效率；通过医疗信息共享，实现在家治疗休养，降低大型医疗设施的压力。

2. 利用物联网技术提高乡村智慧医疗管理硬实力

基层医疗之所以弱于大型三级医院，一方面是信息化不够完善的原因，起核心作用的还是医疗技术、管理、设备等硬实力。要使得乡村基层医疗卫生管理得到提高，真正意义上是医疗硬实力的提高。一些病人之所以情愿去较远的大医院，不愿意去附近的医疗机构治疗，归根结底是基层医疗机构硬实力的不足。像一些复杂的病情，基层医疗机构解决不了；而且基层医疗机构规模较小，遇到病员高峰期将无法应对。病人对基层医疗机构也缺乏信任度，乱收费、乱看病等问题也一直成为病人所担心的问题，也就是所谓的医患问题。这些问题都是亟待解决的。所以提高基层医疗机构的硬实力迫在眉睫。

1) 物联网技术在相关医疗系统中的应用

传统就诊流程存在挂号排队时间长、交款取药时间长和医生看病时间短、不细致等特点，容易造成就诊高峰期滞留病员多、看病等待时间长等问题的出现，使患者对医疗机构的满意度不断降低。各门诊管理系统如挂号、诊疗、化验、药剂等系统相互独立，各类信息无法共享，不仅会大幅降低业务效率，而且还存在一定的安全隐患。比如输液安全环节，传统输液流程往往依靠人工进行药品核对，无法避免由于人员工作疏忽导致核对错误的情况，而药品核对一旦出现失误，则会对患者的生命安全造成严重威胁，后果不堪设想。

此时，就可以建设门诊诊疗系统，利用条码、RFID、无线网络等技术把医院门诊管理的各子系统或环节有机整合，形成一个具有可靠性、先进性、创新性的系统，以病人身上的二维条码来确认病人身份、患病类型及输液药品等信息，不但保证了药品核对的准确性，还能提高医院门诊管理效率。门诊诊疗系统就医流程如图 7-8 所示。

此外，将门诊诊疗系统与医疗系统内的其他系统相结合也可大幅提高医疗机构的业务水平及服务质量。例如：

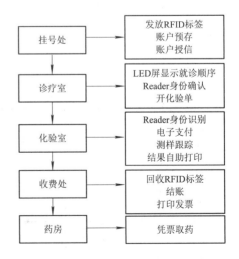

图 7-8　门诊诊疗系统就医流程示意图

在住院方面，医生可以随时通过无线网络下载获取病人的所有病历情况，形成完整的电子病历数据。医生还可以通过佩戴在病人身上的 RFID 手环或其他标签，在与计算机网络连接的 RFID 读卡器上查询显示该患者目前的检查进度，对比患者病情的变化情况，进行会诊或制订一系列治疗方案。

在临床方面，护士使用手持设备来读取患者佩戴的贴有 RFID 标签的信息，再根据 RFID 信息通过无线网络自动调出需要执行的医嘱项目，接着通过移动终端记录医嘱执行的具体操作，包括由谁执行、何时执行、用药信息、治疗信息等，实现动态护理服务，优化临床就医流程。

在护理方面，随着无线网络技术和射频识别技术(RFID)的发展，将两者结合起来能够有效地预防和避免医疗差错的发生。通过无线网络技术的支持，在此基础上配合 RFID 技术，就能实现对医嘱执行过程中的每一步进行实时检查和确认，完成对患者身份、药品、血袋等的唯一识别，这对保证患者安全、切实提高医疗质量、减少医疗差错将发挥巨大的作用。

2) 物联网技术在智慧医疗和移动医疗监护中的应用

智能化无线医疗监护服务是以无线局域网技术和 RFID 技术为底层，通过采用智能型手持数据终端为移动中的一线医护人员提供"移"触即发的随身数据应用。医护人员查房或者在移动的状态下，可通过智能型手持数据终端和护理人员端软件，通过 Wi-Fi 无线网络实时联机，实现与医院信息系统数据中心的数据交互。医护人员可随时随地在手持数据终端上获取全面医疗数据，而病人可通过佩戴在手上的装有 RFID 的手环，在与 PC 连接的 RFID 读卡器上查询目前的检查进度，并获取全面的医疗数据。

无线传感器网络将为健康的监测控制提供更方便、更快捷的技术实现方法和途径，应用空间十分广阔。移动医疗解决方案基于移动计算、智能识别和无线网络等基础技术而设计，实现医护移动查房和床前护理、病人药品及标本的智能识别、人员和设备的实时定位、病人呼叫的无线传达等功能。医疗物联网是未来智慧医疗的核心，它把网络中所有的医疗资源，包括"人""物"以及所有相联的智能系统，都基于完全平等的地位进行沟通和交互，继而实现"全面的互联互通"，最后获得"更智慧的医疗处理结果"。它是将各种信息传感设备，如 RFID 装置、红外感应器、全球定位系统、激光扫描器、医学传感器等种种装置与互联网结合起来而形成的一个巨大网络。

7.2.4　乡村智慧医疗的发展趋势

1. 无线定位技术实现对医疗目标的精准定位

传统医疗尤其是传统乡村医疗存在管理能力差、技能水平低等问题，无法满足医院对病员的实时监测需求。无线定位技术如 ZigBee 定位技术、超声波定位技术、蓝牙技术、红外线技术、射频识别技术、超宽带技术、光跟踪定位技术，以及图像分析、信标定位、计算机视觉定位技术等，能够有效解决目标移动条件下的精确定位问题，从而使医院对病员的实时监测成为可能。

2. 高效传输技术提高智慧医疗传感器能效

高效传输技术指充分利用不同信道的传输能力构成一个完整的传输系统，使信息得以可靠传输的技术。针对医疗健康信息传输实时高效的需求，高效传输技术能够有效压缩医疗传感器数据流、医疗影像数据，从而提高传感器节点及整个无线传感器网络的能效。

7.2.5 乡村智慧医疗发展所面临的问题

1. 技术支持不足

近年来，我国医疗卫生领域的信息化建设发展迅速，各地都建成了以医院临床管理为基础的 HIS 系统。但由于县域内各级医疗机构信息化发展不平衡，部分地区无法通过电子病历系统、电子健康档案系统和健康信息平台进行数据交互。中国信息通信研究院数据显示，2020 年我国乡村固定宽带接入能力超过 12 Mb/s，而城市固定宽带接入能力普遍超过 100 Mb/s。乡村地区医疗机构信息化建设相对落后，受宽带速度偏慢、数据采集交换和接口标准不统一、相关基础设备不足或利用率低、业务功能可用性不强等问题制约，面向居民主动提供电子健康信息服务、健康管理等便民惠民应用主动性不足。

另外，现有的基层医疗信息系统与疾病预防控制、妇幼保健等业务管理系统能够实现数据联通的比例较低。基层机构内部各信息系统之间互联互通程度也有限，形成大量的"信息烟囱"和"数据孤岛"，无法有效支持居民电子健康信息动态共享和协同服务开展。

2. 政策体系不完善

医疗行业是政策导向型行业，"互联网＋医疗"本质上是一种特殊的医疗方式，政策的导向会对行业事件产生直接影响。伴随着医保、药品销售等政策放开和明朗，互联网医疗迎来了飞速发展，但现有政策尚未形成体系，缺乏全面系统的法律制度保障，具体问题如表 7-2 所示。

表 7-2 政策体系所存在的问题

问题类型	具 体 问 题
考核评价方面	缺乏系统的评价体系，对医疗机构和医务人员开展"互联网＋医疗"服务不做硬性要求，信息系统重复建设问题突出；亟须出台自上而下的设计规划和系统全面的操作标准和规范；参与"互联网＋医疗"的医院和医务人员缺乏保护其合法权益的政策和制度机制
支持体系方面	传统医保结算尚未实现全国联网，互联网医疗"医、药、险"三个环节尚未打通等；随着药品改革的深入，药品采购等药学服务职能将逐步由医院向社会专业药店转变，要求药店向信息化、专业化发展
立法监督方面	"互联网＋医疗"有关的制度更多地局限于国家政策文件和有关部门管理规定，还未上升至立法水平；在实践中，医疗机构或因为缺乏法律依据止步不前，或因为缺乏政府监督疏于防范

3. 监管职责不到位

互联网医疗监管的理想状态是政府行政监管与组织监管互为补充。但在实践中，"互联网＋医疗"监管机制滞后、医疗服务缺乏规范，加上政府监管职能过于发散，阻碍了互联网医疗体系的发展。在过程控制方面，一方面缺乏"互联网＋医疗"服务早期、中期监测，影响了患者的黏性，互联网医疗机构的监管仍侧重后期诊疗服务，然而后期诊疗服务标准的制定影响了"互联网＋医疗"服务评估的合理性；另一方面，医疗服务监管标准将对线上医疗服务质量产生影响，受限于互联网医疗技术成熟度，远程医疗成像清晰度和疾病诊断非特异性，在使用互联网医疗服务过程中易发生漏诊和误诊。在监管职能方面，"互联网＋医疗"监管不足的主要原因是监管职能过度分散和医疗服务监管相关法律法规的缺失。政府部门拥有对互联网医疗服务的决策监管和绩效考核的权力，但监管职能的分散制约了互联网医疗的决策过程，导致监管真空出现，从而造成专业性和积极性的缺失。相对于互联网医疗机构的内部监管，政府监管侧重于事前，忽视了事中行政监督体系和事后问责机制的建立。

4. 人才队伍建设不够

推进"互联网＋医疗"发展，"互联网＋"是工具、手段和载体，"医疗"是内容、目的和实体，重点是加强"互联网＋医疗"人才建设，在加强传统医疗人才临床专业能力的基础上，培养拥有"互联网＋医疗"思维的新型卫生人才。在人才方面，乡村医生作为医疗卫生服务体系的基础，担负着基本医疗服务和公共卫生服务的重要任务，工作量大，无暇开展"互联网＋医疗"业务。

同时，互联网医疗充分融合 IT 精英与医学专家的知识，对跨学科的新型复合人才的要求很高，现有人才难以满足，互联网医疗人才培养困难的问题也较为突出。在教育培训方面，医院相关部门对医学教育的认识不足，缺乏主动性，导致现有医学教育形式化。

7.3　乡村智慧教育

7.3.1　乡村智慧教育的基本概念及特点

1. 乡村智慧教育的基本概念

教育是乡村的重要支柱，教育为乡村发展提供人才条件、文化条件，是阻断贫困代际传递之策，是建设美丽乡村的推动力，不仅可以巩固脱贫攻坚成果，还可以为乡村振兴蓄力赋能。

目前，网络信息、大数据等数字技术为驱动经济发展提供了历史契机，新时代数字化改革能够为乡村教育振兴提供科学化、精准化、智能化的强大动能。将数字化技术、数字化思维、数字化认知广泛应用于乡村教育，是乡村教育振兴战略实施与推进的重要力量与可行路径，能够有效助力乡村教育振兴，使之实现跨越式发展。

2. 乡村智慧教育的特点

(1) 教学环境智能化：通过大数据采集、数据模型构建，形成集智能化感知、控制、管理、互动、数据分析等功能于一体的教学环境。

(2) 教学资源个性化：运用大数据分析技术，针对每个学生的学习情况和能力，推送个性化学习资源，实现因材施教。

（3）教育管理可量化：运用可视化数字技术，实现直观、准确、高效的教育资源与业务管理，使基于教与学的行为数据的决策更加可靠。

（4）校园服务人性化：通过运用大数据挖掘、智能推送等技术改变数字校园的交互方式，提高信息应用的可预见性和准确性，实现高效的智慧化服务。

7.3.2 数字技术在乡村智慧教育中的具体应用

1. 建设基于数字技术的乡村智慧校园

基于数字技术的乡村智慧校园建设框架可采用基于数字技术的体系架构设计，框架总体横向可分为三个平台，分别为基础平台、数据平台和应用平台；纵向包含三个保障体系，即数据标准体系、信息安全体系和运维服务体系。基于数字技术的智慧校园整体框架如图7-9 所示。

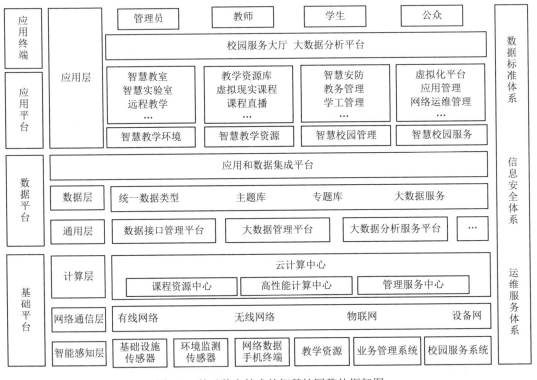

图 7-9　基于数字技术的智慧校园整体框架图

1) 基础平台

（1）智能感知层：通过物联网传感器、网络感知设备、各类管理系统等，跨平台实时采集各种基础数据与状态数据，实现对师生的教与学状态、校园生活状态、校园基础设施状态、实验实训设备状态等全面感知，是大数据采集的终端数据源。

（2）网络通信层：综合采用有线网络、无线网络、物联网、设备网、5G 通信及时传输各种数据，实现泛在的接入、高速的互联、先进的应用，是大数据智慧校园的网络基础。

（3）计算层：建设"云平台＋云安全＋超融合"架构的超融合数据中心，实现资源、业务、数据集中承载和统一调度，扩充中心存储容量，充分保障冗余和备份，满足课程资源、管理服务的需要；同时建立数据容灾中心，保护极端条件下的数据安全。

2) 数据平台

数据平台利用大数据技术构建，作为唯一数据源，向各应用系统和数据分析系统提供完备、有效、可信的基础数据，包括数据接口管理平台、大数据管理平台、大数据分析服务平台。

数据接口管理平台提供统一的数据接口管理，实现系统之间数据的实时交互与共享。平台主要提供核心数据接口调用，解决系统之间数据交互的壁垒问题，实现库与库之间的联动。通过平台设置接口权限，完成系统之间的数据接口服务，实现各业务系统的流程贯通、跨部门跨业务实时数据的交互与共享。

大数据管理平台构建主数据库，根据全量标准建设全量数据库，覆盖整个学校业务领域，建设历史数据库模型。从业务系统中提取核心数据，进行数据清理，形成统一的、完整的、准确的权威主数据。建设基于全量数据库的各类型可临时图形化配置的输入输出接口，实现数据的共享服务。通过管理平台，实施数据仓库目录管理、整合管理、质量管理、安全管理，保证数据的准确性、可用性、可靠性。

大数据分析服务平台面向各个角色，实现全校跨业务的信息数据统计与分析的应用服务。利用专业的报表工具、数据展现工具、图表秀工具等多种工具，全方位、多角度进行数据展现。数据分析平台分别从校情分析和专题分析两个维度对学校的数据加以展现和分析。

3) 应用平台

应用平台将分散在各领域的流程有效地整合起来，以先进的"微服务"理念，构建一站式服务中心，实现教学、学工、人事、科研、财务、一卡通、办公审批等业务在网上一站式办理，为师生提供基于移动的高效信息服务。通过工作流程开发平台，职能部门可以根据自身业务需求，编制审批流程，自定义业务表单。

4) 数据标准体系

数据标准体系指符合智慧校园建设实际，涵盖数据定义、数据应用、数据操作等多层次的，形成系统信息的统一参照系统，包括数据分类、数据编码、数据字典、数字地图。建立数据标准管理系统，为数据中心提供标准规范，保证信息的高效汇集和交换，包括元数据标准、交换规范、传输协议、质量标准等。数据标准管理平台实施标准全生命周期管理，对组织结构实施维护收集、整理、创建、发布、物理化、升级全链管理等。

5) 信息安全体系

信息安全体系包括智慧校园安全管理系统、安全防护系统、安全运维系统，对应配备新一代网络出口防火墙、新一代服务器防火墙、上网行为管理设备、日志审计设备等安全设备，实现对校园网的入侵检测与防御、病毒防护、内容过滤及上网行为管理，保障智慧校园系统安全、可靠、稳定运行。

6) 运维服务体系

运维服务体系主要包括机房环境及设备管理、网络运维管理、虚拟化平台和应用服务管理。在运维系统可视化的基础上实现运维智能化，主要由故障预测、故障定位和故障自我修复系统组成。故障预测系统是利用大数据和人工智能技术,对运维数据进行纵向挖掘分析的系统。故障定位系统通过整合、统计、分析以往故障信息和运维人员的经验,建立分析模型,自动识别故障特征,自主发现和有效定位,自动提供最优解决方案,实现故障自我修复。

2. 建设乡村数字教育体系

1) 建设方案

乡村社区教育管理机构架构如图 7-10 所示,应由市一级单位联合组建乡村远程教育指导中心并在各县市区设立下属机构,统一管理乡村教育工作,在各县(区)成立乡村社区学院、乡镇学校或社区教学点,组织实施乡村社区教育工作;中心委托教育服务机构通过各种渠道聚集资源,构建乡村社区数字教育远程平台,指导各级社区教育机构开展工作;中心及其下属机构不直接实施社区教育而只负责对其委托的教育服务机构进行监督和评价。

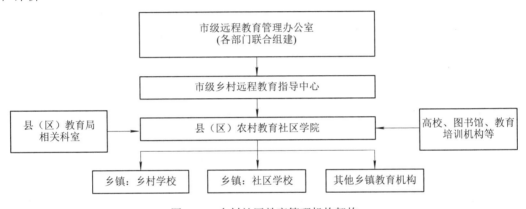

图 7-10　乡村社区教育管理机构架构

2) 建设目标

乡村数字教育体系本着公益、共享、立足实际、长效运行的原则,建成如下目标的公共服务体系。

(1) 通过多种渠道整合各类教育资源,建成丰富、多层次、多类型的终身教育资源库,覆盖基础教育、职业教育、成人教育等多种形式,服务于乡村社会发展的实际需要。

(2) 建成包括互联网学习平台、移动学习网络、数字电视学习平台在内的多通道、多类型学习平台,形成多样的资源传送模式,适应群众的个性化学习需求。

(3) 整合学习信息平台、各县市区的社区教育网、职教成教网以及各教学机构网站,建设多类型的终身教育门户网站,为学习者提供一个个性化、丰富用户体验的学习环境,支持群众在线学习和交流。

(4) 建设完善的教育支持服务体系,建立"市、县(区)、乡镇街道社区、分社区"的四级服务网络,加强管理,保证乡村社区教育的长效运行。

(5) 建设健全的质量控制和评价体系,保障平台的稳定运行和良好的教育效果。

3) 体系架构设计

区域性乡村社区数字教育服务体系包括基础架构、学习服务、资源、门户网站、学习支持机构等多层结构，各部分互相包容、相互支持、共同配合成一个有机整体。

(1) 基础架构层。基础架构层按照安全、可靠、可管理、可支持及成本最低的原则建设数字教育平台，为学习服务层、资源层、门户网站层及支持服务机构层提供支撑。建设内容主要包括物质体系和管理体系。

(2) 学习服务层。学习服务层包括互联网学习平台、移动学习平台、数字电视学习平台和卫星学习平台，为学习者提供多通道、多形式的学习服务，真正实现服务用户的个性化学习需求。

(3) 资源层。资源层采取"引进、共建和自建"相结合的资源建设模式整合国内高校、数字图书馆及各农业远程教育平台的教育资源，建成内容丰富、适于乡村建设和服务城乡一体化的终身教育资源库，形成乡村社区数字教育资源中心。

(4) 门户网站层。门户网站层使用开放的技术体系结构和数据标准，融合各种学习平台，聚合各类学习资源形成乡村社区数字教育门户网站，为用户提供个性化、体验丰富的学习环境，并根据用户的偏好提供主动服务，降低用户搜索信息和学习的难度，为其提供方便快捷的个性化服务。

(5) 学习支持机构层。学习支持机构层由市级政府主导，跨部门联合成立乡村社区远程教育的管理机构并成立"市—县(区)—乡镇(街道)—社区"的四级学习支持机构，形成覆盖农村所有行业的学习支持体系；加强管理运营建立服务体系的长效运行机制；委托教育服务机构，管理指导各县市区的乡村社区数字教育工作。

(6) 质量控制和评价体系。质量控制和评价体系通过第三方评价机构建立一个科学、公平、可操作的质量评价机制，对公共服务体系的管理方、运营方、资源提供方、学习者、服务质量及投资收益率提供有效的评价，并采用"建设—评价—反馈"的周期性循环建设策略实现服务体系的不断完善。

7.3.3　乡村智慧教育发展过程中存在的问题

(1) 乡村信息化基础设施建设相对落后，数字教育公共服务不均衡。

我国政府一直致力于城乡教育公共服务均等化，为缩小城乡教育公共服务差距，在乡村信息化教育基础设施的建设上投入了较多的资本，通过实施"校校通""教学点数字教育资源全覆盖"以及"农村中小学现代远程教育工程"等目的明确的工程来促进乡村教育资源公共服务的完善。然而，政府虽然出资协助乡村学校建设了基本的信息化基础设施，但是乡村教师依旧习惯于传统的黑板教学模式，最多就是将传统意义的讲授化为 PPT 模式讲授，并非现代意义的充分运用数字教育资源。此外，在现有考试选拔机制下，乡村教师偏好于将精力时间用在数学、语文这类备受重视的基础学科上，而体育、音乐、美术、自然等学科的数字教育资源难以融入日常教学中来，这也在客观上造成了乡村数字教育公共服务发展不均衡的现状。

(2) 数字教育新形势提出新要求，乡村教育人才信息化技能相对匮乏。

随着"互联网＋"时代的到来和大数据技术的普及，我国数字化教育资源愈加丰富。人们可以通过各种渠道获取自己所需的信息并运用到生活当中，这就需要大量能够充分运用数字化教育资源的人才，以提升乡村教育信息化水平。但目前乡村学校较市(县)域学校地处偏远、师资结构不够合理、年龄结构偏大、信息化水平低，无法吸引更多掌握信息化的年轻人才加入，阻碍了乡村数字化教育资源的普及。而且现有的乡村教师习惯了传统的教学方式，秉承着"考试成绩第一"的理念进行教学，很难促使其引入数字化教学。同时，目前乡村教师更多的是熟练掌握简单的计算机教学操作，无法深度运用数字化信息资源实现现代信息化的教学，这必然阻碍了乡村数字教育公共服务体系的构建，降低了数字化时代带给农村学校应有的红利。

(3) 乡村教育数字化管理体系尚未构建，信息化发展水平滞后。

乡村数字教育公共服务体系是基于乡村教育数字化管理体系构建的，目前乡村信息化发展水平滞后，数字化管理体系严重缺位，具体体现在长期二元制下乡村信息化发展水平的滞后、国家相关具体实施政策的缺失以及教育数字化管理机构的不健全。由于国家缺乏针对乡村数字资源公共服务发展的具体指南，仅仅是从宏观上提出乡村数字化资源构建的方向，地方政府缺少切实可行的政策指导，很难积极推动乡村数字化公共服务体系的建设。

本 章 小 结

本章主要从乡村智慧养老、乡村智慧医疗和乡村智慧教育三个方面介绍了数字乡村信息便捷服务的内容。

首先，乡村智慧养老运用移动通信、互联网以及物联网等现代化信息技术使传统乡村养老模式出现颠覆性的变革，其不但能够为乡村老人提供定制化的养老服务，而且能够依托乡村独特的环境优势发展相关产业，既能使老人体验集观光、旅游、健身、娱乐于一体的乡村生活，又能带动养老地所在乡村的经济发展，是实现乡村振兴的重要途径。

其次，当前农村医疗技术水平偏低、信息化进程缓慢、基础设施落后等问题成为阻碍乡村振兴顺利实现的重要原因，因此乡村振兴首要保障目标之一就是乡村公共医疗服务体系建设。推动乡村数字化医疗体系建立与完善，能够极大地提升乡村振兴所必需的公共服务体系的效率与精准性，改进现有公共管理组织体系，推动我国乡村振兴走创新发展的新路。

最后，人才振兴是乡村振兴的关键，乡村教育又是人才振兴的关键。目前乡村教育面临优质资源匮乏，发展基础比较薄弱等问题，极大地限制了乡村教育的发展，在这种情况下，乡村教育要实现跨越式发展，必须转变发展方式，充分利用信息技术手段。通过以人工智能为代表的新一代信息技术的创新应用，推动乡村教育的数字化转型，是重塑教育教学生态以及构建高质量、普惠型、可持续的乡村教育体系的必然选择。

思考与练习题

1. 乡村智慧养老的概念是什么？
2. 乡村智慧养老存在的风险有哪些？

3. 数字技术在乡村智慧医疗中有哪些应用?

4. 乡村智慧医疗目前面临哪些问题?

5. 乡村数字教育体系中的建设目标有哪些?

扩展阅读　楚雄"互联网＋医疗健康"打造乡村就医新模式

2020 年以来, 楚雄市被列为云南省县(市)级基层卫生信息系统试点, 搭乘数字乡村建设"快车", 以紧密型县域医疗卫生共同体建设为抓手, 鼓励市人民医院、市中医院向乡(镇)、村医疗卫生机构提供远程医疗、远程教学、远程培训等服务, 推动医疗机构数字化改造, 在楚雄市 15 家乡镇卫生院、142 家村卫生室, 部署建设了基层云 HIS 和远程诊疗(包含云 PACS)系统, 同步推进网上挂号、移动支付、家庭医生在线问诊等线上医疗健康服务, 极大地改善了楚雄前期医疗卫生信息化系统基础管理粗放、基础信息不完整、系统不健全的实际状况(见图 7-11)。

图 7-11　楚雄"互联网＋医疗健康"打造乡村就医新模式

乡村振兴成为今后长期的重要任务, 就我国国情和世界经验来看, 乡村振兴首要保障目标之一就是乡村公共医疗服务体系建设。推动乡村数字化医疗体系建立与完善, 能够极大地提升乡村振兴所必需的公共服务体系的效率与精准性, 改进现有公共管理组织体系, 推动我国乡村振兴走创新发展的新路。

搜集材料, 详细阅读楚雄"互联网＋医疗健康"打造乡村就医新模式并对其进行分析整理, 提炼出他们做法中的可取之处, 并总结出结论。

第8章　农产品质量安全体系

【学习目标】

◇ 了解农产品质量安全的相关概念；
◇ 掌握农产品质量安全追溯体系的概念、特征、意义和理论基础；
◇ 了解农产品质量安全监管体系的概念和四大方面内容；
◇ 掌握农产品质量安全可追溯系统方案的构建；
◇ 掌握数字技术在追溯环节的应用；
◇ 了解农产品质量安全监管体系的不足和发展趋势。

【思政目标】

◇ 培养学生树立正确的人生观、价值观和世界观；
◇ 培养学生严谨的工作态度和高尚的职业道德；
◇ 培养学生较强的沟通协调能力和组织管理能力。

案例引入

"土坑酸菜"事件——农产品质量安全问题不容忽视

2022 年，中央广播电视总台"3·15"晚会曝光岳阳市华容县插旗菜业等 5 家企业的食品安全相关问题，如图 8-1 所示。在此之前，华容县已形成了一个完整的芥菜加工产业，被称为"芥菜之乡"，拥有国内最大的芥菜种植产区，本来是当地最有希望上市的公司之一。

图 8-1　土坑酸菜

该事件一经曝光便产生了重大影响。第一,消费者的信任度大大降低,给"华容芥菜"品牌带来了无法估算的经济损失;第二,该事件殃及处于供应链上游的诸多种植户;第三,该事件影响处于供应链下游和酸菜直接相关的企业,例如康师傅和统一。

湖南插旗菜业有限公司处于供应链的中游,主要职责是蔬菜的再加工且对接上游供应商。此事件是一个典型的信息不对称案例,消费者从产品包装中无法获得酸菜的真正来源,而商家却宣传产品和工序符合质量管理标准。要从根源上解决"土坑酸菜"丑闻,必须一方面使产业链专业化、标准化,另一方面加强监督管理。

"土坑酸菜"事件说明:企业的信誉和形象直接且集中体现在服务和产品的质量上。目前几乎所有农产品质量安全事件都存在消费者和生产者的信息不对称,而质量安全追溯体系的建设正是为了从源头上解决这一不对称现象。

本章首先介绍农产品质量安全的概念、发展历程、影响因素等,接着介绍农产品质量安全追溯体系的概念、特征、意义和理论基础,然后介绍农产品质量安全监管体系,随后介绍农产品质量安全追溯系统,最后介绍追溯体系的不足和发展趋势。

8.1　农产品质量安全

"民以食为天,食以安为先。"食品安全已成为继人口、资源、环境之后的第四大社会问题。食品安全是一个涉及政治稳定、经济繁荣、人类健康与种族繁衍等方面的重要问题,是一个全球性问题,其中最重要的就是农产品质量安全。

8.1.1　农产品

1. 概念

《中华人民共和国农产品质量安全法》(以下简称《农产品质量安全法》)第二条规定,农产品是指来源于种植业、林业、畜牧业和渔业等的初级产品,即在农业活动中获得的植物、动物、微生物及其产品。

2. 法律范畴

2006 年 9 月全国人大常委会法工委颁布的《中华人民共和国农产品质量安全法释义》中明确指出:"本法所称的农产品与日常生活中使用农产品的概念有所不同。"法律所调整的农产品主要包括三个方面的法律范畴。

(1) 农产品的主体是从事农业生产经营的单位或个人。例如,动物园饲养的动物不属于农产品。

(2) 农产品的获取方式必须是"在农业活动中获得的"。其中"农业活动",既包括传统的种植、养殖、采集、捕捞等农业活动,也包括设施农业、生物工程等现代农业活动。

(3) 农产品包括植物、动物、微生物及其产品。《中华人民共和国农产品质量安全法释义》中指出:"植物、动物、微生物及其产品,通常是指在农业活动中直接获得的,以及经过分拣、去皮、剥壳、粉碎、清洗、切割、冷冻、打蜡、分级、包装等加工,但未改变其基本自然性状和化学性质的产品"。例如，稻秆和稻谷、桃树和桃子、鸡和鸡蛋都是农产品。

3. 分类

根据不同的标准，农产品有不同的分类，如图 8-2 所示。其中转基因农产品的安全问题一直都是社会热点。我国政府一方面支持进行转基因技术在农业生产中的研究，特别是转基因食品对人体健康影响的研究；另一方面对转基因农产品的规模化生产持谨慎态度，要求转基因农产品投放市场时必须进行标注以便消费者自行选择。

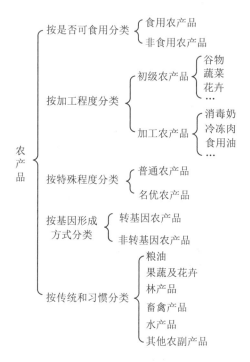

图 8-2　农产品的分类

8.1.2　农产品质量安全

1. 概念

农产品质量安全是指农产品质量符合保障人的健康、安全的要求。农产品质量既包括涉及人体健康、安全的安全性要求，也包括涉及产品的营养成分、口感、色香味等品质指标的非安全性要求。其中，"安全性要求"由法律规范实行强制监管保障。

2. 我国传统农业的农产品安全问题

我国传统农业的农产品安全存在以下问题：

(1) 生产环节存在的问题，如农产品农药化肥过度施用，动物性农产品抗生素、激素滥用，生产加工的标准和组织程度过低等。

(2) 流通环节存在的问题，如以次充好，以假乱真，冷链和物流匮乏等。

(3) 销售环节存在的问题，如销售环节混乱、消费者整体健康消费意识不强等。

(4) 经营环境环节存在的问题，如大气污染、水污染、土壤污染等。

3. 我国农产品质量安全工作的发展历程

我国农产品质量安全工作始于中华人民共和国成立之初。在经历了起步发展、探索发展、快速发展之后，随着 2006 年《农产品质量安全法》的颁布实施，我国农产品质量安全工作步入依法推动、依法监管的全面发展阶段。我国农产品质量安全工作的发展历程如表 8-1 所示。

表 8-1　我国农产品质量安全工作的发展历程

时　间	说　　明
2001 年 4 月	农业部组织实施了"无公害食品行动计划"，实施从"农田到餐桌"的全程控制
2003 年 4 月	农业部、国家认证认可监督管理委员会共同制定了《无公害农产品产地认定程序》和《无公害农产品认证程序》，"无公害食品行动计划"全面推进
2003 年 8 月	我国卫生部印发了《食品安全行动计划》(卫法监发〔2003〕219 号)，用于指导今后 5 年的食品安全工作
2004 年 2 月	农业部印发的《农产品加工推进行动方案》将完善农产品的质量安全标准体系作为任务和目标
2004 年 9 月	国务院印发的《国务院关于进一步加强食品安全工作的决定》中要求建立健全食品安全标准和检验检测体系
2005 年	农业部确立了无公害农产品、绿色食品、有机农产品"三位一体，整体推进"的发展思路
2006 年 4 月	我国第一部农产品质量安全管理专门法律《农产品质量安全法》正式颁布，标志着我国农产品质量安全工作进入依法监管的新阶段，从此我国食品安全进入全面发展阶段
2007 年 7 月	国务院启动了为期 4 个月的"产品质量和食品安全专项整治行动"
2007 年 8 月	农业部启动了农产品质量安全专项整治行动，开创农产品质量安全管理的新局面
2008 年 1 月	2008 年中央一号文件：实施农产品质量安全检验检测体系建设规划，依法开展质量安全监测和检查，健全农产品标识和可追溯制度，推进出口农产品质量追溯体系建设
2008 年 2 月	农业部会同北京、河北等省(区、市)启动了"保质量保安全助奥运——农产品质量安全保障行动"。至此，我国农产品质量安全体系格局基本建立
2008 年 10 月	十七届三中全会决议：加强农产品标准化和农产品质量安全工作，严格产地环境、投入品使用、生产过程、产品质量全程监控，切实落实农产品生产、收购、储运、加工、销售各环节的质量安全监管责任，杜绝不合格产品进入市场
2009 年 2 月	第十一届全国人民代表大会常务委员会第七次会议通过《中华人民共和国食品安全法》，并于同年 6 月 1 日生效
2013 年 12 月	国务院办公厅关于加强农产品质量安全监管工作的通知(国办发〔2013〕106 号)
2014 年	习近平总书记在中央农村工作会议上，提出尽快把全国统一的农产品和食品安全信息追溯平台建起来
2015 年 1 月	2015 年中央一号文件明确了农产品生产过程中的质量安全检测、监测和强制性检验，农业资源、农业生态环境和农业投入品使用监测属于公益性技术推广工作，各级财政要在经费上予以保证

续表

时　间	说　　明
2015 年 12 月	《国务院办公厅关于加快推进重要产品追溯体系建设的意见》提出：推动农产品生产经营者积极参与国家追溯平台。2016 年、2017 年的中央一号文件均提出建立全程可追溯、互联共享的追溯监管综合服务平台
2018 年	全国农业工作会议明确提出，要将农产品质量安全追溯与农业项目安排、品牌认定等挂钩，率先将绿色食品、有机农产品、地理标志农产品纳入追溯管理
2019 年 12 月	农业农村部印发《全国试行食用农产品合格证制度实施方案》
2021 年 3 月	农业农村部办公厅印发的《农业生产"三品一标"提升行动实施方案》，进一步提出建设农产品质量全程追溯体系
2021 年 7 月	农业农村部《关于加快发展农业社会化服务的指导意见》鼓励利用互联网、大数据、云计算、区块链、人工智能等数字技术提升农业的信息化、智能化水平
2021 年 7 月	农业农村部印发《农产品质量安全信息化追溯管理办法(试行)》

经过多年的建设，我国农产品质量安全管理措施与国际接轨的步伐不断加快，以国际食品法典为代表的农产品国际贸易话语权逐年扩大。随着农业和农村经济战略性的调整，特别是"无公害食品行动计划"实施以来，我国农产品质量安全水平有了明显提高。2022年 1 至 3 月，农业农村部组织开展了 2022 年第一次国家农产品质量安全例行监测工作，抽检蔬菜、畜禽产品和水产品等 3 大类产品 86 个品种 6 910 个样品 127 项参数，总体合格率为 97.7%，其中蔬菜、畜禽产品和水产品合格率分别为 97%、99% 和 97.4%，全国农产品质量安全状况总体保持稳定。

4. 影响农产品质量安全的因素

影响农产品质量安全的因素包括主体因素和客观因素。其中主体因素包括生产者因素(如超限超量使用农药)、经营者因素(如滥用防腐剂等)和监管者因素(部门之间缺乏协调配合导致产生监管盲区等)；客观因素包括资源环境的影响和农业投入品的影响。目前，大规模分散的小农经济模式导致的生产加工的标准化、组织化程度过低，是影响农产品质量的根本原因。

5. 如何保障农产品质量安全

农产品质量安全问题涉及诸多方面，不仅涉及从产地到餐桌的多个环节，还有监管及执法等方面的问题。根据生产过程先后，农产品质量安全保障应该通过产地环境清洁、生产过程控制、产品质量检测、包装储运过程、产品履历追溯、法规标准认证以及农产品质量安全全程监管和风险评估等方面来实现。其中，农产品质量安全追溯体系可以保障产地环境清洁、生产过程控制、包装储运过程、产品履历追溯等方面；农产品质量安全监管体系可以保障法规标准的认证、农产品质量安全的全程监管和风险评估等方面。

8.1.3　农产品质量安全追溯体系

1. 概念

农产品质量安全追溯体系是指对农产品从"田间到餐桌"全过程质量安全的一种监控

制度，是对农产品在生产环节、物流环节和销售环节的每一个信息通过一定的技术手段进行记录、传递和查询，对每一个环节进行监管和问责的一种管理手段。根据政府部门要求不同，农产品质量安全追溯体系分为强制性追溯和自愿性追溯。

2. 主要特征

1) 可追溯性

农产品质量安全追溯体系具有可追溯性，即通过可识别标记对不同的农产品进行登记，从而进行全过程的追踪记录，主要分为顺时针监管和逆时针监管。顺时针监管指按照产业链的顺序(即生产者到消费者的顺序)进行监管；逆时针监管是产业链进行逆向监管。可追溯性流程图如图 8-3 所示。

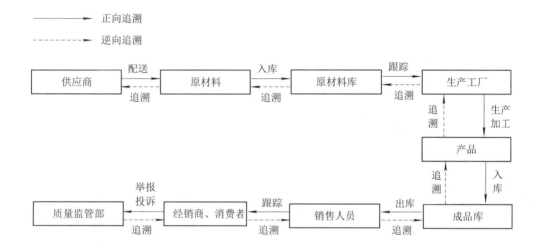

图 8-3　可追溯性流程图

2) 实施特征

农产品质量安全追溯体系的实施特征包括以下三方面：

(1) 多部门合作。我国农产品质量安全追溯体系是一个庞大的系统，涉及多部门，如政府、产业化组织、农户、科研院所等。

(2) 多样化发展。根据开发主体不同，我国农产品质量安全追溯体系分为农垦系统、北京系统、南京系统、种植业系统等。

(3) 多模式选择。目前保障我国农产品质量安全追溯体系的运行模式有"公司＋农户""公司＋中介组织＋农户""公司＋合作社＋农户"和"农民合作社一体化"等。

3. 意义

构建统一权威、职责明确、协调联动、运转高效的农产品质量安全追溯体系，可以实现农产品源头可追溯、流向可跟踪、信息可查询、责任可追究，保障公众消费安全，具有如下意义：

1) 增强消费者的安全感

农产品质量安全追溯体系要求在农产品生产、储存、流通等环节都有规范、详细的信息记录。通过查询追溯码，消费者可以查询播种、收获、加工、包装、销售等生产过程的相关信息，消费得明白、放心。

2) 提高企业的市场竞争力

农产品质量安全追溯体系要求企业进行严格的质量控制管理，实施标准化的生产程序，将农产品质量安全落实到每个批次或个体。这可以增强员工的质量意识和责任意识，促进农产品质量的提升，防范市场上的假冒伪劣产品，提高品牌的美誉度，提高农产品的市场竞争力，扩大产品的市场占有份额。

3) 提高管理部门的监管效率

农产品质量安全追溯体系可以监管农产品生产全过程，有效追踪相关人员和责任主体，为农产品召回提供可靠的信息平台。一旦农产品出现质量问题，管理部门可以通过追溯系统迅速界定责任并召回产品，维护消费者的利益。

4. 理论基础

农产品质量安全追溯体系的建设主要是解决农产品市场的信息不对称问题，同时将农产品质量安全管理的模式附加在供应链管理上。下面主要从农产品市场的信息不对称理论和基于供应链的农产品质量管理理论两方面介绍农产品质量安全追溯体系的理论基础。

1) 农产品市场的信息不对称理论

信息不对称指交易中的各人拥有的信息不同，最早由美国经济学家阿克尔洛夫(Akerlof)提出。2001 年，信息不对称由美国经济学家斯彭斯(Spence)、斯蒂格利茨(Stigliz)与阿克尔洛夫共同完善。该理论认为：市场中卖方比买方更加了解产品的相关信息；拥有更多信息的一方，可通过向信息较少的一方传递可靠信息而获益；拥有较少信息的一方则会努力向拥有较多信息的另一方获取信息。从信息不对称发生的时间和内容来分析，可将信息不对称分为事前信息不对称与逆向选择和事后信息不对称与道德风险。

信息不对称对农产品市场的影响如下：

(1) 低质量农产品淘汰高质量农产品。这种现象被称为"柠檬现象""劣币驱逐良币"或"逆向选择"。

(2) 不利于提高农产品质量。从生产者方面看，资源被过多地配置给了低质量农产品生产者，打击了高质量农产品生产者的积极性。从消费者方面看，由于市场欺诈，坑害了消费者。

(3) 市场欺诈。市场欺诈是指卖方凭借自己对产品质量信息的掌握而对不了解产品内在质量的买方的欺诈，如假种子、假化肥等。

(4) 道德风险。农产品市场上的道德风险通常发生在龙头企业和受委托的农户之间。例如，某龙头企业和农户签订雏鸡养殖合同。龙头企业向农户提供优良的雏鸡，待雏鸡长到一定时期后，由龙头企业回收。但个别农户为了个人私利，将一般家鸡与受委托养殖的良种鸡混养，甚至调换，将因为疏于管理防范而使鸡意外死亡说成是龙头企业提供的雏鸡不合格，向龙头企业照样索赔而免遭个人损失。

(5) 增加了农产品市场风险。一方面是价格风险，另一方面是竞争风险。低档次农产品生产过剩，市场急需的高档次农产品少，导致低质量农产品在市场上恶性竞争。

(6) 增加了交易成本。

2) 基于供应链的农产品质量管理理论

质量管理理论随着生产的发展和科学技术的进步而逐渐形成，大致经历了操作者的质量管理阶段、质量检验阶段、统计质量控制阶段和全面质量管理阶段。我国从 1978 年开始推行全面质量管理，这一措施在理论和实践上都有一定的发展，并取得了一些成效。提高农产品质量必须依靠全面质量管理。全面质量管理理论在农产品质量安全管理中的作用，不仅涉及农业生产的产前、产中和产后管理，而且涉及全员管理和全层面的管理，具体描述如下：

(1) 开展生产全过程质量管理。农产品生产过程复杂，影响因素很多，对每个生产环节都要严格管理。例如，产前要挑选良种(种苗、种禽、种畜等)；生长发育期间要注意生物体的营养平衡与调节；农产品加工后的包装也很重要，因为良好的外在品质也能提高竞争能力。

(2) 提高各级各类人员的质量意识。这一方面体现在作为生产主体的农民是否具有发展优质农产品的热情及积极性，另一方面体现在作为生产指导和管理部门的各级政府是否能保证这种热情和积极性的实现。

(3) 进行多方位、多样化的质量管理。这方面包括：控制成本，提高效益；加强农业新技术的研究和应用；建立农产品质量安全体系；重视名牌战略；大力发展精确农业。采用多种多样的方法进行农产品质量管理是现代农业大生产和科学技术发展的必然要求。

8.1.4 农产品质量安全监管体系

1. 概念

农产品质量安全监管体系是指政府和相关管理部门运用法律、行政、技术等措施，对农产品质量安全进行监管，以提高市场上农产品的质量和安全，确保消费者权益的相关活动的总称。

2. 监管体系

基于"科学管理、依法监督"的方针，以努力确保不发生重大农产品质量安全事件为目标，我国各农业行政主管部门重在构建和推进以下四大监管体系建设。

1) 行政监管体系

农产品质量安全行政监管体系包括部、省、地、县、乡镇部门设立的监管机构。农业农村部于 2021 年发布的《农业农村部关于加强乡镇农产品质量安全网格化管理的意见》(农质发〔2021〕7 号)指出，"十四五"期间，基本实现所有乡镇明确监管网格。

2) 法规标准认证体系

农产品质量安全认证是指农产品符合一定要求获得某种身份的评定活动。抓好法规标准认证体系的工作，是我国农业从传统农业转变为现代农业过程中的重要一环。

3) 检验检测体系

农产品质量安全检验检测是指依照国家法律法规和有关标准，对农产品安全进行检验检测。作为农产品质量安全执法监管的重要技术支撑，农产品质量安全检验检测机构在农产品质量安全监管工作中地位重要，不可或缺。

4）风险评估体系

风险评估作为《中华人民共和国农产品质量安全法》对农产品质量安全确立的一项基本法律制度，也是国际社会对农产品质量安全管理的通行做法。

3．行政监管体系

1）监管的法律依据

我国农产品质量安全监管工作已经实现了有法可依、依法监管的重要目标。农产品质量安全法律法规体系以《中华人民共和国农产品质量安全法》为主体，如表 8-2 所示，给出了农产品安全、产地、生产、监督检查等基本内容。《农药管理条例》《兽药管理条例》等行政法规和部门规章明确了农产品质量安全相关环节的具体措施和规定。另外，各地结合实际情况也出台了相关的地方性法规作为补充和辅助实施。

表 8-2　农产品质量安全监管体系的主要法律依据

时　间	法 律 依 据
2006 年施行，于 2018 年修正、2022 年修订	《中华人民共和国农产品质量安全法》
2009 年施行，分别于 2015 年修订、2018 年和 2021 年修正	《中华人民共和国食品安全法》
1993 年施行，于 2002 年修订、2012 年修正	《中华人民共和国农业法》
2006 年施行，于 2015 年修正、2022 年修订	《中华人民共和国畜牧法》
1986 年施行，分别于 2000 年、2004 年、2009 年、2013 年历经四次修正	《中华人民共和国渔业法》

2）监管范围

根据《中华人民共和国农产品质量安全法》的规定，我国农产品质量安全监督管理的范围包括监管对象、监管主体和监管环节三个层次的内容。

（1）监管对象。监管对象主要指农业活动中获得的植物、动物等。

（2）监管主体。监管主体一方面指农产品的生产者和销售者，另一方面指农产品质量安全管理者、检测技术机构和人员。

（3）监管环节。监管环节主要包括产地环境、种植、加工、储存、包装等。

4．法规标准认证体系

1）农产品质量安全标准

（1）概念。

农产品质量安全标准是指依照有关法律、行政法规的规定制定和发布的农产品质量安全的强制性技术规范，如农产品中农药、兽药等化学物质的残留限量，农产品中重金属等有毒有害物质的允许量，致病性寄生虫、微生物或者生物毒素的规定，对农药、兽药、添加剂、保鲜剂、防腐剂等化学物质的使用规定等。

农产品质量安全标准是农产品质量安全监管的重要执法依据，也是支撑和规范农产品生产经营的技术保障。

(2) 分类。

农产品质量安全标准包括对农产品的类别、质量要求、包装、运输、储运等所作的技术规定，其分类如图 8-4 所示。它是农产品质量检测的依据，也是农产品质量管理的基础。

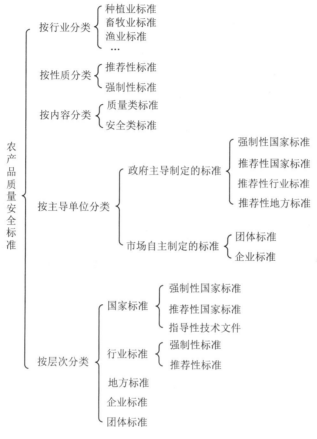

图 8-4　农产品质量安全标准的分类

(3) 农产品质量安全标准代码。

国家标准文献共享服务平台可以查询标准，其网址为 http://www.cssn.net.cn。下面介绍几种典型标准的代码。

第一，国家标准。国家标准是必须遵守的，分为强制性国家标准、推荐性国家标准、指导性技术文件，分别冠以 GB、GB/T、GB/Z 代号，其管理部门为国家标准化管理委员会。

第二，行业标准。行业标准只是对单一的行业适用，分为强制性标准和推荐性标准。推荐性行业标准的代号是在强制性行业标准代号后面加"/T"，如农业行业的推荐性行业标准代号是 NY/T。

第三，地方标准。其编号组成为："DB(地方标准代号)" + "省、自治区、直辖市行政区代码前两位" + "/" + "顺序号" + "年号"。例如，DB11/039—1994 电热食品压力炸锅安全卫生通用要求，其中 11 表示北京市。

第四，企业标准。企业标准只是在企业内部有效。例如 Q/XXX J2.1—2007，其中 XXX 为企业代号，J 表示技术标准代号(G 表示管理标准，Z 表示工作标准)，2.1 表示某个标准在企业标准体系中的位置号(2 表示技术标准体系中的第二序列产品标准，1 表示其中的第一个产品标准)，2007 表示年号。

(4) 农产品质量安全标准优先级。

通常情况下选用标准时的顺序为：国家标准→行业标准→地方标准→企业标准。当有国家标准和行业标准时优先选用国家标准和行业标准。国家标准、行业标准、企业标准允许同时存在，但前提条件是制定标准时企业标准应高于行业标准，行业标准又高于国家标准。

2) 三品一标

"三品一标"是指无公害农产品认证、绿色食品认证、有机农产品认证和农产品地理标志登记四种类型，其标志如图 8-5 所示。

图 8-5　"三品一标"标志

"三品一标"是政府主导的安全优质的农产品公共品牌，是当前和今后农产品生产消费的主导产品。无公害农产品认证突出安全因素控制，属于强制性认证标准；绿色食品认证在突出安全因素控制的基础上，强调产品的营养品质，属于推荐性认证标准；有机农产品认证注重对影响生态环境因素的控制，属于自愿性认证；农产品地理标志登记强调产品的独特品质，属于自愿性认证。无公害农产品认证、绿色食品认证、有机农产品认证之间的区别如表 8-3 所示。

表 8-3　无公害农产品认证、绿色食品认证、有机农产品认证的区别

标准	认证方式	执行标准	认证机构	生产结构	技术管理
无公害农产品认证	公益性认证	农业部无公害农产品行业标准	农产品质量安全中心	初级农产品	标准化生产
绿色食品认证	质量认证与商标使用权转让相结合	联合国粮农组织和世界卫生组织标准	中国绿色食品发展中心	初级加工农产品	全过程技术管理
有机农产品认证	经营性认证	欧盟和 IFOAM 的有机农业和产品加工基本标准	企业	初级产品和加工农产品	禁止化肥、农药等

感兴趣的读者可以通过"中国食品农产品认证信息系统"，查到有机码对应的产品名称、认证证书编号、获证企业等信息，或者获取更多关于农产品认证的相关信息，其网址

是 http://food.cnca.cn/。

3) 国际性标准化组织机构

国际性标准化组织机构有国际标准化组织 (International Organization for Standardization，ISO)、国际食品法典委员会(Codex Alimentarius Commission，CAC)、世界动物卫生组织(World Organization for Animal Health，WOAH)、国际植物保护公约 (International Plant Protection Convention，IPPC)、国际有机农业运动联盟(International Federal of Organic Agriculture Movement，IFOAM)、国际乳品联合会(International Dairy Federation，IDF)、国际种子检验协会(International Seed Testing Association，ISTA)、国际葡萄与葡萄酒局(International vine and Wine Office，IWO)等。目前国际上最著名的水产品认证当属于海洋管理委员会(Marine Stewardship Council，MSC)认证和符合性证书 (Certificate of Conformity，COC)认证。

5. 检验检测体系

我国农产品质量安全检验检测体系建设始于 20 世纪 80 年代，当时主要侧重于农业生产资料方面的检验检测机构建设，包括化肥、农药、饲料、农机、种子等国家级检测中心和部级检测中心的规划建设。20 世纪 90 年代以后，随着高产、优质、高效农业的提出和发展，农业部部级农产品质量安全检测机构开始规划建设。

目前，一个以农业部部级农产品质检中心为龙头、以省级农产品质检中心为主体、以地市级农产品质检中心为骨干、以县级农产品质检站(所)为基础、以乡镇(生产基地、批发市场)速测实验室为补充的全国农产品质量安全检验检测体系基本构建形成，如图 8-6 所示。

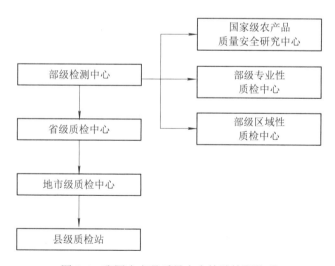

图 8-6　我国农产品质量安全检验检测体系

6. 风险评估体系

1) 概念

农产品质量安全风险评估体系以国家农产品质量安全风险评估机构为龙头，以农业部专业性和区域性农产品质量安全风险评估实验室为主体，以各主产区农产品质量安全风险评估实验站和农产品生产基地质量安全风险评估国家观测点为基础，重点围绕"菜篮子""果盘子""米袋子"等农产品，对从田间到餐桌的全程每个环节进行跟踪调查和发现问题，针对隐患大、问题多的环节进行质量安全风险评估。

2) 风险分类

风险评估分为定量风险评估、定性风险评估和半定量/半定性风险评估。其中，定量风险评估采用 0～100% 之间的数值描述风险发生概率或严重程度；定性风险评估采用"高发生概率""中度发生概率"和"低发生概率"或将风险分为不同级别来描述风险发生的概率或严重程度；半定量/半定性风险评估兼具上述两种方法。

3) 职责

(1) 龙头职责。

农业部农产品质量标准研究所，即中国农科院农业质量标准与检测技术研究所，承担国家农产品质量安全风险评估委员会秘书处的日常工作，并承担风险评估实验室的申报评审、考核评价、技术指导等工作。

(2) 农业部专业性和区域性农产品质量安全风险评估实验室的职责。

农产品质量安全风险评估实验室主要承担所在省(市、区)种植业产品、畜禽产品、水产品等农产品的收储运、加工环节及产前、产中、产后的安全风险评估和风险检测任务。

(3) 农业部专业性和区域性农产品质量安全风险评估实验站的职责。

农产品质量安全风险评估实验站主要依托地市级农产品质量安全检测机构或省级以下农产品质量安全研究机构建设，重点服务"菜篮子"等农产品主产区的质量安全隐患的摸底排查和动态跟踪评估。

4) 基本程序

按照国际通行原则与成功做法，风险评估程序如下：

(1) 现场调查。对任何一个产品和危险因子的评估，都必须基于产地环境、生产过程和收储运环节的实际情况，进行全面的、全过程的调查，做到心中有数。

(2) 取样验证。对调查过程中发现的隐患和可疑环节、可疑产品实施取样。样品可以是成熟的农产品，也可以是生长中的农产品，还可以是与之相关的产地环境样品、农业投入品或病虫害样品等。

(3) 分析研判。样品测定结果出来后，对超标或超限的样品要进行重复测定，结合现场调查记录，进行一对一追踪分析和个案研判，从中得出问题隐患的发生、发展、变化规律及防控措施和初步建议。

(4) 综合会商。对有问题的产品，原则上应当由风险评估实验室的技术委员会进行综合会商。

(5) 报告编制。对一般性的产品，应结合前期的现场调查和取样验证，对整个结果进行统计分析和总结，形成与任务部署和实施方案相对应、相一致的风险评估报告。对有问题的产品或当有大的风险隐患存在时，在综合会商的基础上，评估报告应当对评估的产品、危害因子、危害环节等进行详细描述，如危害种类、品种、形态、范围、程度、途径、变化规律、控制措施等，并提出明确的导向和决策建议。

8.2　追溯系统

8.2.1　理论基础

1. 追溯链

从全程追溯视角看，农产品质量安全追溯的信息链包含追溯环节、追溯对象、追溯要素和追溯指标四类元素。追溯对象是参与劳动分工的主体，有数据采集和共享的主观能动性，是追溯信息链成败的关键。追溯环节是农产品自生产到销售所经历的主要环节和过程，通常来说应包含生产、加工、销售和消费四个环节。农产品质量安全追溯的信息链模型如图 8-7 所示。

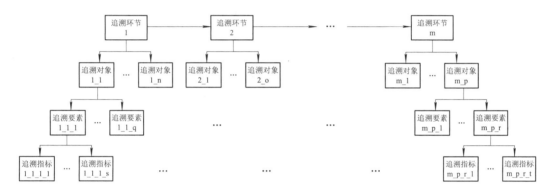

图 8-7　农产品质量安全追溯的信息链模型

2. 衡量标准

有些学者将可追溯体系定义为在整个供应链中跟踪某些产品或产品特性的信息体系，并构建全局性的信息链模型，进一步衡量信息链的结构质量，并设定宽度、深度、精确度为衡量可追溯体系的三个标准。宽度是指追溯信息链中向前跟踪或向后追溯到什么范围；深度是指追溯系统向下查找问题根源的距离，其最优值由危害级别和追溯成本确定；精确度反映了对追溯指标的量化能力，如小麦种植中，追溯精确到某个村、某个生产基地或某个农户。

8.2.2　追溯系统

1. 概念

农产品质量安全追溯系统是指全程记录种植、养殖、加工、流通各个环节的质量安全信息，实现"生产有记录，安全有监管，产品有标识，质量有检测"的可追溯的监管、查询系统。农产品质量安全追溯系统又叫农产品溯源系统、农产品追溯系统，是农产品质量安全追溯体系中技术体系的具体实现。追溯系统的基本要素是产品跟踪与识别、供应链信息采集与管理、数据集成与查询分析。

2. 意义

农产品质量安全追溯系统建立的主要目的是解决农产品市场中存在的信息不对称问题。基于现代数字技术实现的追溯系统可以监测和记录农产品从产地到餐桌的全过程，保障农产品的质量安全，便于企业发现问题，提高政府部门的监管效率。

3. 功能

农产品质量安全追溯系统具有以下功能：

(1) 管理农产品安全生产。农产品质量安全追溯系统以农业生产者的生产档案信息为基础，实现对基础信息、生产过程信息等的实时记录、生产操作预警、生产档案查询和上传功能。

(2) 管理农产品流通。农产品质量安全追溯系统以市场准入控制为设计基础实行入市申报，对批发市场经营者进行管理，记录其经营产品的交易情况，实现批发市场的全程安全管理。

(3) 监督管理农产品质量。农产品质量安全追溯系统可以实现相关法律法规、政策措施的宣传与监督功能，同时可以完成企业、农产品信息库的组建、管理和查询及分配管理防伪条码等功能。

(4) 追溯农产品质量。农产品质量安全追溯系统综合利用网络技术、条码识别技术等，实现网站、POS 机、短信和电话号码于一体的多终端农产品质量追溯。

4. 方案构建

在生产、加工、销售环节，生产者、加工者、销售者分别根据不同追溯要素上传追溯指标的数据信息到农产品质量安全追溯系统的数据库。一个追溯要素对应着多个追溯指标，如土壤要素对应着重金属指标、养分指标、盐碱程度指标等。根据上传的数据信息，系统生成一个二维码形式的农产品追溯码。通过扫描商品包装上的二维码标签，消费者便通过追溯系统获得农产品在不同环节的相关信息，其中农产品质量安全追溯系统如图 8-8 所示。

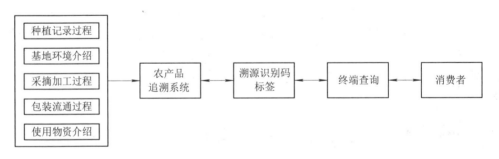

图 8-8　农产品质量安全追溯系统

1) 基于 RFID 和数据库的溯源模型

传统的数据采集多采用人工记录、手工输入并存档，耗时耗力且容易出错，效率低下。而利用 RFID 和数据库的质量安全追溯系统模型，将采集的数据自动传输到服务器进行存储，并能在各种终端实时查询，方便快捷。肉牛养殖的质量安全追溯系统模型如图 8-9 所示。

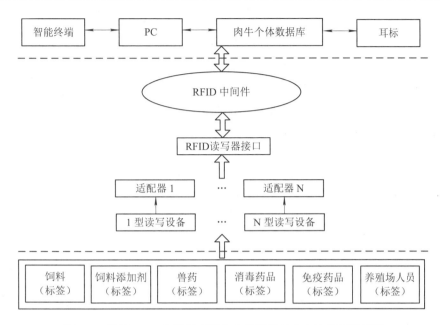

图 8-9　基于 RFID 和数据库的肉牛养殖质量安全追溯系统模型

2) 基于关系型数据库和区块链的双存储溯源模型

基于区块链和关系型数据库的双存储溯源方案设计,保证了数据的不可篡改,去除了中心化结构,对信息流的可追溯性实现了快速查找、精确定位功能,采用这种方案的猪肉溯源方案的层次架构如图 8-10 所示。

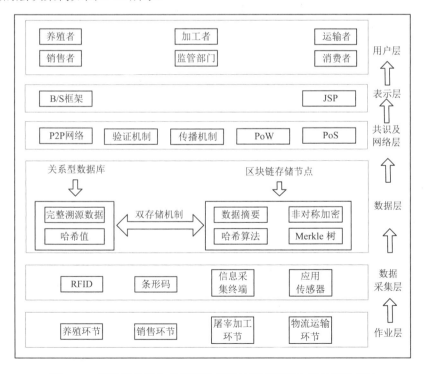

图 8-10　基于区块链和关系型数据库的猪肉溯源方案的层次架构

5. 发展历程

以数字技术的发展为主线，农产品质量安全追溯系统的发展历程可分为以下三个阶段：

1) 以信息记录为主的追溯系统 1.0(20 世纪 90 年代—2007 年左右)

追溯系统 1.0 阶段具有以下特点：第一，追溯系统是作为质量安全保障的有效措施被引入食品工业的，这一时期更多是从法律法规层面对食品追溯进行明确和约定；第二，根据追溯系统是加强食品安全信息传递、控制食源性疾病危害和保障消费者利益的信息记录体系的初衷，此时的追溯系统不管是纸质记录还是电子记录，更多是一种简单的、单环节的信息记录系统；第三，中国的农产品和食品追溯系统虽然起步较晚，但总体推进较快。

2) 以数据整合为主的追溯系统 2.0(2008—2015 年左右)

追溯系统 2.0 阶段具有以下特点：第一，以条码、RFID 为代表的自动识别技术为追溯个体或群体的标识起到了重要作用，以无线传感器网络技术为代表的信息感知技术为供应链各环节信息的快速采集和实时监测提供了有力支撑，从而促进了数字化、电子化追溯系统的深入应用；第二，物联网的应用为信息的有效传递提供了基础，通过整合生产、加工、物流、仓储、交易等各环节数据，实现全供应链追溯的需求越来越迫切；第三，追溯系统的建设需要付出额外的成本。

3) 以智能决策为主的追溯系统 3.0(2016 年至今)

以人工智能为代表的新一代数字技术的发展为解决追溯系统面临的问题提供了技术支撑，追溯系统也迎来了以智能决策为主的 3.0 阶段。我国质量追溯机制日趋完善，质量可追溯标准体系基本形成，信息化支撑体系基本成型，已开启农产品质量安全追溯的试点，并已取得一定的成绩。截至 2022 年 7 月，国家农产品追溯平台已与 31 个省平台和中国农垦追溯平台实现对接，入驻生产经营主体 46.5 万家，省级追溯平台入驻生产经营主体 90 多万家，生产经营主体入驻数量已具规模，农产品追溯体系建设取得显著成效。

8.2.3　生产环节

1. 面临的主要问题

产地环境清洁是保障农产品质量安全的首要条件，其中产地环境清洁主要指土壤环境、圈舍条件、水源、空气等环境因子符合国家有关标准或认证要求。目前，农产品质量安全面临的主要问题如下：

(1) 产地环境污染。农产品的质量深受产地环境的影响。工业"三废"及汽车等尾气的排放、污水灌溉，使得农产品产地环境受到程度各异的污染。

(2) 现代农业投入品的残毒。化肥、农兽渔药等化学投入品过量使用，滥用添加剂、防腐剂及非食用物质等违法违规行为，都是造成农产品质量不安全的祸根。

(3) 过低的组织化程度。目前我国农户生产仍然处于大规模分散的小农经济模式，加之农民整体的受教育水平不高，使得农业标准化生产推进缓慢。

2. 数字技术的应用

1) 环境监测

土壤要素信息采集和管理技术主要基于传感器技术，用于土壤质地、有机质、温湿度、

pH 值、氮磷钾、盐分等多个追溯指标的监测。其中，短距离传输技术以蓝牙和 ZigBee 技术为主；远距离传输技术以 4G 和 5G 技术为主；地理科学数字技术以 3S 技术为主，即 RS、GIS 和 GPS。土壤性态的监测一般可分为土壤性态空间变化监测和定位土壤性态动态监测两种，前者主要用于获得同一时期土壤性态的空间信息，后者用于了解某一特定区域土壤质量随时间的变化。土壤性态空间变化监测的对象是调查整个区域的土壤信息，其技术称为土壤星地传感技术，主要有卫星、航空、无人机和地面平台搭载的不同类型传感器。

在实际土壤环境监测时，首先，工作人员需要在点位上设置相应的传感器；其次，传感器采集数据并发送到网络；最后，数据送达处理中心，实时记录土壤参数。图 8-11 就是一种基于传感器的土壤信息采集系统构建方案。尽管土地传感器优势明显，但在具体应用中会受许多因素干扰。

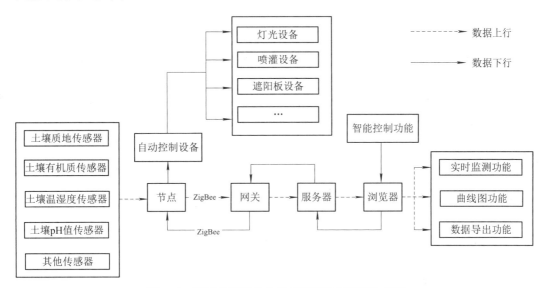

图 8-11　基于传感器的土壤信息采集系统构建方案

近些年，微波遥感技术、电磁感应技术和探地雷达技术也被应用于土壤信息的采集。其中微波遥感技术主要应用于对土壤水分监测及与水相关的干旱度和土壤盐分等的监测；电磁感应技术主要用于对土壤盐分、水分、黏粒等的监测，特别是在盐分方面具有独特优势；探地雷达技术主要用于研究土壤特性与深度的关系。

2) 产地溯源

(1) 物理方法，即标签溯源技术，通过记录和标识，对农产品生产经营责任主体、生产过程和产品流向等农产品质量安全相关信息予以追踪，主要包括信息管理、编码标识和查询管理三个核心要素。消费者在超市里随处可见的贴在农产品包装袋上的条形码，可对应农产品生产过程质量安全信息。随着农产品包装从生产者最后流动到消费者手中，消费者通过包装上的电子信息载体识别农产品的产地来源，了解自己吃的农产品来自哪个企业，用过什么农药等。目前，这种技术在农产品追溯应用中较为广泛。图 8-12 就是一种基于二维码的产品跟踪与识别系统构建方案。

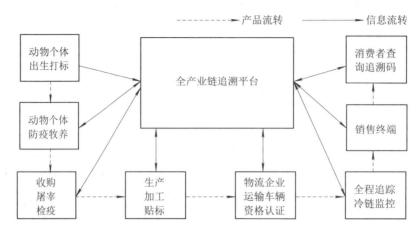

图 8-12　基于二维码的产品跟踪与识别系统构建方案

(2) 化学方法产地溯源技术，其中同位素比值、元素含量和有机成分含量分析等均是目前应用较多的技术手段。可以说，同位素组成就是生物体的一种"自然指纹"，它不随化学添加剂的改变而改变。元素含量则是因为不同地域来源的生物体中矿物元素含量与当地环境中矿物元素有较强的相关性，所以对比农产品中矿物元素的组成和含量差异可鉴别产地来源。此外农产品中有机成分随土壤、降雨等的影响会产生变化，筛选其中指示性强的有效成分并追踪其变化可以判定其产地来源。对于地域相近、品种相似的产品，单一技术往往很难有效区分地理来源，因而需要增加指标数量建立多元判别模型。大量研究证实，矿物元素和化学成分含量分析，与同位素指纹分析相结合，可以更加完整地反映动植物食品的种类、区域气候、产地环境、农业耕种条件等差异，因而能更为有效地区分食品的来源，可显著提高产地溯源的判别水平。

此外，在肉制品溯源中研究较多的还有 DNA 溯源技术和虹膜特征技术等生物方法。每个个体所拥有的 DNA 序列是独一无二的，通过分子生物学方法所显示出来的 DNA 图谱也就独一无二，可以把 DNA 作为像指纹那样的独特特征来识别不同的个体。总之，随着产地溯源技术手段的不断发展，农产品追根溯源已不再是难题，这将为"吃得安全，吃得营养"提供技术手段，为特色农产品产业高质量发展保驾护航。

除此之外，数字技术在生产环节的应用还体现在智能育苗/育种、物联网养殖、农业病虫害监控等。这里不再赘述，详见第 3 章 3.1 节。

8.2.4　物流环节

1. 面临的主要问题

我国的物流产业大多仍处于粗放式经营，产业内大多数企业也只能提供运输或仓储服务，业务非常单一，更无法提供物流方案设计或是全程物流服务等高附加值的服务，物流成本是发达国家的两倍之多，产业效率却连发达国家的一半都达不到。

农产品物流是以农业产出物为对象，通过农产品产后加工、包装、储存、运输和配送等物流环节，做到农产品保值增值，最终送到消费者手中。农产品物流具有数量大、品种多、难度大、要求高等特点。农产品物流主要存在以下问题：

(1) 物流管理不合理。这主要基于两个原因，一是缺乏农产品物流方面的人才，二是农村特有的经济模式形成不了规模效应。

(2) 技术相对落后。第一，保鲜技术不高；第二，农产品加工、包装技术低下；第三，地区间的交通设施发展不均衡；第四，农产品物流中的信息交流不充分。

(3) 政府针对农产品物流流通中的政策支持仍需加大。

2. 数字技术的应用

为了实现农产品质量安全追溯的目标，需要对农产品供应链各环节进行产品标识管理。在农产品溯源体系，一般通过构建标签(二维码标签或 RFID 标签)来实现产品跟踪和识别，其中用于动物标识的耳标就是 RFID 标签。标签中存储了产品在不同环节的各种信息，如产地信息、产品种类信息、生产企业信息、物流信息等。通过解译上一环节标签信息后与本环节信息结合，工作人员生成新的追溯信息并编译成新的标签，然后传递到下一环节。通过上述步骤可跟踪产品从生产到销售的全过程。

1) 智慧配送物流

实时快递监控：提供快递揽收、在途、派送、签收全流程状态，帮助快递实时跟踪、监控，及时发现问题快件并处理。

个性化预警：支持不同地域的自定义设置快递服务质量、件量下滑预警，用户关注的问题系统提前预警，方便用户基于自身情况定制。

2) 智慧仓储物流

智能工具＋智慧云仓同时能做到大数据挖掘与分析：

件量预测：结合内外部影响因素，利用数据挖掘方法，批量化精准预测商品的未来订单走势，助力商家提前备货。

分仓模拟：模拟分仓运作场景，提供基于时效和成本的最优解决方案，指导商家合理分仓，提升时效、降低成本，实现"单未下，货先行"。

库存健康：帮助商家及时了解当前库存状况，各个击破缺货、滞销等问题，进行有效的库存管理，节约成本。

8.2.5　监管环节

1. 面临的主要问题

目前食品安全信用监管体系仍存在一些问题，突出表现在以下方面：

(1) 食品安全信用体系缺乏统筹规划与顶层设计。由于多方面的原因，目前我国的食品安全信用体系建设还存在着缺乏统一规划指导、发展建设无序、资源开放不够、宣传教育有待加强等问题。这些问题直接影响我国食品安全信用体系的建设和食品安全水平的进一步提高。要从根本上提高我国的食品安全水平，必须注重建立和完善长效的食品安全体系，形成统一开放、公平竞争、规范有序的食品市场环境。

(2) 企业信用等级评定和管理不够完善。目前在食品企业信用等级评定和管理中存在政出多门、标准不一、考核不严和主观随意性强等弊端，评定结果难以取信于社会，未能建立起社会广泛参与的信用评价体系。

(3) 信用奖惩机制不够明确。在现行食品安全信用体系建设中，对信用缺失的企业的处罚还不够具体和明确，对信得过企业没有经济等方面明确的激励机制，对失信、违法等企业则缺乏足够严厉的惩罚措施。

2. 数字技术的应用

借助云计算、区块链、大数据等底层技术，构建"信用+溯源"食品安全溯源体系，保障产品从生产源头到市场的全程质量跟踪和追溯。以溯源建设支撑信用建设，推动信用体系和溯源体系融合创新发展。

1）互联网+监管

2022年5月，湖北省"互联网+监管"双随机、一公开监管平台升级改造完成，并开发启用企业信用风险分类管理平台，实施差异化、精准化监管，对诚实守信企业无事不扰，对违法失信企业强化监管，努力打造市场主体守法诚信经营，维护公平竞争的市场秩序，进一步优化营商环境。

"互联网+监管"双随机、一公开监管平台，是按照对象库的信用风险等级设置不同的抽取比例。其中信用A、B、C、D类农资经营户抽查比例分别为1%、10%、20%、30%，并发起联合双随机抽查任务。

"信用分级分类+双随机"监管模式，根据企业信用风险分类结果，合理确定、动态调整抽查比例和频次。对信用风险低的A类企业，可合理降低抽查比例和频次，一般不主动实施现场检查，实现"无事不扰"；对信用风险一般的B类企业，按常规比例和频次开展抽查；对信用风险较高的C类企业，实行重点关注，适当提高抽查比例和频次；对信用风险高的D类企业，实行严格监管，提高抽查比例和频次，必要时主动实施现场检查。

2）企业数据信用体系

近年来，农业农村部农产品质量安全监管司组织上海浦东等地开展了农安信用体系建设试点。试点单位根据地方农业生产发展实际，创造性地将农安信用与金融保险发放、政府项目扶持等结合，探索出"立信、评信、示信、用信"的一条龙工作模式，对提升地区农产品质量安全水平发挥了积极作用。

(1) 立信。在"农资经营单位信用评级"基础上，在全区范围内启动农产品质量安全信用体系建设，成立了1个领导工作小组，制订了《浦东新区推进农产品质量安全信用体系建设实施方案》，开发了农业主体信用监管平台，配套开发了"农产品质量责任保险"，启动实施了以"体验浦东农业，共享优质安全"为主题的农产品质量安全体验活动。

(2) 评信。评信包括两个方面：一是固定评信，试点单位制订了涉及大类和小项的信用量化评分表，依托监管员，按照一年一评一表的打分办法对生产主体进行了等级评定；二是动态评信，试点单位在形成量化评分评级的基础上，结合日常的网格化监管、生产主体生产行为、监测检测数据、评优获奖情况等，在信息化平台上实现实时行业信用评级。

(3) 示信。信用等级评定的结果在各类平台进行公示，广泛接受群众和社会监督。政府邀请保险公司作为第三方，提前介入生产经营主体的资格审查、信用信息服务平台查询、保险保障的日常生产行为审核等，进一步延伸监管。另外，政府组建了一支由农协会成员、种养户代表、退休行业专家组成的新队伍，以社会监督员的身份参与到信用评价工作中。

(4) 用信。依据信用评级结果，对主体实施动态分类监管和精细化管理，对守法经营信用好的 A 级经营单位减少执法检查频次，强化服务；对信用较好的 B 级经营单位的监管坚决不放松，强化宣传和管理；对信用低的 C 级和 D 级经营单位，实行重点监管，增加执法检查频次，对违法行为加大处罚力度；同时线上做到信用与合格证开具挂钩，对于信用评价结果较差的 D 级单位，合格证打印后台将自动关闭打印功能，待信用恢复后再自动开放。

8.3　不足与发展趋势

8.3.1　我国农产品质量安全追溯监管体系建设中的不足

1. 监督管理机构的协调并不合理

我国和食品安全有关的部门比较多，主要有农业部、卫生部、国家食品药品监管局等。在对农产品质量安全进行管理时，相关机构会对于自身的工作特征进行分析，考虑到实际需要构建专门的农产品质量安全追溯平台，这就导致不同平台之间缺乏协调感，所获得的追溯信息无法实现共享目标。例如，在商务部门所构建的追溯平台能够及时了解批发市场中的菜价以及肉类在市场中的流通等，而农业部门则更为关注菜类以及肉类的来源，这就导致信息较为孤立。

2. 生产规模化水平不高

想要构建行之有效的农产品质量追溯体系，就必须要做好以下几点工作：在前期，企业应该构建完善的制度，满足质量安全追溯要求；确保前期投资以及组织成本是符合要求的，并且构建完善的软件和硬件作为支持，确保有足够的设施设备进行信息搜集、打码；对工作人员进行培训，确保生产、经营、管理人员的水平能够得到提升。因此，在前期需要花费较多的资金。从当前的情况来进行分析，可以发现大部分农产品生产企业并没有形成较大的规模、科技水平比较低，并不标准，农业工作人员依旧是我国农产品市场的主要供给群体，所生产的产品主要是售卖给批发市场以及集贸市场，这从某一角度来说，增加了构建追溯体系的难度。

3. 追溯技术体系不够先进

和发达国家农产品安全制度体系相比，我国的追溯技术体系还需要进一步的研究和改进。在这个过程中，政府构建专门的中心数据库，企业购买需要应用的设施设备、培训相关的工作人员、进行日常维修等都需要有充足的资金作为支持。并且，因为企业想要降低成本的消耗，参加追溯系统研发的人员数量比较少，消费者并没有意识到农产品追溯系统的作用，这并不利于农产品质量安全追溯工作的开展和宣传。

8.3.2　数字技术在农产品质量安全追溯体系中的发展趋势

1. 人工智能技术降低追溯过程的断链程度

农产品供应链涉及多个环节，需要多方协作，具有多维特征。追溯单元拆分重组是供应链中的普遍现象，也是导致追溯断链的核心问题。人工智能技术的快速发展将在两个方面为解决追溯断链问题提供技术支撑。一方面，采用遗传算法等优化模型，提升追溯粒度；另一方面，基于深度学习构建智慧供应链背景下的追溯模型，降低追溯断链程度。

2. 大数据技术提升质量安全预警能力

查询和召回是质量安全控制体系不可或缺的组成部分，也是发生质量安全问题时缩小影响范围、降低损失的重要措施。与这种"事后治理"相比，以质量安全预警与分析决策为核心的"事前预防"，对于农产品及食品质量安全控制体系更为重要。构建"环节衔接、品类整合"的农产品及食品安全大数据中心，全面掌控监管态势，深入分析农产品及食品风险，构筑起立体化、精准化、信息化监管网络，变被动发现为提前研判，增强决策分析能力。

3. 区块链技术增强全程追溯可信度

农产品及食品供应链时空跨度大、参与主体众多且分散、中心化方式管理与运作困难，加之数据采集时缺乏约束机制，易造成信息不透明，导致追溯信息可信度不高。提高追溯可信度已成为追溯系统可持续应用中面临的重要问题。区块链技术具有分布式台账、去中心化、集体维护、共识信任等特点，被证明在解决目前追溯系统可信度问题方面具有先天技术优势。

本 章 小 结

传统的农业种植方式，农产品同质化严重、质量参差不齐、消费者认可度不高、地标品牌建设与保护意识薄弱，因而在消费市场表现不佳，国内多地经常出现农产品滞销的情况。只有农产品初加工行业朝着规范化方向发展后，才能提高农产品的附加值，并带动农产品上游产业的发展。这也能逐渐转变我国农业的种植方式，提高农民的收入，实现乡村振兴。

本章首先介绍农产品质量安全的概念、发展历程、影响因素、保障方法等，其次介绍农产品质量安全追溯体系的概念、特征、意义和理论基础；然后介绍农产品安全监管体系，包括行政监管体系、法规标准认证体系、检验检测体系和风险评估体系；接着介绍农产品质量安全追溯系统，包括追溯链、追溯系统的构建以及数字技术在生产环节、物流环节和监管环节的应用；最后介绍农产品质量安全追溯体系的不足和发展趋势。

思考与练习题

1. 什么是"三品一标"？简述"三品一标"的区别。
2. 简述农产品质量追溯体系的利益主体。
3. 简述农产品质量追溯体系的标准。
4. 与农产品质量追溯体系相关的新一代数字技术有哪些？
5. 简述农产品追溯体系的实施特征。
6. 试述基于区块链和关系型数据库的猪肉溯源系统的流程。

扩展阅读　农业农村信息化示范基地——广西农垦永新畜牧集团有限公司

1. 企业概况

广西农垦永新畜牧集团有限公司隶属于广西农垦集团有限责任公司,公司现存栏种猪 2.3 万头,年出栏生猪 50 万头,其中种猪 10 万头,商品猪 40 万头,供港澳活猪连续 9 年占广西的 80%~90%。近年来,企业高质量发展,在生产规模不变的情况下,企业年利润从 2018 年的 1.27 亿元增至 2020 年的 8.77 亿元。公司是农业产业化国家重点龙头企业、首批国家生猪核心育种场、国家生猪现代产业技术体系综合试验站、广西现代特色农业核心示范区(五星级)、国家级出口食品农产品质量安全示范区、国家级无非洲猪瘟小区、广西出口(供港)农产品示范基地等。

2. 主营业务介绍

公司的主营业务:畜牧业;饲料的加工及销售;鲜猪肉销售、农副产品的购销;农业技术咨询;进出口贸易;有机肥的生产与销售。

3. 质量可追溯模式行为分析

企业高质量发展和信息化管理是密不可分的。近年来,该公司信息化建设投入 3 148.79 万元。同时,硬软件的大力投入为公司进一步开展信息化工作提供了保障。

4. 信息化建设基本情况

1) 全程空气过滤工艺、全环境控制系统

公司积极推进猪场智能化管理发展步伐,大力建设并推广采用"全环境控制系统、空气高效过滤、大跨度高床免冲水、全密闭连廊"等新技术新工艺保育育肥一体化猪舍。其节约土地 1/3,节约用水 1/3;有效降低转运成本、实现全场全进全出;猪舍墙体贴 4 cm 保温材料,吊顶使用 0.3 mm PE 膜 + 10 cm 保温棉隔热保温,屋面采用镀铝锌板,使用寿命 30 年以上,是节能、环保、安全、高效、低成本的现代化猪舍,人均饲养生猪 5 000 头。

2) 全自动输料、全智能环境控制系统

公司采用的全自动输料系统属于干料工艺,基本流程为:饲料厂→散装饲料车→料塔→通过管道输送→定量料斗→下料管、料槽。该工艺主要运用于母猪精准饲喂、定位栏、群养、保育育肥舍等。猪场可以通过设置自动下料定时定量饲喂母猪,育肥做到自由采食。

第五期原种猪场采用全环境控制,各分区有控制器,同时也可以通过网络进行猪舍环境控制,做到智能控制风机启动、水帘启动达到猪只生长所需的温度,起到实时监控作用,实现智能化、自动化管理。

3) 追溯管理系统

公司通过建立农产品质量追溯管理系统建设体系,根据养殖场——屠宰加工厂——销售配送全程健康信息及追溯产品标签,建立生猪饲养、屠宰与加工、销售等信息管理体系网络,为管理者和消费者提供可追溯查询的安全猪肉产品信息。该项目荣获 2014 年度广西科技进步三等奖。

4) 数字化智能管理猪场

公司应用 KF 数据管理系统、NC 供应链物资管理系统、猪群健康动态监控技术(日常监控表、100 kg 增重要素表、千仔千母表)等,实现数字化智能化管理猪场,有效实时处理生产数据信息,从而提高猪场生产管理工作效率。

KF 数据管理系统采用大数据遗传分析程序 KFBLUP、KFREML,将选种、选配模型管理与分析模块进行融合,实现育种过程管理与监控、猪群生产信息同网联合,有效地解决了如何使用一套系统管理多项内容的问题症结,猪场生产数据一目了然。而 NC 供应链物资管理系统则实现猪场物资采购实时监控(兽药、疫苗、五金等),从而有效提高猪场生产物资采购效率。

各母猪场通过使用千仔千母表对成本进行管理,监控各母猪场在成本方面的差异,为进一步降低成本建立了坐标参照系。各育肥场则依托精准营养的数据基础,根据育肥猪各个生长阶段饲料预算,并通过 100 kg 增重要素表管理生产过程,饲料预算得到明显改善,实现了降本增效、低碳养殖。

5. 特色与亮点

公司不断引进和推广应用国内外先进养殖新工艺新技术,保持行业领先水平。

(1) 2008 年建设了国内首家高效空气过滤系统公猪站,集成应用多项世界先进技术,能有效阻止猪蓝耳病、猪瘟、伪狂犬、口蹄疫等病原侵入。种公猪站建设标准成为国家核心育种场种公猪站建设标准,被评为全国生猪遗传改良计划种公猪站(全国首批 2 家之一)。

(2) 2014 年建成良圻兽医技术中心,是目前国内养猪企业最高标准的实验室,能开展血清学检测、分子生物学检测、细菌培养、药敏试验、农(兽)药残留检测等项目。依托中心先后成功净化了猪伪狂犬病、猪蓝耳病、猪瘟等传染病,确保生猪全程健康养殖和食品安全。猪伪狂犬病净化技术成为国家生猪产业技术体系猪伪狂犬病净化标准。2018 年获猪伪狂犬病净化示范场、猪瘟净化示范场和猪繁殖与呼吸综合征净化示范场,是国内唯一一家获得三个疾病净化示范场的养猪企业。

(3) 2017 年建设的良圻第五原种猪场按节能、环保、安全、高效、低成本目标设计,采用大跨度高床免冲水、全程空气过滤、机械通风、自动输料、水盘式饮水器、机械刮粪、中水回用等先进工艺技术,是国内生物安全级别最高、生产效率最高的种猪场。

(4) 良圻原种猪场组建专业的育种团队,专注开展种猪育种工作 20 余年,先后被评为首批"国家生猪核心育种场""全国十佳种猪育种企业""全国生猪遗传改良计划种公猪站"。团队与华南农业大学合作开展猪全基因组选择育种技术研究与应用,构建基因组选择参考群 4 380 头;配备有多个专业 B 超、肉色测定仪等育种设备,常年开展大规模种猪生产性能测定,利用 OSBORNE 开展饲料转化效率个体测定与选育,20～120 kg 料重比 2.12。实行核心群种猪动态管理,采用全国种猪遗传评估信息网等进行网上遗传评估,育种进展成效显著。

6. 经验成效

1) 经济效益

(1) 实现人均饲养母猪 250 头,比传统人工喂料母猪场增加 118.42 头/人,人均饲养育肥猪 5 000 头以上，比传统人均饲养育肥猪增加 4 000 头以上。

(2) PSY 达 26.03 头，高于传统猪场 18.17%；配种分娩率比传统猪场高 11.1 个百分点，达 92%；窝产活仔数比传统猪场多 0.86 头/窝。

(3) 生猪日增重明显提高，缩短出栏时间，日增重由 550～650 克，提高到 750～905 克，出栏时间提前 15 天。

(4) 料肉比大幅度降低，由原来的传统养猪 3～3.2∶1 降低到 2.4～2.7∶1。

2) 社会效益

(1) 2017 年建设良圻第五原种猪场万头母猪场，猪场的投产使用新增就业岗位 70 余个，为社会及农民提供了大量的就业岗位，推动与促进了周边的经济发展。

(2) 大力推行"公司＋标准化合同育肥"生猪产业化经营模式，带动农户养猪致富，成效显著。该模式指导农户建设大跨度钢结构、全自动喂料、全自动通风换气、机械刮粪等先进工艺的标准化猪舍，并对农户实行统一管理。2020 年全年共带动农户 175 户，培训 13 次 480 人，生猪出栏 26.18 万头，带动农户增加纯收入 1.24 亿元，户均增收约 70.8 万元。2021 年上半年共带动农户 223 户，培训 5 次 248 人，生猪出栏 18.24 万头，带动农户增加纯收入 6 136.35 万元，户均增收约 27.52 万元。

3) 生态效益

(1) 显著降低排污量。小猪从进栏到大猪出栏全程免冲水，大大节约了用水量，节约用电，达到了减排的目标。

(2) NH_3 浓度远低于 25×10^{-6}。

(3) 发展循环经济，重视环境保护，污水经发酵处理后达到农灌标准，用于喷淋灌溉甘蔗约 5 500 亩，促进甘蔗亩增产 2 吨以上，年增产增收总量达 10 000 吨，每亩减少化肥使用量 95 千克/年，每年减少化肥施肥量 522 吨，形成了"猪—沼—电—蔗"的良性循环系统，促进了种养业可持续协调发展。

第 9 章　数字乡村保障体系

【学习目标】

  ◇ 掌握数字乡村保障体系的主要内容；
  ◇ 了解数字乡村保障体系的应急管理流程；
  ◇ 理解数字乡村公共支撑平台的层次架构；
  ◇ 了解数字乡村保障体系的建设路径。

【思政目标】

  ◇ 拓展学生数字乡村保障体系相关知识储备，积极投身社会主义现代化建设；
  ◇ 通过理解数字乡村保障体系建设增强科技自信。

案例引入

从"一码通"系统"瘫痪"剖析保障体系建设

近年来新冠疫情持续蔓延，从最初的居家隔离，到如今的绿码通行，健康码已经成为生活"必备品"。据 2021 年 5 月西安市大数据资源管理局公开数据显示，西安"一码通"平台上线以来累计注册用户超 3 000 万人次，扫码累计近 30 亿次，面向 21 个区县开发区、200 余个街道、4 300 多个社区、1.2 万个小区以及各级疫情防控人员，利用大数据手段协助流调近 40 万人，并确保每日 40 余万人完成核酸检测或疫苗接种工作。可见"一码通"已融入我们生活的方方面面。由于"一码通"系统频频出现故障，其背后数字公共系统建设与应急保障处置也进入公众视野中。

2021 年 12 月 20 日，西安"一码通"用户访问量激增，每秒访问量达到以往峰值的 10 倍以上，造成网络拥塞，导致包括"一码通"在内的部分应用系统无法正常使用，此次"一码通"崩溃时长超 6 小时。2022 年 1 月 4 日，在大批市民核酸检测的重压之下，"一码通"迎来了第二次崩溃。1 月 10 日，广东"粤康码"平台监测到流量异常增大，最高达每分钟 140 万次，超出承载极限后自动触发了系统应急保障机制并逐步恢复运行，仅 90 分钟后系统完全恢复了顺畅运行。

西安"一码通"在短短半月内出现两次崩溃，广东"粤康码"也曾出现崩溃，天津核酸系统也出现了故障，但不同系统遭受突发性威胁时不同的修复时间反映出了其应急保障体系处理能力的差异。工业和信息化部总工程师韩夏在陕西省通信管理局开展疫情防控工作调研时曾强调，在疫情防控工作中要切实优化应急预警，强化安全防护，排查安全隐患，出现问题及时响应、快速修复。通过该案例可以看出，数字时代伴随着公共基础设施信息化进程，也更应重视保障体系建设与发展。

开展数字乡村建设不仅是当前"三农"工作的重要组成部分，也是实现乡村振兴和经济高质量发展的有效途径和坚实保障。确保数字乡村战略贯彻落实与发展，需要构建面向数字乡村建设的保障体系。

本章首先阐述了数字乡村保障体系的相关概念与应急管理体系，其次从数字化基础设施建设、公共支撑平台、运营管理体系三个方面介绍了数字乡村保障体系的主要构成，最后总结了数字乡村保障体系的建设路径。

9.1　数字乡村保障体系

9.1.1　数字乡村保障体系的概念

数字乡村保障体系是数字乡村建设发展初级阶段形成的基本认识，即通过搭建数字乡村保障平台，运用数字技术将数字乡村保障平台应用场景进一步扩大，对包含农村数字产业、绿色生态、乡风文化、社会治理、生产生活等各方面全流程的保障。换言之，数字乡村保障体系是为保障乡村数字化进程，促进乡村现代化、治理信息化发展的各项措施的统称，是确保数字乡村发展实效的必要保障。

数字乡村建设是指通过发展数字乡村经济、建设数字乡村社会、开展数字乡村治理，以数字化转型驱动乡村生产方式、乡村生活方式和乡村治理方式发生变革。数字乡村保障体系作为数字乡村建设发展中的关键一环，当前尚未有相关研究机构、专家学者对其展开深入研究，其相关概念也没有准确的界定。在 2021 年 7 月发布的《数字乡村建设指南 1.0》重要文件中，通过其所描述的数字乡村建设总体参考框架图可以看出，数字乡村保障体系建设主要由四部分构成：信息基础设施、公共支撑平台、数字应用场景和建设运营管理。在此基础上，笔者通过结合数字乡村建设相关文件、数字乡村保障体系相关文献资料，对数字乡村保障体系的相关概念与内涵进行梳理、提炼与总结，概括出了数字乡村保障体系的概念。

数字乡村保障体系是数字乡村建设发展进程中面对突发性特殊状况(即面临阻碍乡村数字化发展事件)时，为维护数字乡村正常建设发展而建立的预防事件发生、消弭事件影响的宏观调控体系。数字乡村保障体系的总体目标是确保数字乡村战略朝着既定预期较好、较快发展，保证数字乡村战略贯彻与执行，保障乡村信息化、数字化、现代化进程。

9.1.2　数字乡村保障体系的构成

在数字乡村建设发展进程中，数字乡村保障体系建设内容主要概括为信息基础设施建设、公共支撑平台、运营管理保障机制三个方面(如图 9-1 所示)，为数字乡村建设发展提供硬性发展条件、宏观发展环境、政策保障、技术支持等。

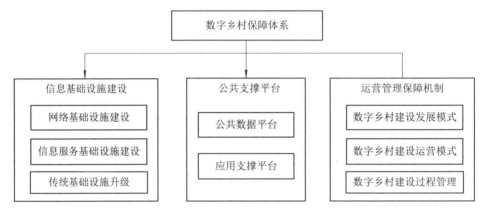

图 9-1　数字乡村保障体系框架

信息基础设施建设作为数字乡村建设的重要基础，其内容主要包含网络基础设施建设、信息服务基础设施建设以及传统基础设施升级。数字乡村公共支撑平台主要包含两个方面内容：一方面是公共数据平台，主要包括支持与保障数字乡村业务的应用，旨在解决数字乡村相关数据的汇聚、处理和治理等问题；另一方面是应用支撑平台，用于提供和开发各类惠民便民应用服务，提供各应用支撑模块，便于各级政府部门、企业开发建设主体的应用与使用。运营管理保障机制包含数字乡村建设发展模式、运营模式以及过程管理三个方面。

数字乡村保障体系建设的目的与宗旨就是确保数字乡村战略各阶段发展目标按期完成，建立数字乡村战略运营管理机制，完善数字乡村建设保障体系，促使各级政府更好地履行职责，加快管理机制变革，运用市场化、法治化手段，将实施数字乡村战略摆在优先发展的位置，营造良好的乡村数字化发展氛围，激发各方参与主体的积极性，强化人才支撑，形成强大合力，持续推进乡村数字化进程。

9.1.3　数字乡村保障体系面临的问题

当前，数字乡村保障体系面临的问题如下：

(1) 数字乡村保障体系预警机制建设略显不足。

从总体上看，目前我国各省级、市级数据信息监测网络已初步建立，部分区(县)也已建立区级监测网络。但部分地区基层政府部门和企业数据信息采集、监测、上报制度尚不完善，数字乡村保障体系预警监测信息平台建设相对滞后，基层部门、企业的基础数据库、信息网络平台等技术手段还不够完备，部分地域依旧沿用人工方式，容易造成信息采集量少、信息失真等问题，影响事前的预警信号，进而难以准确反映数字乡村建设进程中不安全因素由量变到质变的过程。此外，数字乡村保障体系预警指标有待进一步完善。现阶段，我国相关领域关于数字乡村保障体系阶段特征的研究相对较少，不同级别的评价指标还有待进一步细化与区分，使得数字乡村保障体系设置的预警指标针对性不强，也存在由于部分指标数据缺乏，预警指标体系在进行模型设计时不得不将该变量忽略或替换，导致无法完全达到预期的预警效果等问题。

(2) 现实发展需要与人才队伍规模不成正比。

近年来，随着各级政府部门对数字乡村建设的高度重视，数字乡村保障体系建设的发展需要也逐渐强烈，导致基层人才保障体系建设有待进一步完善、人才队伍建设不足等问题凸显。在区县层面，受基层改革尚处在推进、磨合阶段的影响，部分内设机构间可能还存在着职能不匹配、单位沟通协调不畅等问题；部分工作人员此前对数字乡村接触较少，尚处于新业务适应期；综合协调型和技术型业务人才匮乏，人员力量不足，缺少业务骨干等。众多问题易导致数字乡村保障管理的专业性薄弱，当突发性建设问题发生时无法有效促使数字乡村保障体系发挥作用。在乡镇层面，大部分地区均已设立综合指挥室，但数字乡村建设作为统筹性系统工程，人员变动较快，这会影响工作人员对业务内容的熟悉度，影响保障体系的统筹协调。在村级层面，村干部、党员和网格员是所在区域的主要力量，但是基层人员普遍文化水平相对较低，对新事物接受期较长，在数字乡村建设发展方面缺乏专业性、连续性、系统性，制约了数字乡村保障体系的发展，导致数字乡村保障体系应急管理工作在末端的落实情况大打折扣，影响保障体系的运行效率。

(3) 保障体系应急预案的可操作性与实效性有待进一步加强。

随着应急保障意识的普及，基层政府部门在应急预案编制、预案演练等方面的重视程度逐渐增强。但部分地区依旧存在着应急预案实效性、可行性、操作性不强等问题，单纯为编制或迎检而编制，通过后即束之高阁，不认真组织开展常态化演练，走过场、搞形式等现象可能还在个别地区上演。究其原因可总结概括为：主观思想上不够重视，预案操作不便捷且认可度不高。一方面，预案内容、处置程序和方案烦琐，加上人员素质、技术水平、专业知识等多种因素的限制，导致相关工作人员在预案中对自身角色的责任和功能不清楚，无法真正有序、高效地应对突发事件。另一方面，应急演练开展不够，应急演练尚未纳入数字乡村建设发展"清单"，且部门应急保障力量因隶属关系不同、权责差别等原因，导致不同预案的衔接性不够，应急保障现场往往存在多头指挥、各自为战的状态，既影响正常工作，也加重了政府部门的负担。因此，在提升数字乡村应急保障指挥机构协同效率的同时，要分解并细化应急响应程序，研究制订应急响应执行方案，重点强化应急响应关键措施。此外，由于对数字乡村保障宣传教育培训的认识不到位，重视程度不够，造成数字乡村保障的知晓度不高、参与面狭窄等问题，影响了数字乡村保障体系建设。

(4) 数字乡村应急保障管理体系有待进一步优化。

数字乡村建设发展进程中应急事件发生后，客观上需要一套合理的应急响应程序，以及应急保障工作的具体实施方案、管理办法和考核办法等，以保证准确、快速地指挥和调度各类人力、物力、财力在最短时间内进行处理。但目前部分地区在应急工作具体实施方案、管理和考核办法等方面存在随意性与不确定性，部分地区的预案还存在内容雷同、无法有效适应当地实际等问题。事实上，不同地区所面临的数字乡村建设发展问题各有特点，应急状态下若以一套"模板式"保障体系进行处理，必将导致应急保障调控效力弱化。

9.2　数字乡村应急管理体系

在实际应用发展进程中，为保障数字乡村不受外界突发事件干扰，在建立数字乡村保障体系的同时还需要构建出一套完整的应急管理体系。应急管理体系是指国家层面处理紧急事务或突发事件的行政职能及其载体系统，是政府应急管理的职能与机构之和。应急管理是相对于常规管理而言的，是针对紧急状态而进行紧急行动并由此形成应急形态的管理。因此，根据突发事件或危机事务，形成科学、完整的应急管理体系至关重要。如何准确地判定是否需要应急管理，需要从多方面对风险进行评估。

9.2.1　风险的类型

一般而言，数字乡村建设发展进程中主要面临的风险大致可分为两种：计划外风险、计划内风险。

1. 计划外风险

计划外风险主要指不在计划内，通常是不可预估的自然或人为问题，造成数字乡村信息系统运营发生故障甚至瘫痪的情况。这种类型的风险往往无法避免，包括由于设备硬件故障、不可预测的人为或自然原因造成数字乡村主体业务系统运行严重故障或瘫痪的情况，如自然灾害、设备硬件故障、电源故障、系统软件故障、人为误操作和恶意破坏等。

2. 计划内风险

计划内风险主要指在计划内，由于数字乡村建设发展的需要，通常因维护或上线造成的虽可事先预知但无法避免的业务中断的情况。计划内风险主要包括信息系统上线、系统软件升级、硬件扩容维护、系统或应用迁移改造等。

数字乡村建设发展进程中，面对不同类型的风险时需要构建数字乡村应急保障体系进行及时、有效的处理。通过对数字乡村信息中心面临的主要风险进行分析，为更好地保障数字乡村各主体信息系统的业务连续性，确保其对服务影响的最小化，需要建立一套成熟、有效的应急保障体系。该保障体系必须以满足业务需求、最大化降低服务影响为核心，制订各种风险问题应对方法和措施，同时配备相关人员、组织和资源保障方案，制订完整有效的流程并采用对应的技术手段，以达到在数字乡村建设发展进程中发生故障和瘫痪情况下快速恢复系统和业务的目标。

9.2.2　应急管理体系的"五层"保障

通过对数字乡村建设发展进程中面临的各种风险进行分析，政府与相关企业应建立起包括数据备份、系统高可用、快速应急、应急系统、容灾系统在内的五层阶梯式应急保障体系。五层保障措施的主要应用场景如表9-1所示。通过实施阶梯式应急保障体系，可涵盖解决数字乡村建设发展面临的主要风险，提供具体的应对解决措施，最终达到提高抗风险能力和保障业务服务连续性的目的。

表 9-1　保障措施与风险类型对应表

风险类型	严重性	频度	保障措施	响应机制
数据错误、数据丢失	中	中	数据备份	慢(小时级)
软硬件单点故障、系统升级	低	高	系统高可用	快(秒级)
业务逻辑错误、数据文件损坏	低	高	快速应急	快(分钟级)
软硬件多点故障、系统升级	低	高	应急系统	快(分钟级)
人力破坏、自然灾害	低	低	容灾系统	慢(小时级)

1. 数据备份保障

数据备份保障是最简单、最基本的系统保障手段之一，它通过对核心重要数据的备份实现对数据的保护。常规的备份介质主要有独立磁带机、物理磁带库、虚拟磁带库、磁盘阵列、备份一体机和新型存储资源池。通常需对核心业务数据库、重要的服务器操作系统、敏感业务数据、核心应用程序及代码等采用信息系统的备份恢复措施，以保障数据的安全性。但由于数据恢复步骤相对较长，一般恢复时间在小时级，因此其仅提供最基本的数据恢复功能。

数据备份保障可按照数据类型、备份方式、备份周期三种方式进行分类。

(1) 数据类型：系统数据(应用程序、应用配置、操作系统等)、业务数据(记录文件、数据库、关键配置数据、核心数据等)。

(2) 备份方式：定期磁带、网络数据、远程镜像、数据库等。

(3) 备份周期：实时级备份、小时级备份、日备份、周备份、月备份、季备份、不定期备份。

2. 系统高可用保障

系统高可用保障主要适用于系统或信息中心本身内部的单点故障，是日常故障中最常用且对系统运营管理帮助最大的保障措施。具体实施中需要对系统及相关业务流程建立起没有单点隐患的本地高可用系统，如使用冗余备份链路、双网卡绑定、磁盘镜像、多副本、主备接管、数据库集群等计算机技术。系统高可用主要采用硬件层冗余和软件层高可用相结合来配置，以消除信息系统的单点隐患。其主要功能包括：消除网络单点故障，消除电力单点故障，消除磁盘单点故障，消除数据库单点故障，消除主机单点故障，消除中间件和应用软件单点故障。

3. 快速应急保障

快速应急保障主要面对的是日常运营中遇到的业务逻辑问题、应用上线异常、系统进程僵死等造成的业务中断。这些故障虽然影响面不大，持续时间不长，通常不会造成严重或特别恶劣的影响，但是往往发生的概率及频度较高，这些问题采用高可用、应急系统、容灾系统无法有效解决，需通过脚本集成、模块化部署等方式形成界面后进行操作或后台进行自动化处理，以供操作人员快速上手，加快故障处理速度。

快速应急保障主要分为两种方式：自动处置与人工干预。自动处置一般通过后台部署自动化脚本、程序，对出现的故障进行自动处理，主要适用于一些常规、常用、相对简易、方法成熟的问题。人工干预处理的是需要通过人工介入、判断、处理的故障(处理期间需要相关人员进行一些简单判断)或者提前无法确认的问题,主要针对一些相对复杂、危险系数高的故障,如半自动化操作、界面处理等。

4. 应急系统保障

应急系统保障主要为系统提供核心业务的快速恢复能力,在部分或全部核心系统发生故障且无法快速定位或解决的情况下,通过应急系统优先提供核心业务功能,确保核心业务的连续性。应急系统一般在应用层面实现,往往是生产系统的缩减版或核心版,一般需要分钟级别的业务恢复时间。另外,应急系统提供的是核心业务,不是全部业务,因此只适用于可以接受部分功能损失的信息系统。除此之外,出于一致性考量,应急系统还需和生产系统的应用版本保持一致,因此数字乡村应急系统的应用开发维护成本相对较高。

5. 容灾系统保障

容灾系统保障主要用于各类系统层面发生重大故障而造成信息系统无法快速恢复的情况,如系统大范围故障,以及火灾、地震、供电中断、传输中断等。对于这些灾难性的不可预见的故障,一般通过启用容灾系统来满足对外服务的连续提供。容灾系统对生产系统的数据进行同步或异步传输复制,在灾难性故障发生后,将生产业务指向容灾系统,由容灾系统来实现业务流程,恢复信息系统的相关业务。容灾系统的建设及技术类型有多种组合,具体实施时还需根据运营情况、业务特点、对外影响、预算情况等进行综合评估后,再根据各技术的不同特点进行选择使用。根据采用的技术和手段的不同,容灾系统一般需要小时级别的业务恢复时间。

容灾系统保障的相关技术可分为技术架构、切换技术、数据同步技术三类。

(1) 技术架构:主备中心模式、双中心互备模式、读写分离双活模式、读写并行双活模式。

(2) 切换技术:DNS、LDAP、TNS 配置文件、L4SWITCH(四层交换负载均衡)、L7SWITCH(七层交换负载均衡)。

(3) 数据同步技术:数据库层复制、存储底层复制、操作系统层复制、远程扩展集群技术。

目前随着云计算、开源软件等技术的发展,新兴技术相继涌现,同时发挥着越来越重要的作用,也成为保障体系业务流程中不可或缺的一部分。因此在数字乡村应急保障体系中,也需要对这些新技术的应急保障进行考量与设计,可从 Docker 镜像、内存数据库、虚拟化平台、分布式架构这四个目前常用的新技术出发(如表 9-2 所示),考虑并设计其应急保障建设要求。

表 9-2　新技术应用保障体系

技术类型	备份	高可用	快速应急	应急	容灾
Docker 镜像	将程序与运行环境打包迁移至操作系统	通过集群软件的自身特性实现高可用	通过管理平台实现镜像快速启停、扩容、收缩	应用 Docker 生产系统可保留原应急系统或进行 Docker 化改造	异地部署 Docker 平台,结合镜像数据复制实现
内存数据库	包括自身备份、归档日志备份、物理数据库备份	基于日志方式、同步方式部署双实例或多实例,实现高可用	通过应急开关等方式,放弃部分加速功能或改为调用物理库	构建独立静态内存库,在紧急情况下提供关键的核心数据	存储数据层复制实现容灾环境构建

续表

技术类型	备份	高可用	快速应急	应急	容灾
虚拟化平台	以虚拟机快照方式进行数据/操作系统备份	通过高可用集群设置与存储和冗余网络连接,预防单点故障	通过管理平台实现虚拟机独立或批量启停、迁移、复制、扩展功能	不涉及业务,不适用	应用层采用异地双活中心的负载均衡部署方式
分布式架构	分布式集群管理元数据以及相关配置备份	分布式集群高可用性(HA)模式,数据节点通过数据副本冗余及数据重分布实现	通过管理平台实现 Node 快速隔离、格式化、拓展等功能	在额外搭建一套应急系统的情况下提供关键的核心数据	通过"应用层双分发",实现双活异地容灾

9.2.3　应急管理体系的业务流程

由于突发性事件往往综合性较强,牵涉面较广,实现管理的程序较难,因此为促进数字乡村保障体系正常运行,需多个部门密切配合、协同作战。根据应急管理组织体系及应急事件处置流程,对突发事件处置的主要业务组建应急管理体制(管理机构、功能部门、指挥小组),可概括为决策层、管理层和执行层三个层面。

决策层是对重大突发事件进行决策指挥的部门,包括对应急指挥进行决策的应急指挥中心和现场应急指挥部的相关人员,是整个应急指挥的核心,具有掌握、监控、指挥应急现场范围内的事件、资源情况的功能,在决策支持平台的帮助下,对各部门人员实现联动指挥。决策支持系统能够为决策者提供决策所需数据、信息和背景材料,帮助决策者明确决策目标和进行问题的识别,建立或修改决策模型,提供各种备选方案,并对方案进行评价和优选,通过人机交互功能进行分析、比较和判断,为正确决策提供必要的支持。管理层包括对应急事件进行管理的各子系统应急中心、大数据资源管理局、应急办公室及重点职能部门应急办公室。执行层包括各应急联运系统的机务、电务、工务等相关部门的人员,以及在多维立体的数据网络中当某种传输方式中断时确保其他方式能及时补充的应急机制。

加强应急管理、夯实应急体制建设,不能孤立地进行,而应该从更加全面的角度来着眼和行动。换言之,就是要在着眼于应急管理体制的基础上,与整个建设、管理工作进行内在对接,加强综合性应急管理部门建设。

9.3　数字化基础设施保障建设

乡村数字化发展,离不开数字基础设施建设。数字化基础设施建设作为构建国家战略的重要基础,是包含数字基础设施、提供网络和信息服务、全面支撑经济社会发展的战略性、基础性和先导性行业。2018 年 12 月,中央经济工作会议对基础设施建设进行了重新定义,将 5G、人工智能、工业互联网、物联网等定义为"新型基础设施建设",随后"加强新一代信息基础设施建设"被列入 2019 年政府工作报告。

新基建是智慧经济时代贯彻新发展理念,吸收新科技革命成果,实现国家生态化、数字化、智能化、高速化、新旧动能转换与经济结构对称的关键一环,其主要内容(如图 9-2 所示)包括绿色环保防灾公共卫生服务效能体系建设、5G—互联网—云计算—区块链—物联网基础设施建设、人工智能大数据中心基础设施建设、以大健康产业为中心的产业网基础设施建设、新型城镇化基础设施建设、新兴技术产业孵化升级基础设施建设等,具有创新性、整体性、综合性、系统性、基础性、动态性的特征。

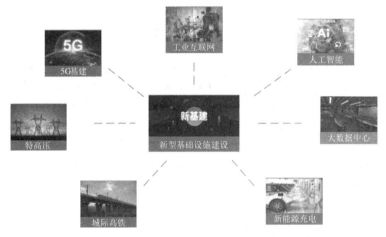

图 9-2　新型基础设施建设涵盖领域

现阶段伴随着数字经济的发展,我国农村信息化基础设施建设已从以信息传输为核心的传统电信网络设施建设,拓展为融感知、传输、存储、计算、处理为一体,包括"双千兆"网络等新一代通信网络基础设施、数据中心等数据和算力设施以及工业互联网等融合基础设施在内的新型数字基础设施体系。网络和信息服务也从电信服务、互联网信息服务、物联网服务、卫星通信服务、云计算及大数据等面向政企和公众用户开展的各类服务,向工业云服务、智慧医疗、智能交通等数字化生产和数字化治理服务等新业态扩展。

乡村信息化基础设施建设是数字乡村建设发展的数字底座,其建设内容包括三个方面:网络基础设施建设,信息服务基础设施建设以及水利、气象、电力、交通、农业生产和物流等传统基础设施数字化升级与改造(如图 9-3 所示)。现阶段,在农村信息化基础设施建设发展进程中,在共建、共用、共享的建设发展理念下,各数字化平台之间信息互通与数据共享不断加强,满足了数字乡村发展以及保障体系建设所需的硬件发展条件。

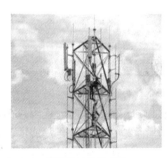

网络基础设施建设　　　　　信息服务基础设施建设　　　传统基础设施数字化升级与改造

图 9-3　农村信息化基础设施建设

9.3.1　网络基础设施建设

在当前及未来一段时间内，信息网络基础设施建设水平都将成为衡量一个国家和地区经济发展与社会进步程度的关键指标之一。现阶段我国正处于向第二个百年奋斗目标建设发展的关键时期，通过发展现代化信息技术，结合实际发展情况进行创新，是加快城乡融合发展进程、实现传统农业农村现代化发展的需要，也是我国发展农村经济、建设数字乡村、实现乡村振兴的重要内容。乡村网络基础设施建设是数字乡村信息化基础设施建设的基础，其主要内容涵盖了电信网络基础设施建设、广播电视网络基础设施建设两方面内容(如图 9-4 所示)。

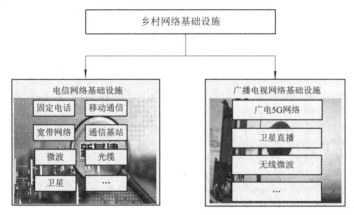

图 9-4　数字乡村网络基础设施建设

1. 电信网络基础设施建设

农村电信网络基础设施建设的本质是乡村基础设施不断丰富过程的产物。近年来，伴随着数字经济迸发出的强劲活力，乡村地区对于高质量的通信、网络诉求日益强烈，加之农村电子商务、智慧农业、乡村数字治理等广泛应用与发展，农村电信网络基础设施的概念变得更加清晰。

狭义的农村电信网络基础设施通常是指乡村固定电话、移动通信以及宽带网络等，这些是人们所熟知且在日常生产生活中已广泛使用的基础设施；而广义的农村电信网络基础设施建设所涵盖的内容更为丰富，其包含了通信基站、微波、光缆、卫星以至云计算等具体的信息化设备、系统设施，乡村综合服务平台以及管理部门等也都属于乡村信息网络基础设施建设的内容。现阶段电信网络基础设施建设已延伸至行政村，增强了农村居民网络接入与获取能力，为乡村智能感知系统部署、智慧农业建设、乡村数字治理以及数字惠民服务提供网络连接基础。

2. 广播电视网络基础设施建设

伴随着我国农村经济的发展，农村广播电视网络的需求日益增加，信息产业迅猛发展，各类电子产品走进千家万户，从而带动了互联网的快速普及，直播卫星电视的逼近促使数字电视应用的呼声越来越强烈。在农村广播电视网络建设中，广电企业结合自身已有资源，融入广电 5G 网络、卫星直播、无线微波等技术，丰富广播电视节目的提供渠道，提高农村广播电视的覆盖率，逐步实现了广播电视的全面覆盖，提高了农村地区中央广播电视节目的无线数字化水平，满足了广大人民群众收看、收听数字广播电视节目的需求，丰富了农村居民的文娱生活。

在农村网络基础设施建设进程中，广电企业、基础电信运营商作为广播电视服务和电信网络服务的市场主体，持续实施电信普惠服务业务，开展农村地区 4G 基站补盲建设，逐步推动 5G 和光纤网络向有条件、有需求的乡村延伸，保障了城乡网络基础设施建设均等化发展。政府部门通过出台相关政策，将农村网络基础设施建设纳入相关建设发展规划，持续推进城乡"同网同速"，简化农村网络基础设施建设相关项目的审批流程，加快相关项目的审批进度，积极协调解决企业在农村通信网络进场施工、运维保障等方面的困难，加快推动农村通信基础设施建设，提升并优化了农村宽带网络质量。

在乡村移动宽带网络建设中，网络基础设施建设的投资力度显著增大，探索运用卫星等多种手段，提升农村及偏远地区学校、医疗诊所的网络接入水平和质量，促进现有网络性能的实现和优化，使得网络质量和覆盖深度不断提升；在农村广播电视网络建设中，智慧广电建设工程深入推进，依托有线电视网络承载智慧乡村服务，优化广播电视业务网络，推动广播电视服务走向"终端通""人人通"，实现网络基础设施建设在数字乡村的建设发展中大放异彩。

9.3.2　信息服务基础设施建设

信息服务基础设施是农业农村生产与生活信息化的基本保障。农村信息服务基础设施是指利用信息技术为农村居民提供政务、生产、生活等领域信息服务的站点和设施，包括村级政务信息服务站(点)、农村电商服务站、益农信息服务社、村级供销合作社等(如图 9-5 所示)。

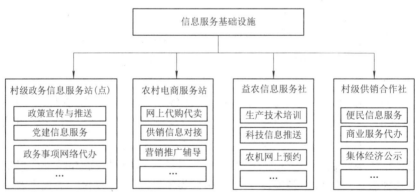

图 9-5　数字乡村信息服务基础设施建设

数字乡村信息服务基础设施建设过程中，农村村级政务信息服务主要包括：涉农政策宣传、推送、查询等政策信息服务；村级党务信息采集、维护等党建信息服务；政策补贴查询和领取、政务服务事项互联网代办等政务信息服务。农村电商服务站主要提供的服务包括：网上代购代卖、农产品供销信息对接、农产品及特色资源网络营销推广、网店开办辅导等销售流通信息服务。益农信息服务主要包括：农情咨询、农具及农资网上采购、农机作业服务网上预约等农业生产经营信息服务；就业信息获取和发布、农村创新创业经验交流等就业信息服务以及农业生产技术培训、信息技术使用技能培训、农业科技信息推送等科技知识获取服务。村级供销合作社提供的服务主要包括：各类通知发布推送、乡村居民线上交流互动平台维护等社区交流信息服务、商业服务及中介服务代办、村集体经济公示、公益服务等便民类信息服务。

农村信息服务基础设施应高效利用，发挥其价值。为促进农村信息服务基础设施建设，优化统筹发展水平，有序推进农业农村、商务、民政、邮政、供销等部门农村信息服务站点的整合共享，遵循"多站合一""一站多用"原则，提高农村信息服务基础设施利用效率，发挥数字赋能乡村振兴创新发展的最大价值，充分整合利用现有公共服务场所，优先选择自身具备运营能力的便民超市、农资商店等，避免重复建设和资源浪费。此外，积极鼓励企业开发适应"三农"特点的信息终端、技术产品、移动互联网应用软件，根据农村居民生产、生活中的切实需求，不断丰富"三农"信息终端和服务供给，拓展农村信息服务基础设施服务功能，赋能乡村振兴创新发展。

国家顶层设计为农村信息化基础设施建设描绘美好蓝图。国家信息产业部、农业部、科技部、商务部等部委，为推动我国农业农村信息化建设，相继启动"村村通电话工程""金农工程""农村信息化示范基地建设工程""农村中小学远程教育工程""全国文化信息共享工程""农村党员现代远程教育工程"等国家级重点工程，有力地拉动了信息技术在农村的普及应用，促使农村信息服务基础设施逐步完善。

9.3.3　传统基础设施数字化升级与改造

传统基础设施数字化升级与改造是以信息技术为基础带动社会基础设施的联通联动，在云网端一体、新旧基础设施互补的新平台上，通过优化社会资源流动速度和配置模式提升全要素生产率。

对农村传统基础设施进行数字化升级与改造，不是简单地"另起炉灶"将传统基础设施推倒重建，而是基于传统基础设施建设发展现状，通过运用先进的数字技术，实现对传统基础设施数字化改造升级，促使其满足现实应用与发展。其中传统基础设施主要包括水利、气象、电力、交通、农业生产和物流等方面的基础设施，通过引入互联网、大数据、人工智能等新一代信息技术，实现数字化、智能化升级，为农业生产经营和农村居民生活提供更为便利的条件(如图 9-6 所示)。

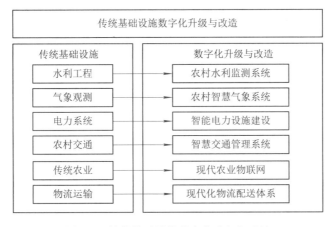

图 9-6　传统基础设施数字化升级与改造

数字乡村水利基础建设进程中，应加快农村水利工程智慧化、水网智能化升级，进一步加强全国河长制湖长制管理信息系统建设和应用，推动各类信息共享和联动更新。政府水利部门落实工程安全管理责任制，统筹规划建设全要素动态感知的水利监测系统(如图9-7所示)，全面提升中小型水利工程的信息感知能力，充分利用信息技术手段，实现涉水信息动态监测和自主感知，逐步推进农村地区中小型水利工程全生命周期的仿真运行管理，实现智能化、自动化监管，推进水利信息在各级农业部门间开放共享，并向社会公开，提高水利设施的管理效率和社会服务水平。

图9-7　数字乡村智慧水务

农村地区智慧气象设施建设进程中，气象部门通过应用新一代信息技术，打造具备自我感知、判断、分析、选择、行动、创新和自适应能力的智能气象系统，完善雨水情况测报和工程安全监测体系，服务于农业生产和农村居民日常生活(如图9-8所示)。

图9-8　土壤及空气质量监测

农村地区智能电力设施建设进程中，应以加快农村电网数字化改造为重点，实施农村电网巩固提升工程，补强农网薄弱环节。电力部门通过加大农村电网建设力度，推进多种可再生能源"上网"，运用数字化技术对电网进行监测、保护、控制和计量，实施用电量预警，实现电力灵活调配，保障智慧农业生产、农产品数字化加工、乡村休闲旅游、乡村数字生活、农民消费升级的用电需求(如图9-9所示)。

图 9-9　乡村电网数字化升级改造

农村地区智慧交通设施建设进程中，应进一步完善农村公路基础数据统计调查制度，实现电子地图定期更新，提升农村公路管理数字化水平，推动"四好农村路"高质量发展。交通部门通过统筹建设面向农村居民的公共出行服务平台，开发应用农村公路智慧管理系统、公交智能驾驶等，将农村道路建设、管理、养护纳入一体化路网管理体系，实现交通智慧化管理(如图 9-10 所示)。例如，乡村智慧公交示范线路可通过对车辆和道路的智慧化改造，将车辆、路况等实时信息通过 5G 信号传输至指挥调度中心，经指挥调度中心智能云计算再次反馈至智能公交的决策控制器，实现车辆的智能驾驶，为提升交通的智能化水平探索了新的模式。

图 9-10　智慧交通综合信息化平台

在对传统农业生产基础设施进行数字化升级改造进程中，通过建设农业物联网平台，在农业生产场景中布设数据传感器，形成数字农业"一张图"(如图 9-11 所示)；通过对各类信息数据的采集，有效实现农业生产在线监测和生产过程精准化管理，提高农业生产效率与数字化、现代化水平。

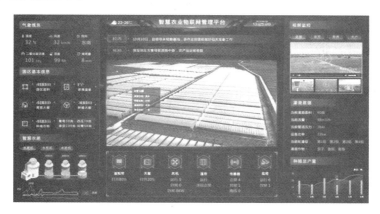

图 9-11　智慧农业物联网管理平台

　　农村物流基础设施数字化升级与改造进程中，应支持国家冷链物流基地、区域性农产品冷链物流设施、产地冷链物流设施建设，补齐冷链物流短板；通过搭建县、乡、村三级物流网络体系，建设县级农村物流中心、乡镇农村物流服务站和村级农村物流服务点，有序推进乡镇运输服务站的信息化建设和农村物流信息终端部署；开展农产品仓储保鲜冷链物流设施建设，引导生鲜电商、邮政、快递企业建设前置仓、分拨仓，配备冷藏和低温配送设备，实现农村物流基础设施数字化升级(如图 9-12 所示)。

图 9-12　智慧物流仓储

9.4　数字乡村公共支撑平台

　　数字乡村公共支撑平台旨在将信息化系统及物联网应用中孤立存在的数据资源由领域内封闭转变为跨领域开放、由各种自有技术转变为标准化规范，并通过将分散的、小范围的信息化和物联网数据资源汇聚成为共性服务资源群，形成统一的共性服务公共支撑体系，为各种数字乡村具体应用的共性需求实现全面支撑。

　　在数字乡村建设发展过程中，打造公共支撑平台，可集中实现对数字乡村应用的数据共享和开放、打破行业信息化系统和行业物联网应用分散部署及运行所形成的封闭系统，实现数字乡村公共信息资源的共享与开放，加强农村公共信息资源的有效利用。其中，针对数字乡村各类应用，需要统一、普适的公共支撑平台来提供相应的数据共享和能力开放等服务，确保数字乡村各应用不会受到所属行业内信息通信基础设施建设、数据与能力资源共享开放的局限，各种功能不同的应用可以从公共支撑平台获取所需的服务，从而更高效、更灵活地促进数字乡村的发展。

9.4.1　公共支撑平台的建设内容

　　数字乡村公共支撑平台是实现各类数字乡村应用的系统基础，其建设内容主要包括两大部分：公共数据平台、各类应用支撑平台(如图 9-13 所示)。在数字乡村公共支撑平台建设进程中，应遵循集约化原则，避免重复建设，保证各类平台之间的数据互联互通。

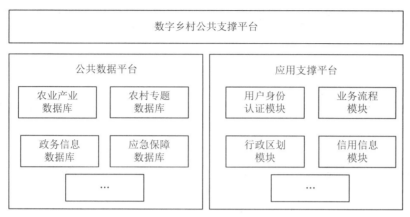

图 9-13　数字乡村公共支撑平台建设

1. 数字乡村公共数据平台

数字乡村公共数据平台的实质是将数字乡村相关数据融于一体的综合管理平台，为数字乡村建设发展提供一致的、稳定的共享数据源，构建服务"三农"的公共数据平台，全面支撑数字乡村业务和应用，融合结构化和非结构化数据，着重解决数字乡村相关数据的汇聚、治理和应用问题。数字乡村公共数据平台通过实现数字乡村相关数据的全汇聚，利用数据共享与交换体系，横向融通农业农村、商务、民政、公安、市场监管、自然资源等相关部门数据，汇聚形成省、市、县、乡、村各级有关农村生产、生活和管理的数据集，同时向上连通国家基础数据库，提供人口、生产信息、空间地理等基础数据。

在数字乡村相关数据治理方面，公共数据平台基于政务信息资源目录，实现对原始数据集成、清洗、脱敏和归集，保证一数一源，形成关于乡村数字经济、数字治理、网络文化等一系列专题数据库，在使用过程中及时更新数据，不断提升数据质量。此外，公共数据平台还可支撑数字乡村相关应用，通过利用专题数据库，对各级部门行政事项和服务场景进行全映射，支撑各类数字乡村应用；通过开放授权系统、数据空间、数据加工工具等方式向社会提供服务，为授权机构及个人利用开放数据进行应用创新提供便利，凝聚社会力量参与数字乡村建设。

2. 数字乡村应用支撑平台

数字乡村应用支撑平台是乡村基本信息数据的集成环境，其实质是将分散、异构的应用和信息资源进行聚合，通过统一的访问入口，实现结构化数据资源、非结构化文档和各种应用系统跨数据库、跨系统平台的无缝接入和集成，提供一个支持信息访问、传递以及协作的集成化环境，实现数字乡村各场景业务应用的高效开发、集成、部署与管理。

数字乡村应用支撑平台通过提供丰富的业务功能以及标准化模块和编程接口，支撑各级政府部门开发和提供各类兴农便民应用。应用支撑平台以政务云平台形式构建，其主要内容包含数据共享接入、能力开放接入、业务应用接入、标识解析、密钥分配、信息资源到应用的映射建立与撤销、数据交换、平台管理等功能模块，并提供各模块的目录和详细说明，便于各级部门和开发单位检索、查询。

9.4.2 公共支撑平台的层次架构

数字乡村公共支撑平台层次架构由感知和延伸层、网络和信息设施层、数据和平台层以及应用层组成(如图 9-14 所示)。

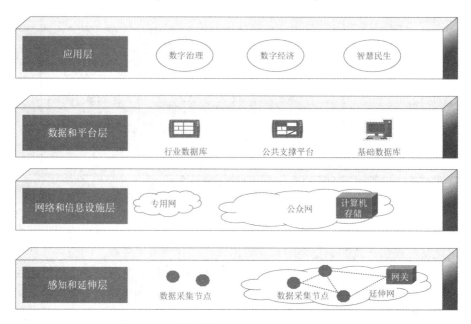

图 9-14 数字乡村公共支撑平台的层次架构

(1) 感知和延伸层主要包括数据采集节点、网关、延伸网等实体，通过对农村中现场物理实体及其所处环境的信号感知识别、数据采集处理和自动智能控制，实现对乡村动态信息的全面获取与控制。

(2) 网络和信息设施层包括传输网络、计算机存储等设施。传输网络包括公众网和专用网，是数字乡村信息传输的基础设施，实现信息上传与下发以及各实体之间的信息交互。计算机存储设施采用云计算等技术，为数字乡村各类平台和上层应用提供动态、可扩展的信息处理基础设施和运行环境。

(3) 数据和平台层的主要功能为实现数据共享与融合，为数字乡村各类业务和应用提供通用数据和能力支撑。数据和平台层的主要实体包括公共支撑平台、基础数据库和行业数据库。其中，公共支撑平台是信息系统共性支撑平台，基于数据资源服务支撑以及应用能力开放，为数字乡村的各类应用提供公共支撑服务。基础数据库包括自然资源和空间地理信息数据库、人口信息数据库、法人单位信息数据库、宏观经济信息数据库等。行业数据库指农业、交通、医疗、物流等行业建设的专有数据库，属于行业内部资源。数字乡村需要通过公共支撑平台，整合各行业固有资源，实现信息的共享和系统间协同。

(4) 应用层基于公共支撑平台汇聚的乡村各类数据以及智能处理结果，实现乡村数字化运行和管理。数字乡村应用可分为政府类应用、经济类应用和民生类应用。政府类应用面向政府对数字乡村的需求，经济类应用面向企业对数字乡村的需求，民生类应用面向村民对数字乡村的需求。乡村运行和指挥中心是面向政府的智慧应用，以各种可视化技术形象直观地展示乡村的运行状态，为乡村管理者提供决策支持；同时在应急情况下支撑指挥调度，实现系统之间的协作和智能响应。

在数字乡村的四级层次中，从技术研发和工程实施的角度来看，最可行的就是在数据和平台层进行乡村基础数据和行业系统数据的汇聚与整合，将数字乡村中数据资源的存储、处理与服务进行优化；同时，集成涵盖通信、网络、计算机以及信息与通信技术的多种能力资源，为应用层的数字乡村融合应用提供全方位的能力支撑。公共数据平台与应用支撑平台共同组成的公共支撑平台通过从行业系统中获取其可以开放、共享的行业数据库信息，并结合农村基础数据库，有针对性地提供对应的数据资源服务。同时，公共支撑平台也可从各种具备信息与通信技术能力的系统如电信运营商、网络运营商、信息服务提供商、二次开发平台等获取其开放的资源，以应用于实际需求为驱动，针对性地为各类数字乡村应用提供对应的能力开放服务。

9.4.3　公共支撑平台的技术架构

数字乡村公共支撑平台是一个信息的集成环境，是将分散、异构的应用需求和信息资源进行聚合，通过统一的访问入口，实现对各种跨数据库应用、跨行业系统运行平台的无缝接入和集成，提供一个支持信息访问、传递以及协作的集成化环境，促进个性化、定制化应用需求的高效低成本开发、资源集约共享、业务集成与融合、灵活部署与管理等(如图9-15所示)。

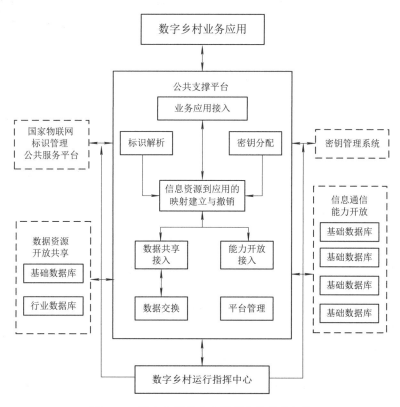

图 9-15　数字乡村公共支撑平台的技术架构

数字乡村公共支撑平台具备以下功能：

(1) 受理各类数字乡村应用提交的应用注册，搜集、分析并整理出不同应用所对应的数据资源需求的规格、属性、优先级和列表等信息。

(2) 受理农村各行业系统提交的系统注册，搜集并整理出行业系统所能共享的数据资源的规格、属性、优先级和列表等信息。

(3) 结合数字乡村大型数据存储和交换系统，根据数字乡村应用注册的具体内容，通过标识寻址并映射行业系统和应用之间的数据资源，实现农村基础数据库和行业系统数据库的海量信息集约化、开放性共享。

(4) 为各类数字乡村应用提供能力支撑，汇总并提供示范乡村的能力资源，包括通信网、互联网、计算和行业能力。此外，公共支撑平台还可对应用提供各类能力资源的开放引擎，实现应用的共性技术支撑，降低应用开发与运营成本，实现对数字乡村系统的全方位支撑。

9.4.4　公共支撑平台的功能模块

数字乡村公共支撑平台通过共性技术服务和能力开放引擎的综合支撑，统一实现农村已经普遍存在的数据资源、能力资源与日益丰富的应用需求之间的共享和支撑。

1. 数据交换

数据交换对数字乡村公共支撑平台外部的通信网络进行对应的选择、寻址和控制，确保数字乡村的数据共享通过通信管道实现，满足数字乡村应用针对性地获取所需的数据和能力。数据交换要实现行业信息化系统或物联网应用等不同业务系统间的数据传输，并进行不同业务数据格式之间的转换，确保数据同时支持手工录入和数据审核，在不同数据库系统、不同数据格式之间进行数据交换。

2. 数据共享接入

农村信息资源、基础数据库和行业数据库形成的数据资源，以及集成了通信网、互联网、计算和行业的能力资源，将通过数据交换模块之后的数据资源分类别接入并形成目录体系，以映射到不同的应用。数字乡村公共支撑平台能够响应基础数据库和行业系统的资源共享接入，对基础数据库和行业系统进行接入鉴权；能够支持基础数据库和行业系统的数据共享注销功能；能够支持数据资源的调用、组合与配置功能。

3. 能力开放接入

能力开放是对各种数字乡村应用需求的复杂实现过程进行了抽象，对外部开放出一个开发和调用环境，通过能力开放对快速引入的应用提供公共性支撑，以更低的平均运作成本来高效、可靠地创建和管理丰富多样的融合应用需求。应用需求无须过多投入到系统对接、专业技术研发中；应用需求自由组合各种能力，可快捷地支持业务的各种形态，实现业务多通道承载。通过对能力开放的调用，数字乡村应用提供商可采用多种灵活的合作方式与业务模式，利用该平台的标准化、模块化接口，有效降低设计、开发、运营和维护的技术门槛，节约人工成本、缩短产品开发周期，提高生产效率。能力开放平台可以对开发者提供应用托管，以及测试环境、开发环境的支持，全面共享可开放的资源。

4. 业务应用接入

公共支撑平台对各种数字乡村应用需求进行审核与认证，确保其合法性、可用性、安全性和可靠性，并进行监管。数字乡村应用需求基于公共支撑平台提供的数据和能力，为政府、企业、村民提供服务，公共支撑平台提供的应用需求接入功能包括应用注册、应用注销、应用审核、应用监控等。

5. 信息资源到应用的映射建立与撤销

公共支撑平台需要通过数据交换整理出需要共享的数据资源的目录体系，以及需要开放的能力资源的目录体系，并对数字乡村应用发布农村信息资源的目录体系，供数字乡村应用选取其业务实现所需的各种信息资源。公共支撑平台根据共享数据、开放能力以及应用需求之间的供需关系，在数字乡村应用的业务形成时建立映射，控制实现包括数据和能力的信息资源与应用需求的点到点对接。同样，在该数字乡村应用的业务停止服务时，也会对应撤销之前建立的映射。

6. 标识解析

数字乡村公共支撑平台整合行业系统和基础数据库的数据服务、功能服务、位置服务、数字乡村标识等各类服务，支撑数字乡村应用的服务请求。数字乡村标识解析类似于互联网中的域名解析，可实现数字乡村标识与其所对应的网络地址等信息之间的转换。数字乡村公共支撑平台负责完成对数字乡村内部各类标识的解析，同时为实现不同应用之间的互联互通，数字乡村公共支撑平台标识解析服务兼容国家级物联网标识管理公共服务平台，满足兼容性、稳定性、高可用性、可拓展性、安全性等要求。

7. 密钥分配

密钥分配链接公共支撑平台外部的密钥管理系统，在信息资源到应用的映射建立与撤销过程中，密钥分配为信息资源和应用两端实现数据共享和能力开放的相关功能模块(包括数据共享接入、能力开放接入和业务应用接入)提供映射建立的主密钥，并在公共支撑平台的业务实现过程中，通过主密钥为信息资源和应用分配用于实现数据共享和能力开放的会话密钥；同时，在整个密钥分配、使用和销毁的过程中进行记录和监管，以确保公共支撑平台中信息交互过程的合法性、安全性和权威性。

9.5 数字乡村运营保障管理体系

数字乡村运营保障管理体系驱动组织农村资源，是组织实现乡村振兴目标的一套整体的、系统的、相互衔接的机制，它包括组织架构、管理机制、制度规范及管理要求、支撑的技术及工具等内容。

数字乡村运营保障管理体系组织架构是指农村各部门职责、权限、分工以及角色之间、组织框架之间的相互衔接关系。数字乡村建设管理机制为推进数字乡村建设提供了多种建设运营模式，通过分析各种模式的特点、适用条件以及所需要具备的能力和资源，结合政府管理部门的规划设计，对数字乡村建设进行组织实施，贯彻技术标准、网络安全和评价考核在内的过程管理建议，并结合本地实际情况，选择合适的实施路径，逐步探索出数字乡村的可持续发展模式。

9.5.1　数字乡村建设的发展模式

　　数字乡村建设是一项点多面广的系统性工程，需要在深入了解和分析本地实际需求与发展现状的基础上，结合建设项目特点，探索相应的建设和运营模式，实现数字乡村创新、集约、高效、可持续发展。根据《数字乡村发展战略纲要》提出的分类推进数字乡村建设的要求，借鉴集聚提升类、城郊融合发展类、特色资源保护类和搬迁撤并类等四种类型村庄发展模式经验，结合自身实际，合理规划建设内容，采取分类建设的原则，确定适合当地发展的数字乡村建设模式。

　　1. 集聚提升类村庄

　　集聚提升类村庄是指现有规模较大的中心村和其他仍将存续的一般村庄，该类村庄占乡村类型的大多数。针对该类村庄，数字乡村建设重点是加快物联网、地理信息系统、智能设备等现代信息技术与农村生产生活的深度融合，推动原有主导产业进行数字化转型升级，培育乡村新业态、提升乡村综合治理能力，激活产业、优化环境、提振人气、增添活力，保护保留乡村特色风貌，建设宜居宜业的美丽村庄(如图 9-16 所示)。

图 9-16　现代农业产业园

　　例如，江苏盐城享有"新华西"美誉的仰徐村，通过转型发展，现在高架大棚连片、道路平坦宽阔、农家别墅成群、厂房高耸林立、公园绿树成荫，到处呈现出数字化现代都市风光。近年来，仰徐村加快数字化建设进程，通过发展现代高效农业、新型工业产业、近郊生态旅游业，现已形成集居民住宅社区化、农业种植经营化、工业生产园区化、居民生活保障化为一体的现代农民生产、生活区。在大力改善农民居住环境的同时，围绕"一极一园一业"和"一湖两带一圈"战略布局，坚持规划引领，引导有条件的农民依托自然条件，发展集餐饮、娱乐、住宿为一体的水乡农家乐旅游点，形成了旅游产业发展和促进农民就业增收双赢局面。

　　2. 城郊融合发展类村庄

　　城郊融合发展类村庄是指城市近郊以及县城城关镇所在地的村庄，具备成为城市后花园的基础，也具有向城市转型的条件。其主要特征是：村庄能够承接城镇外溢功能，居住建筑已经或即将呈现城市聚落形态，村庄能够共享使用城镇基础设施，具备向城镇地区转型的潜力条件。针对该类村庄，数字乡村建设重点是加快城乡产业融合发展，实现基础设施互联互通和公共服务共建共享，大力发展数字经济，推动"互联网+社区"向农村延伸，提高基本公共服务均等化水平，满足乡村居民不断提升的生活服务和消费需求。该类村庄的数字乡村建设应与智慧城市一体设计、同步实施。

该类村庄的典型代表有湖南省长沙县果园镇浔龙河村，十年前这里还贫穷落后，但占据区位优势的它，走出了一条数字乡村建设赋能乡村振兴的浔龙河模式——"城镇化的乡村、乡村式的城镇"，走城乡融合发展道路。浔龙河村位于长沙近郊，距离长沙市区、国际机场车程均不超过半小时，近年来在土地改革、多规合一、产业融合、乡风建设、社会治理等方面进行改革创新，开创了"企业市场运作、政府推动和监督、基层组织全程参与、民生充分保障"的城市近郊型特色小镇发展模式(如图 9-17 所示)，引入"互联网+全域旅游"模式，构建"空间全域、产业全域、管控全域"的运营管理体系，打造出"美丽乡村+生态社区+特色产业"的城郊融合型乡村振兴"浔龙河样本"，得到了社会各界的广泛认可。

图 9-17 城郊特色小镇

3. 特色资源保护类村庄

特色资源保护类村庄是指一些具有历史文化的村庄、具有特色旅游资源的村庄以及部分少数民族特色村寨。该类村庄生态环境优美，需要注重对自然环境和特色建筑的保护，数字乡村建设重点是改善信息基础设施，发掘独特的文化和自然景观资源，推进乡村特色资源的数字化开发、利用和保护，依托互联网平台发展特色旅游和农产品销售，建设互联网特色村庄。

该类村庄典型代表有安徽省歙县渔梁镇。渔梁镇集交通、旅游、生态等多重优势于一体，具有发展旅游业得天独厚的条件(如图 9-18 所示)。近年来渔梁镇以打造皖浙 1 号旅游风景道为抓手，依托得天独厚的自然资源条件，挖掘特色资源，将数字技术运用于乡村建设发展全过程，全面提升沿线环境，打造宜居旅游环境，让"城市融入大自然，让居民望得见山、看得见水、记得住乡愁"，助力乡村振兴。

图 9-18　特色资源保护小镇

4. 搬迁撤并类村庄

搬迁撤并类村庄是指位于生存条件恶劣、生态环境脆弱、自然灾害频发等地区的村庄，因重大项目建设需要搬迁的村庄以及人口流失特别严重的村庄。针对该类村庄，数字乡村建设重点是对拟迁入或新建村庄的信息基础设施与道路、住宅等同步规划、设计、建设，避免形成新的"数字鸿沟"。

该类村庄典型代表为四川大凉山。"蜀道难，难于上青天。"四川省凉山州昭觉县地处大凉山腹地，阿土勒尔村村民出村进村需要攀爬落差 800 米的悬崖、走过 12 级 218 步藤梯，藤梯是村民与外界保持联系的唯一快捷通道，外界称之为"悬崖村"。2020 年 5 月 10 日，四川省凉山州昭觉县县城易地扶贫搬迁安置点迎来首批新居民，517 户住户搬入新家(如图 9-19 所示)。作为四川省最大的易地扶贫搬迁工程，昭觉县内的 4 个安置点提供了 4 057 套安全住房，安置了 3 914 个贫困户，超 1.8 万人。村民下山进城后，"悬崖村"及峡谷开启新一轮旅游开发，沿山而上将架设旅游索道，村民们原有的土坯房也将纳入旅游开发。

图 9-19　搬迁撤并前后对比

9.5.2　数字乡村建设的运营模式

根据现有数字乡村试点区发展建设情况，总结出数字乡村建设应充分调动起政府部门、企业等社会主体以及民间资本力量，引入社会资本参与投资与运营，建设运营模式可大致分为三类：政府投资社会主体运营、政企合作建设运营和企业投资独立运营。

1. 政府投资社会主体运营

政府投资社会主体运营是由政府主导，委托有资质的机构或企业开展数字乡村项目设计和建设工作，政府拥有项目资产所有权，运营工作由政府委托社会企业负责。负责企业要及时征求项目使用部门、社会公众意见，与项目建设部门做好沟通，及时调整更新应用、服务以满足使用者的需求。该模式适用于公共服务、乡村治理等涉及多个政府部门的项目，政府需要承担一定资金压力，具备较高的数字技术统筹管理能力。

2. 政企合作建设运营

政企合作建设运营可细分为两类：一类是政府和企业通过签订合同明确各自投资边界、运营分工和职责，合作开展项目建设和运营，运营过程中，政府对企业运营活动进行监管，企业通过特许经营开展有偿服务获得收入；另一类是政府投资平台、企业和社会资本合作共同出资组建项目公司，项目公司根据政府委托，具体负责项目融资、建设和运营，政府授予项目公司特许经营权，项目公司通过特许经营开展有偿服务获得收入。政企合作建设运营模式可兼顾政府和企业利益诉求，合理配置市场资源，减轻政府财政投入压力，提升市场主体的参与程度。此模式适用于乡村养老、乡村医疗、智慧文体等前期需要较大投资、运营阶段盈利空间相对有限的项目。建设过程中，政府需要强化对企业的服务过程、服务效果和信息安全的监督，项目公司应在政府统一规划和相关标准规范指引下参与投资、建设和运营。

3. 企业投资独立运营

企业投资独立运营模式是指政府统筹数字乡村规划布局，通过政策引导社会资本参与数字乡村建设，采取"政府监督、企业主导、公众参与"方式，由单个企业或企业间合作筹措资金、开展项目建设和运营，企业拥有项目资产所有权。企业通过采取市场化运营模式，可采取向使用者收费的后向商业模式，也可采用向合作伙伴前向收费的商业模式。企业投资独立运营模式常见于基础通信网络建设、智慧农业、智慧旅游、智慧康养等专业化程度较高、具有一定盈利空间的非公共服务类业务领域，为政府节省财力、物力和人力，同时发挥了市场主体专业化运营服务优势、激活了市场主体活力。相对而言，由于企业自负盈亏、承担投资压力和经营风险，其服务质量受经营管理能力影响，存在一定的不确定性，且该类模式下，政府对项目的掌控力度较弱，因此需做好市场监管，创造良好的市场经营环境，给予企业开展商业模式创新必要的政策支持。

9.5.3 数字乡村建设的过程管理

数字乡村建设的核心在于利用数字技术全面赋能乡村振兴，发挥顶层设计牵引作用，合理组织管理项目建设工作，强化网络安全意识，遵从标准规范，科学、务实、有序推进数字乡村建设。数字乡村建设过程中，政府部门需要从规划设计、组织实施、技术标准、网络安全、评价考核五个方面进行过程管理，保障数字乡村项目建设进程。

1. 规划设计

加强顶层设计，以数字乡村战略为指引，以实际需求为导向，顺应城乡发展趋势，围绕"为什么建、建成什么样、如何建、谁来负责"等问题，规划设计本地区数字乡村建设规划与实施方案，梳理建设任务和重点工程，明确建设时间表、路线图、责任主体，确保数字乡村建设工作有目标、有计划，推进过程中分步实施、稳步推进，把握好数字乡村建设时效。

政府部门应做好规划衔接，将数字乡村建设规划与新型智慧城市规划、国土空间规划、乡村振兴规划、信息化规划、信息通信业规划等专项规划进行有效衔接，推动数字乡村与综合类信息化建设项目融合，有效利用已有信息基础设施与项目资金，推动数字乡村与智慧城市一体设计、同步实施、协同并进。

政府部门应突出技术融合，按照集约共享的基本原则，规划设计区域数字乡村共享数据平台和业务支撑平台建设部署方案；按照技术协同、数据协同原则，规划设计涉农数据跨层级、跨地域、跨部门有效汇聚和共享开放可行方案；按照业务协同的原则，规划设计实现各级、各部门数字化应用与指挥调度的横向互联、纵向贯通、条块协同方案。

2. 组织实施

政府部门应加强资源整合共享，统筹县域城乡信息化发展布局，打通已有分散建设的涉农信息系统，推进县级部门业务资源、空间地理信息、遥感影像数据等涉农政务信息资源共享开放、有效整合；充分运用农业、科技、商务、交通运输、通信、邮政等部门在农村地区既有站点资源，整合利用系统、人员、资金、站址、服务等要素，统筹建设乡村信息服务站点，推广"一站多用""一机多用"；加强财政资金的示范引领作用，建设模式按场景综合选用，确保项目建设资金充足，方式灵活。

政府部门应强化建设项目管理，统一规划和建设涉农信息化项目，避免部门间重复投资、重复建设；根据相关要求，完善数字乡村建设项目从立项到评估验收全环节闭环管理机制，明确各环节工作要求和标准；依托各地现有政府项目系统管理平台，对数字乡村建设项目的申请、评审、立项、验收、绩效评估与监督等过程实施信息化管理，实现项目全程可查询、可监控、可追溯。

3. 技术标准

国家、行业和地方，三方合力共同推动数字乡村标准化建设工作，从不同层面解决数字乡村发展面临的标准化缺失问题。中央网信办、农业农村部、市场监管总局等部门共同研究制定数字乡村标准体系建设指南和相关国家标准，为数字乡村标准化工作提供顶层设计和总体布局，并为数字乡村总体规划设计、评价指标与方法制定、安全保障等工作提供统一的规范。行业主管部门在国家标准的指导下，梳理现有标准，完成对滞后标准的更新修订，加快制定亟须补充的行业标准，为数字乡村网络基础设施共建共用、传统基础设施数字化升级等提供指引。省、市、县(区)可以结合本地现实发展情况，在国家标准、行业标准指导下，面向乡村数字经济、智慧绿色乡村和乡村数字治理等一系列应用，制定地方标准。

4. 网络安全

政府部门应加强数字乡村关键信息基础设施系统安全防护，落实等级保护制度，持续展开信息风险安全评估和安全检查，推动重要系统与网络安全设施同步设计、同步建设、同步运行、同步管理，落实网络安全责任制，明确网络运营机构主体责任。此外，政府部门还应督促网络运营者依法开展网络定级备案、安全建设整改、等级测评和自查等工作，建立数据安全管理和应急防控机制，防止信息泄露、损毁、丢失，确保收集、产生的数据和个人信息安全；针对具有舆论属性和社会动员能力的信息服务运营者，应严格按照相关法规制度要求，进行上线前的安全评估。

政府部门应实施数据资源分类管理，围绕数据采集、传输、存储、处理、交换、销毁等环节，构筑数据安全防护体系；严格执行《网络安全法》《数据安全法》《个人信息保护法》《电信和互联网用户个人信息保护规定》等相关法律法规，督促数字乡村建设运营企业建立用户信息保护制度，严禁网络运营者泄露、篡改、损毁、出售用户个人身份、联系方式、信用记录等隐私信息；定期开展网络安全意识普及活动，提高居民个人信息保护意识。

5. 评价考核

中央网信办、农业农村部会同国家发展改革委、工业和信息化部、科技部、市场监管总局、国家乡村振兴局等部门，研究构建数字乡村试点评价指标体系，组织开展国家数字乡村试点评价工作，对试点地区工作进展、试点成果等进行评价考核，总结提炼可复制、可推广的建设发展模式，宣传推广先进经验。此外，各省、各地区还应组织开展数字乡村试点自评价，根据地方发展特点、数字乡村试点发展现状等制定数字乡村数据指标采集机制，动态跟踪试点地区数字乡村工作进展情况。

9.6　数字乡村保障体系的建设路径

9.6.1　构建"三化"风险预控体系

数字乡村保障体系建设应着力构建"三化"风险预控体系，实现风险防控常态化、风险预警信息化、预案体系系统化。

数字乡村保障体系建设发展需制定并实施数字乡村风险预警管控管理规定，明确预警级别，细化职责，按年统筹、月分析、周落实、日执行的原则，形成"两级一体、三项统一、四段递进"的风险管控机制；建立地市一体化调度管理系统平台，实现联动的风险预警机制；部署智能调度技术支持系统、在线安全分析系统，实现全方位实时智能预警；对数字乡村相关智能设备及自然灾害等潜在风险进行监测，接收、整合、分析信息，形成数字乡村预警通知书，并流转发布；形成数字乡村总体应急预案、专项应急处置预案、基层应急预案；协助应急管理局、工信委编制《数字乡村应急预案》，并配合相关部门制定专项处置协作预案，促进协同演练专业化，全方位、多角度对数字乡村建设发展进程中可能发生的潜在威胁开展应急演练，建立跨部门演练协作机制，达到演练效果。

9.6.2　创建"四高"故障处置体系

数字乡村保障体系建设发展需强化技术支撑，创建"四高"故障处置体系，实现高智能故障研判、高效率故障处置、高比例故障自愈、高标准处置案例。

数字乡村保障体系建设发展需优化监控界面，制作信息一览表，并采用甘特图等方式，按时序展示故障信息，准确研判故障原因及发展过程；运用系统稳态监控模块、故障录波等数据源，研发故障诊断算法，建立数字乡村故障综合智能告警平台，实时捕捉故障；部署智能故障分析模块，通过调度数据网实现保护信息的自动上传、远程调阅，快速评估影响危害程度；建立"数字乡村一张网"统一视频监视平台，拓展远方操作，实施高效率故障处置；深化配网改造，高比例部署智能分布式全自动化系统，实现故障信息自动采集；规范处置流程，形成高标准；制定数字乡村突发性问题标准化流程处置规范，编制国内外数字乡村保障体系案例集。

9.6.3　建设"三全"协同作业体系

数字乡村保障体系建设发展需建设数字乡村"三全"保障协同作业体系，实现数字乡村应急联动全方位、抢修区域全覆盖、信息公布全过程。

首先，按数字乡村风险性质、级别，启动响应；其次，内部联动、风险研判、先期处置等并行开展；最后，外部联动，依托应急办公室形成与气象、水利、地震、地质、交通、消防、公安等部门的联动与资源共享，统筹社会各界力量。在数字乡村试点区域建立应急抢修中心，配备相应的应急抢修装备提供应急支援。当数字乡村应急保障体系启动后，利用媒体完成事件首次披露，定时向全社会公布后续信息，直至应急响应结束。

9.6.4　打造"两强"应急保障体系

数字乡村保障体系建设发展需推行专项培训，增强应急团队战斗力；推进装备建设，加强物资调配承载力；通过组建数字乡村技术保障分队，建立专业化的数字乡村应急培训基地及应急培训师资队伍，研制应急培训大纲及教材，探讨应急演练方式方法，参加相关技能培训和技能竞赛、综合演练以及专项演练。

与此同时，数字乡村保障体系建设发展还需加强组织领导，完善相关政策，推进数字乡村管理机制变革，强化人才支撑，健全数字乡村应急保障体系，构建综合评价指标体系，积极开展试点示范与反馈，积极引导多元主体参与数字乡村建设进程。在具体试点实践过程中倡导"自上而下"的国家、省级政策指导与"自下而上"的地方创新探索、试点反馈相结合的发展模式，通过不断总结数字乡村试点过程中的经验，反馈数字乡村建设进程中乡村数字经济、基层数字治理、乡村绿色生态、乡村网络文化、信息惠民服务的实际进展，善于发现试点实践中存在的共性问题与区域特性问题，结合现实问题不断创新解决方式，确保数字乡村建设高效推进、数字乡村建设目标如期实现。

本　章　小　结

随着新一代数字技术的蓬勃发展和乡村振兴战略的全面推进，我国数字乡村建设步伐逐渐加快。数字乡村的建设与发展作为一个系统工程，通过加强保障体系建设，统筹各方参与主体，以提升数字乡村建设发展事故处置能力，保障数字乡村建设发展。

首先，本章从数字乡村保障体系相关概念出发，介绍了数字乡村保障体系建设的背景及意义，概括保障体系的概念、构成，总结现阶段发展面临的问题；其次，从风险的类型、应急保障体系、应急管理体系业务流程三个角度，介绍数字乡村应急保障体系建设模式与应急响应流程；再次，介绍了数字乡村保障体系建设进程中信息化基础设施建设、公共支撑平台、运营保障管理体系三个方面的主要内容；最后，总结出数字乡村保障体系的建设路径，以期我国数字乡村建设发展更上新台阶，更好地赋能乡村振兴创新发展。

思考与练习题

1. 什么是数字乡村保障体系？
2. 数字乡村保障体系建设的主要内容有哪些？
3. 简述数字乡村公共支撑平台的层次架构。
4. 总结新兴的数字乡村运营模式。

扩展阅读　庆元"十台合一"打造数字化智慧应急保障新样板

浙江省丽水市庆元县通过打造"十台合一"智治中心应急保障管理平台，整合政府应急联动指挥中心、公安指挥中心、住建"数字城管"指挥中心、民政公共服务中心、情报信息研判中心、平安建设信息系统、自然地质灾害监测、安全生产综合监管系统、防汛防旱和森林防火应急指挥、县乡村(三级)无线应急广播等十个平台，形成"十台合一、一个中心、三大系统"的智慧应急保障体系组织架构，成为集应急指挥、治安防控、公共服务、城市管理、灾害预警、信息研判于一体的指挥调度和服务民生的综合化应急保障指挥平台(如图 9-20 所示)。该平台通过事件受理、分析研判、精准分流、指挥调度、部门办理、办理反馈，实现各类事件信息采集、传输、判定、指挥、调度、办理、实时沟通、联动指挥、现场支持等功能的应急指挥系统。

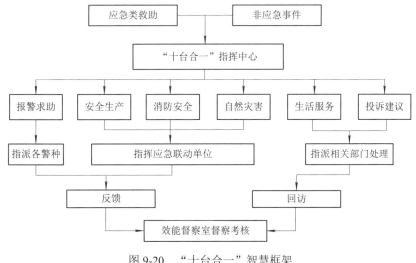

图 9-20　"十台合一"智慧框架

该模式主要包括：通过梳理制度、规范流程、建立标准、整合各部门应急处置工作职责，制订涵盖各部门的联动程序、考核办法，建标立制，确保监督效能；通过严密的网格化管理服务体系，按照应急联动单位主次职责，横向联动了全县123个单位、28支综合应急救援队伍、73个技术服务团队、2万余名平安志愿者，纵向联动19个乡镇(街道)、200个村(社区)、4 000多名基层网格员，构建了横向到边、纵向到底的自上而下三级联动体系，确保应急联动无死角，抢险救援无缝隙；通过纵横联动，确保政令畅通。自"十台合一"智慧应急管理平台运行以来，实现了案(事)件受理率、联动出勤率、准点率、反馈率、回访率"五个100%"。

庆元县"十台合一"智慧应急管理平台通过与数据相整合，集成智慧大脑，探索因地制宜个性做法，补齐社会治理共性短板，推动形成了集"统一指挥、专常兼备、反应灵敏、上下联动、平战结合"于一体的智慧应急管理体系"庆元模式"，实现了"一库式"数据共享、构建了"一图式"综合管理、形成了"一体式"指挥调度。"十台合一"全面推进应急管理标准化、制度化、常态化沟通协调机制建设，实现三级联动权威指挥。

参 考 文 献

[1] 习近平强调，贯彻新发展理念，建设现代化经济体系[EB/OL]. 2017-10-18[2017-10-18]. http://www.xinhuanet.com/politics/19cpcnc/2017-10/18/c_1121820551.htm.

[2] 李道亮. 物联网与智慧农业[M]. 北京：电子工业出版社，2021.

[3] 中国电信智慧农业研究组. 智慧农业：信息通信技术引领绿色发展[M]. 北京：电子工业出版社，2013.

[4] 贝多广，李焰. 数字普惠金融新时代[M]. 北京：中信出版社，2017.

[5] 张志鹏. 保险科技在农业保险领域的应用研究[D]. 泰安：山东农业大学，2020.

[6] 刘俊祥，曾森. 中国乡村数字治理的智理属性、顶层设计与探索实践[J]. 兰州大学学报(社会科学版)，2020，148(221).

[7] 任雪，刘俊英. 数字化时代乡村治理能力现代化问题研究[J]. 洛阳师范学院学报，2021，40(5).

[8] 赵旱. 乡村治理模式转型与数字乡村治理体系构建[J]. 领导科学，2020(7).

[9] 赵祚翔，胡贝贝. 应急管理体系数字化转型的思路与对策[J]. 科技管理研究，2021，4.

[10] 中央网信办信息化发展局，农业农村部市场与信息化司，国家发展改革委创新和高技术发展司，等. 数字乡村建设指南 1.0[EB/OL]. 2021-09-03 [2021-09-03]. http://www.cac.gov.cn/2021-09/03/c_1632256398120331.htm.

[11] 吕新，梁斌，张立福，等. 新疆生产建设兵团棉花生产大数据平台建设与探索[J]. 农业大数据学报，2020，2(01)：70-78.

[12] 朱连伟，张泽锋，金嘉颖. 农村饮用水安全管理平台的设计与应用[J]. 浙江水利科技，2020，48(02)：60-62.

[13] 车辉. 湖州吴兴区数字乡村智慧果蔬大棚建设方案[J]. 广播电视网络，2021，28(04)：30-33.

[14] 文化和旅游部，教育部，自然资源部，等. 关于推动文化产业赋能乡村振兴的意见[EB/OL]. 2022-03-21[2022-03-21]. http://www.gov.cn/zhengce/ zhengceku/ 2022-04/07/content_5683910.htm.

[15] 中国传统村落数字博物馆[EB/OL]. http://www.dmctv.cn/.

[16] 朱勇. 智能养老蓝皮书：中国智能养老产业发展报告(2018)[M]. 北京：社会科学文献出版社，2018.

[17] 糜泽花，钱爱兵. 智慧医疗发展现状及趋势研究文献综述[J]. 中国全科医学，2019，22(03)：366-370.

[18] 桂小林. 物联网技术导论[M]. 北京：清华大学出版社，2012.

[19] 深入推进智慧教育 国务院印发《"十四五"数字经济发展规划》[J]. 陕西教育(综合版)，2022(03)：62.

[20] 蔡宝来. 教育信息化 2.0 时代的智慧教学：理念、特质及模式[J]. 中国教育学刊，

　　　 2019(11)：56-61.

[21]　谢楚鹏，温孚江. 大数据背景下农产品质量安全的精准追溯[J]. 电子商务，2015(11)：
　　　 3-6，12.

[22]　《农产品质量安全生产消费指南》编委会. 农产品质量安全生产消费指南(2012
　　　 版)[M].北京：中国农业出版社，2012.

[23]　钱建平，吴文斌，杨鹏. 新一代信息技术对农产品追溯系统智能化影响的综述[J]. 农
　　　 业工程学报，2020，36(05)：182-191.

[24]　章玮. 土壤检测的传感器技术发展现状与展望[J]. 安徽农学通报，2018，24(22)：
　　　 142-145.

[25]　史舟，徐冬云，滕洪芬，等. 土壤星地传感技术现状与发展趋势[J]. 地理科学进展，
　　　 2018，37(01)：79-92.

[26]　杨秋红. 企业建立农产品质量安全可追溯系统的意愿及影响因素研究：以四川省为
　　　 例[D]. 雅安：四川农业大学，2008.